图 2-15

图 2-26

图 2-54

图 2-85

图 2-91

图 2-111

图 2-115

图 3-114

图 2-117

图 3-122

图 4-20

图 4-34

图 4-77

图 4-90

图 5-30

图 5-57

图 5-99

图 5-115

图 5-116

图 7-20

图 7-40

图 7-75

图 7-108

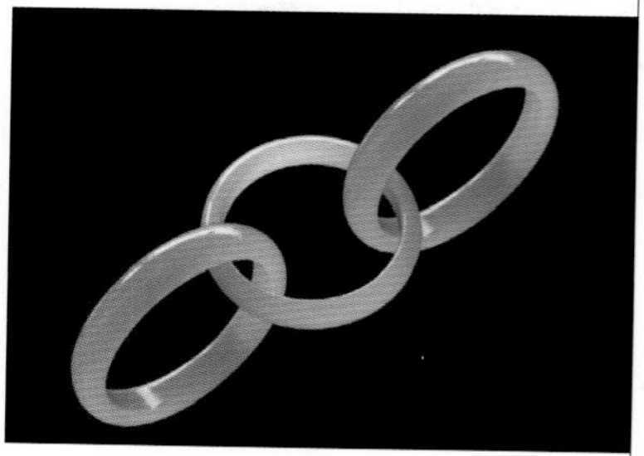
图 7-114

图 7-115

图 7-116

图 8-9

图 8-20

图 8-44

图 9-2

图 9-34

图 9-57

图 9-28

图 9-45

图 10-2

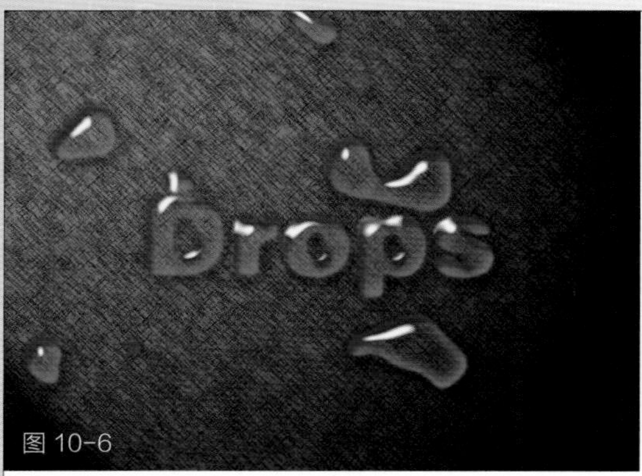

图 10-6

图 10-22

图 10-35

图 10-42

图 10-66

图 10-74

图 10-92

图 10-122

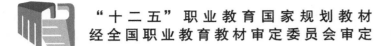

“十二五”职业教育国家规划教材
经全国职业教育教材审定委员会审定

计算机图形图像处理

Photoshop CS6

项目教程

王虹 ◎ 主编

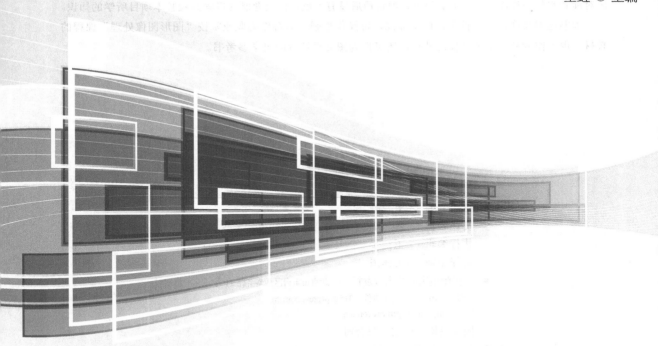

人民邮电出版社
北京

图书在版编目（CIP）数据

计算机图形图像处理Photoshop CS6项目教程 / 王虹主编. -- 北京 : 人民邮电出版社, 2015.10(2024.7重印)
"十二五"职业教育国家规划教材
ISBN 978-7-115-39143-8

Ⅰ. ①计… Ⅱ. ①王… Ⅲ. ①图象处理软件－职业教育－教材 Ⅳ. ①TP391.41

中国版本图书馆CIP数据核字(2015)第181591号

内容提要

本书采用项目教学法，共分为10个项目，包括软件的基本操作，各种选区和移动工具的应用，渐变、绘画和各种修复工具的应用，路径和矢量图形工具的应用，文本的输入与编辑，图层、蒙版和通道的概念及应用方法，图像颜色的调整方法及滤镜命令的介绍，并介绍了几种特殊效果的制作。

每个项目都以实例操作为主，操作实例都有详细的操作步骤，同时配有项目实训和项目拓展，突出对读者实际操作能力的培养。另外，项目最后设有习题，使读者能够巩固并检验本项目所学的知识。

本书通俗易懂、可读性强，图文并茂、可操作性强，适合作为职业院校"图形图像处理"课程的教材，也可作为社会培训学校的教材，还可作为图文设计者的自学参考书。

◆ 主　　编　王　虹
责任编辑　曾　斌
执行编辑　王　平
责任印制　杨林杰

◆ 人民邮电出版社出版发行　　北京市丰台区成寿寺路11号
邮编　100164　　电子邮件　315@ptpress.com.cn
网址　http://www.ptpress.com.cn
固安县铭成印刷有限公司印刷

◆ 开本：787×1092　1/16　　彩插：2
印张：16.25　　2015年10月第1版
字数：418千字　　2024年7月河北第17次印刷

定价：39.80元

前 言

本书根据教育最新专业教学标准要求编写，邀请行业、企业专家和一线课程负责人一起，从人才培养目标、专业方案等方面做好顶层设计，明确专业课程标准，强化专业技能培养，安排教材内容；根据岗位技能要求，引入了企业真实案例，力求达到“十二五”职业教育国家规划教材的要求，提高职业院校专业技能课的教学质量。

教学方法

本书以基本功能讲解和典型实例制作的形式，详细介绍了 Photoshop CS6 中文版的使用方法和技巧。在讲解基本功能时，本书对常用的功能选项和参数设置进行了细致地介绍，同时安排了一些较为典型的实例制作，使读者达到融会贯通、学以致用的目的。书中的每个案例都给出了详细的操作步骤，读者只要根据提示一步一步进行操作，就可完成每个实例作品，同时轻松掌握 Photoshop CS6 的使用方法。

在本书的每个项目中还配有项目实训和项目拓展，突出对读者实际操作能力的培养。另外，在每个项目的最后，都给出了习题；通过练习，使读者加深对所学内容的印象。

教学内容

本书分为 10 个项目，具体内容如下。

- **项目一**：介绍 Photoshop CS6 软件的界面及图像文件的基本操作。
- **项目二**：介绍图像的各种选取技巧及移动工具的灵活运用。
- **项目三**：介绍渐变工具、绘画工具及各种修复工具的使用方法和应用技巧。
- **项目四**：介绍路径的功能及使用方法。
- **项目五**：介绍文字的输入与编辑方法，以及文字的转换和沿路径排列操作。
- **项目六**：介绍图像的裁剪、擦除、切片等辅助工具的应用。
- **项目七**：介绍图层的概念、功能及使用方法。
- **项目八**：介绍蒙版和通道的概念及使用方法。
- **项目九**：介绍图像颜色的调整命令及使用。
- **项目十**：介绍各种滤镜效果命令及其应用。

教学资源

为了方便读者的学习，本书提供相关素材，主要内容如下。

（1）“图库”目录

该目录下包含“项目一”至“项目十”共 10 个子目录，分别存放实例制作过程中用到的原始素材。

（2）“作品”目录

该目录下包含“项目一”至“项目十”共 10 个子目录，分别存放各项目中实例制作的最终效果。读者在制作时，可以参照这些作品；也可以在制作后，查看自己所做的是否与书中给出的效果一致。

以上素材可从人民邮电出版社教学服务与资源网（www.ptpedu.com.cn）上免费注册下载。

本书由王虹主编，参加本书编写工作的还有沈精虎、黄业清、宋一兵、谭雪松、向先波、冯辉、计晓明、滕玲、董彩霞、管振起等。

限于编者水平，书中难免存在错误与不足，敬请广大读者批评指正，也可直接和编者联系。

编者

2015 年 3 月

目 录 CONTENTS

项目六　其他工具应用　134

项目七　图层的应用　153

项目八　蒙版和通道的应用　180

项目九　图像颜色的调整　200

项目十　滤镜应用　226

PART 1

项目一 Photoshop CS6 的基本操作

Photoshop CS6 作为专业的图像处理软件，可以使用户提高工作效率，尝试新的创作方式以及制作适用于打印、Web 图形和其他用途的最佳品质的图像。通过它便捷的文件数据访问、流线型的 Web 设计、更快的专业品质照片润饰功能及其他功能，可创造出无与伦比的影像世界。

本项目主要介绍 Photoshop CS6 的基础知识，包括启动和退出 Photoshop CS6，界面分区，窗口的大小调整，控制面板的显示和隐藏以及拆分和组合，图像文件的新建、打开、存储，颜色设置，图像的缩放显示以及输入与输出等。在相应的案例中，还将介绍计算机图像技术的基本概念，包括文件存储格式、图像色彩模式、矢量图与位图、像素与分辨率等，这些知识点都是学习 Photoshop CS6 最基本、最重要的内容。

知识技能目标

- 学会 Photoshop CS6 的启动和退出方法。
- 了解 Photoshop CS6 的界面。
- 学会软件窗口大小的调整方法。
- 学会显示、隐藏、拆分、组合控制面板。
- 学会图像文件的新建、打开与存储。
- 学会图像文件的颜色设置及填充方法。
- 学会图像的缩放显示。

任务一　启动和退出 Photoshop CS6

学习某个软件，首先要掌握软件的启动和退出方法，这里主要介绍 Photoshop CS6 的启动和退出的方法。

（一）　启动 Photoshop CS6

首先确认计算机中已经安装了 Photoshop CS6 中文版软件。下面介绍该软件的启动方法。

【操作步骤】

STEP 1　启动计算机，进入 Windows 界面。

STEP 2　在 Windows 界面左下角的按钮上单击，在弹出的【开始】菜单中，依次选择【所有程序】/【Adobe Photoshop CS6（64 Bit）】命令。

STEP 3 稍等片刻，即可启动 Photoshop CS6，进入工作界面。

（二） 退出 Photoshop CS6

退出 Photoshop CS6 主要有以下几种方法。

STEP 4 在 Photoshop CS6 工作界面窗口标题栏的右上角有一组控制按钮，单击 × 按钮，即可退出 Photoshop CS6。

STEP 5 执行【文件】/【退出】命令。

STEP 6 利用快捷键，即按 Ctrl+Q 组合键或 Alt+F4 组合键退出。注意，按 Alt+F4 组合键不但可以退出 Photoshop CS6，再次按该组合键还可以关闭计算机。

> **知识提示**
> 退出软件时，系统会关闭所有的打开的 Photoshop 文件，如果打开的文件编辑后或新建的文件没保存，系统会给出提示，让用户决定是否保存。

任务二 了解 Photoshop CS6 工作界面

启动 Photoshop CS6 软件后，默认的界面窗口颜色显示为黑色，对已经习惯了旧版本的用户来说，可能有些不太适应，但 Photoshop CS6 软件非常人性化，利用菜单命令，即可对界面的颜色进行修改。下面首先来看一下如何改变工作界面的外观颜色。

（一） 改变工作界面外观

改变工作界面外观的具体操作如下。

【操作步骤】

STEP 1 执行【编辑】/【首选项】/【界面】命令，弹出如图 1-1 所示的【首选项】对话框。

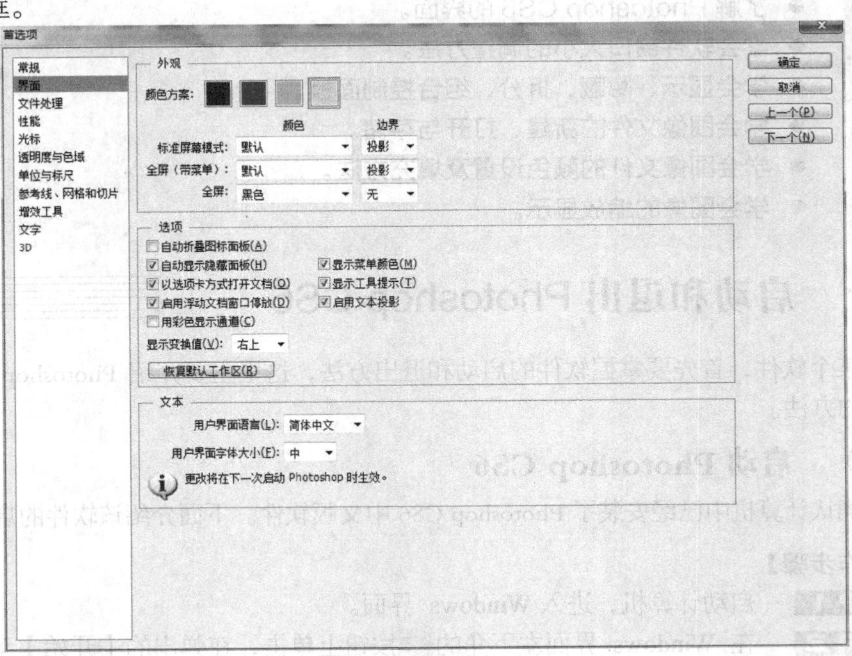

图1-1 【首选项】对话框

STEP 2 单击对话框上方【颜色方案】选项右侧的颜色色块，此时界面的颜色即可进行改变。

STEP 3 确认后单击 确定 按钮，退出【首选项】对话框。

> **多学一招**
> **另外，还可利用按快捷键的方式来修改工作界面的外观，依次按 Ctrl+F2 组合键和 Ctrl+F1 组合键，即可在各颜色方案之间进行切换。**

（二） 了解 Photoshop CS6 工作界面

在工作区中打开一幅图像，界面窗口布局如图 1-2 所示。

图1-2 界面布局

Photoshop CS6 的界面按其功能可分为菜单栏、属性栏、工具箱、控制面板、文档窗口（工作区）、文档名称选项卡和状态栏等几部分。

1. 菜单栏

菜单栏中包括【文件】、【编辑】、【图像】、【图层】、【文字】、【选择】、【滤镜】、【3D】、【视图】、【窗口】和【帮助】等 11 个菜单。单击任意一个菜单，将会弹出相应的下拉菜单，其中又包含若干个子命令，选择任意一个子命令即可实现相应的操作。

菜单栏右侧的 3 个按钮，可以控制界面的显示状态或关闭界面。

- 单击【最小化】按钮，工作界面将变为最小化显示状态，显示在桌面的任务栏中。单击任务栏中的图标，可使 Photoshop CS6 的界面还原为最大化状态。
- 单击【还原】按钮，可使工作界面变为还原状态，此时按钮将变为【最大化】按钮，单击按钮，可以将还原后的工作界面最大化显示。

知识提示

无论工作界面以最大化还是还原显示，只要将鼠标光标放置在标题栏上双击，同样可以完成最大化和还原状态的切换。当工作界面为还原状态时，将鼠标光标放置在工作界面的任一边缘处，鼠标光标将变为双向箭头形状，此时拖曳鼠标，可调整窗口的大小；将鼠标光标放置在标题栏内拖曳鼠标，可以移动工作界面在 Windows 窗口中的位置。

- 单击【关闭】按钮 ×，可以将当前工作界面关闭，退出 Photoshop CS6。

在菜单栏中单击最左侧的 Photoshop CS6 图标 Ps，可以在弹出的下拉菜单中执行移动、最大化、最小化及关闭该软件等操作。

2. 属性栏

属性栏显示工具箱中当前选择工具按钮的参数和选项设置。在工具箱中选择不同的工具按钮，属性栏中显示的选项和参数也各不相同。在以后各章节的讲解过程中，会随讲解不同的按钮而进行详细地介绍。

3. 工具箱

工具箱的默认位置为界面窗口的左侧，包含 Photoshop CS6 的各种图形绘制和图像处理工具。注意，将鼠标光标放置在工具箱上方的灰色区域内，按下鼠标左键并拖曳即可移动工具箱的位置。单击按钮，可以将工具箱转换为双列显示。

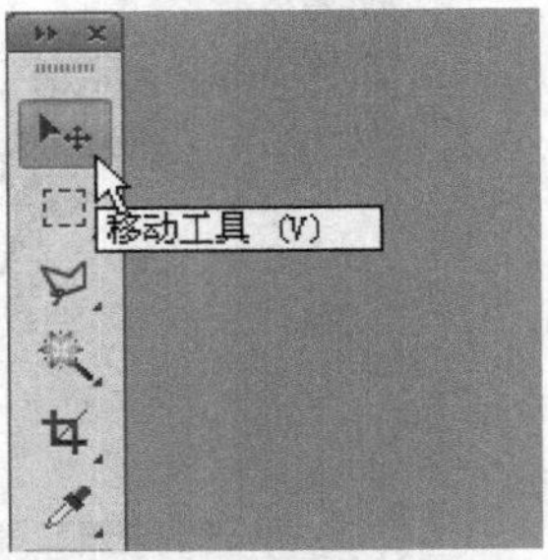

图1-3 显示的按钮名称

将鼠标光标移动到工具箱中的任一按钮上时，该按钮将凸起显示，如果鼠标光标在工具按钮上停留一段时间，鼠标光标的右下角会显示该工具的名称，如图 1-3 所示。

单击工具箱中的任一工具按钮可将其选择。另外，绝大多数工具按钮的右下角带有黑色的小三角形，表示该工具是个工具组，还有其他同类隐藏的工具，将鼠标光标放置在这样的按钮上按下鼠标左键不放或单击鼠标右键，即可将隐藏的工具显示出来，如图 1-4 所示。移动鼠标光标至展开工具组中的任意一个工具上单击，即可将其选择，如图 1-5 所示。

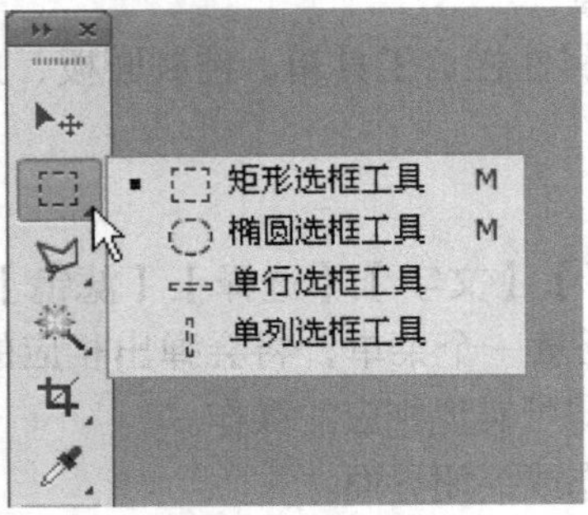

图1-4 显示出的隐藏工具

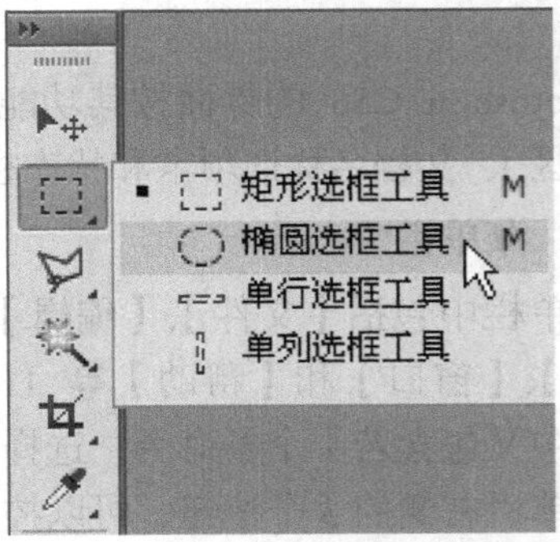

图1-5 选择工具

工具箱及其所有展开的工具按钮如图 1-6 所示。

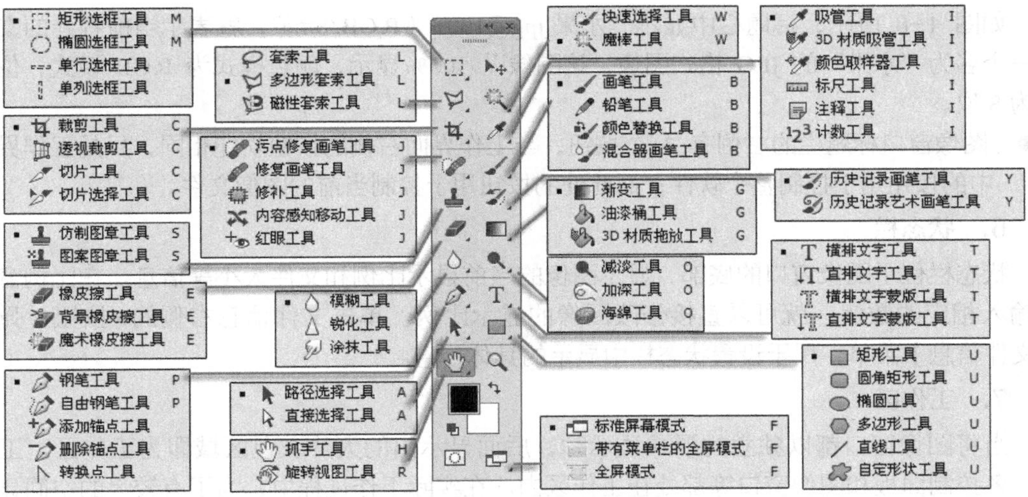

图1-6 工具箱及所有隐藏的工具按钮

4. 控制面板

在 Photoshop CS6 中共提供了 26 种控制面板，利用这些控制面板可以对当前图像的色彩、大小显示、样式以及相关的操作等进行设置和控制。

5. 图像窗口

Photoshop CS6 允许同时打开多个图像窗口，每创建或打开一个图像文件，工作区中就会增加一个图像窗口，如图 1-7 所示。

图1-7 打开的图像文件

单击其中一个文档的名称，即可将此文件设置为当前操作文件，另外，按 Ctrl+Tab 组合键，可按顺序切换文档窗口；按 Shift+Ctrl+Tab 组合键，可按相反的顺序切换文档窗口。

将鼠标光标放置到图像窗口的名称处按下鼠标左键并拖动，可将图像窗口从选项卡中拖出，使其以独立的形式显示，如图 1-8 所示。此时，拖动窗口的边线可调整图像窗口的大小；在标题栏中按下鼠标左键并拖动，可调整图像窗口在工作界面中的位置。

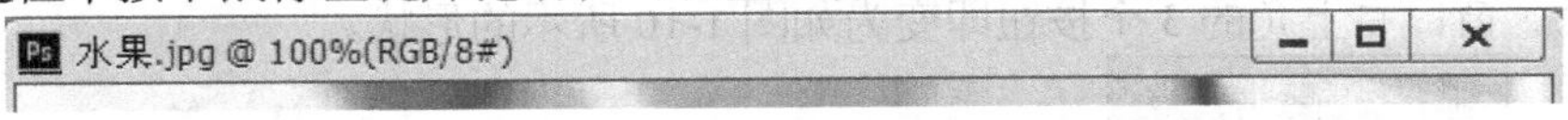

图1-8 以独立形式显示的图像窗口

知识提示

将鼠标光标放置到浮动窗口的标题栏中，按下鼠标左键并向选项卡位置拖动，当出现蓝色的边框时释放鼠标左键，即可将浮动窗口停放到选项卡中。

图像窗口最上方的标题栏中，用于显示当前文件的名称和文件类型。

- 在@符号左侧显示的是文件名称。其中“.”左侧是当前图像的文件名称，“.”右侧是当前图像文件的扩展名。
- 在@符号右侧显示的是当前图像的显示百分比。
- 对于只有背景层的图像，括号内显示当前图像的颜色模式和位深度（8 位或 16 位）。如果当前图像是个多图层文件，在括号内将以“,”分隔。“,”左侧显示当前图层的名称，右侧显示当前图像的颜色模式和位深度。

如图 1-8 所示，标题栏中显示“水果.jpg@100%（RGB/8#）”，就表示当前打开的文件是一个名为“水果”的 JPG 格式图像，该图像以 100%显示，颜色模式为 RGB 模式，位深度为 8 位。

- 图像窗口标题栏的右侧有 3 个按钮，与工作界面右侧的按钮功能相同，只是工作界面中的按钮用于控制整个软件；而此处的按钮用于控制当前的图像文件。

6. 状态栏

状态栏位于图像窗口的底部，显示图像的当前显示比例和文件大小等信息。在比例窗口中输入相应的数值，就可以直接修改图像的显示比例。单击文件信息右侧的▶按钮，弹出【文件信息】菜单，用于设置状态栏中显示的具体信息。

7. 工作区

当将图像窗口都以独立的形式显示时，后面显示出的大片灰色区域即为工作区。工具箱、各控制面板和图像窗口等都处在工作区内。在实际工作过程中，为了有较大的空间显示图像，经常会将不用的控制面板隐藏，以便将其所占的工作区用于图像窗口的显示。

多学一招

按 Tab 键，即可将属性栏、工具箱和控制面板同时隐藏；再次按 Tab 键，可以使它们重新显示出来。

（三） 调整软件窗口的大小

当需要多个软件配合使用时，调整软件窗口的大小可以方便各软件间的操作。

【操作步骤】

STEP 1 在 Photoshop CS6 标题栏右上角单击 – 按钮，可以使工作界面窗口变为最小化图标状态，其最小化图标会显示在 Windows 系统的任务栏中，图标形状如图 1-9 所示。

STEP 2 在 Windows 系统的任务栏中单击最小化后的图标，Photoshop CS6 工作界面窗口还原为最大化显示。

STEP 3 在 Photoshop CS6 标题栏右上角单击 按钮，可以使窗口变为还原状态。还原后，窗口右上角的 3 个按钮即变为如图 1-10 所示的形状。

图1-9 最小化图标形状

图1-10 还原后的按钮形状

STEP 4 当 Photoshop CS6 窗口显示为还原状态时，单击 按钮，可以将还原后的窗口最大化显示。

STEP 5 单击 × 按钮，可以将当前窗口关闭，退出 Photoshop CS6。

（四） 控制面板的显示与隐藏

在图像处理工作中，为了操作方便，经常需要调出某个控制面板、调整工作区中部分控制面板的位置或将其隐藏等。熟练掌握对控制面板的操作，可以有效地提高工作效率。

【操作步骤】

STEP 1 选择【窗口】菜单，将弹出下拉菜单，该菜单中包含 Photoshop CS6 的所有控制面板。

知识提示 在【窗口】菜单中，左侧带有✔符号的命令表示该控制面板已在工作区中显示，如【图层】和【颜色】；左侧不带✔符号的命令表示该控制面板未在工作区中显示。

STEP 2 选择不带✔符号的命令即可使该面板在工作区中显示，同时该命令左侧将显示✔符号；选择带有✔符号的命令则可以将显示的控制面板隐藏。

知识提示 反复按 Shift+Tab 组合键，可以将工作界面中的所有控制面板在隐藏和显示之间切换。

STEP 3 控制面板显示后，每一组控制面板都有两个以上的选项卡。例如，【颜色】面板上包含【颜色】和【色板】两个选项卡，单击【色板】选项卡，即可以显示【色板】控制面板，这样可以快速地选择和应用需要的控制面板。

（五） 控制面板的拆分与组合

为了使用方便，以组的形式堆叠的控制面板可以重新排列，包括向组中添加面板或从组中移出指定的面板。

【操作步骤】

STEP 1 将鼠标光标移动到需要分离出来的面板选项卡上，按下鼠标左键并向工作区中拖曳选项卡，状态如图 1-11 所示。

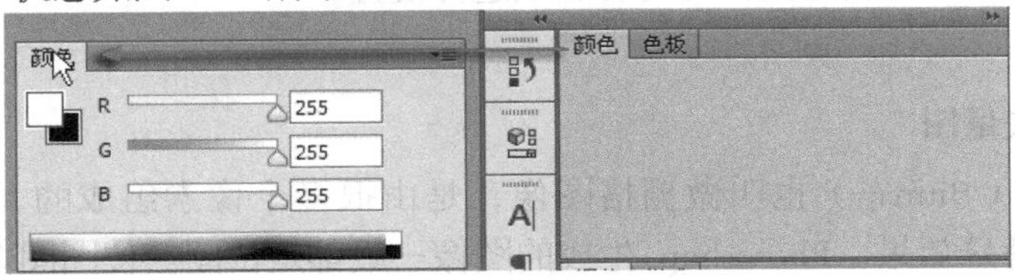

图1-11 拆分控制面板状态

STEP 2 释放鼠标左键，即可将要分离的面板从面板组中分离出来，如图 1-12 所示。

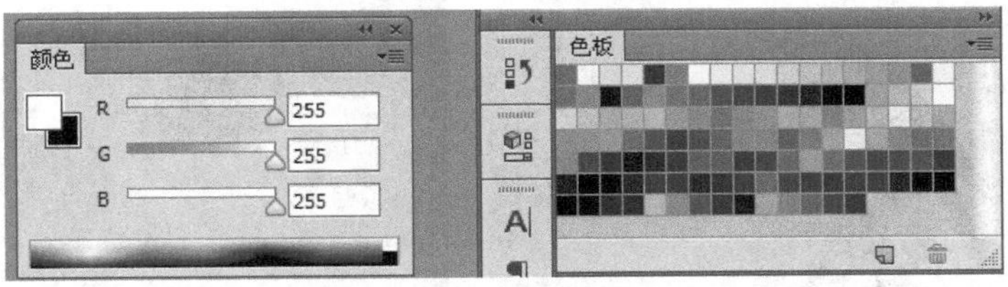

图1-12 拆分控制面板的操作过程示意图

知识提示 将控制面板分离为单独的控制面板后，控制面板的右上角将显示◂◂和✕按钮。单击◂◂按钮，可以将控制面板折叠，以图标的形式显示；单击✕按钮，可以将控制面板关闭。其他控制面板的操作也都如此。

将控制面板分离出来后，还可以将它们重新组合成组。

STEP 3 将鼠标光标移动到分离出的【颜色】面板选项卡上，按下鼠标左键并向【调整】面板组名称右侧的灰色区域拖曳，如图 1-13 所示。

STEP 4 当出现如图 1-14 所示的蓝色边框时释放鼠标左键，即可将【颜色】面板和【调整】面板组合，如图 1-15 所示。

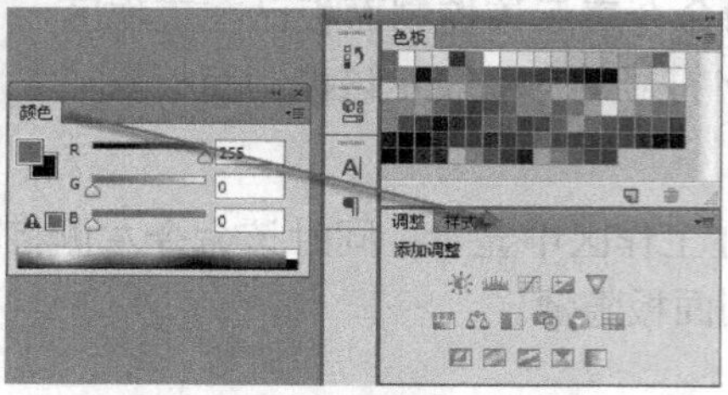

图1-13　拖曳鼠标光标状态

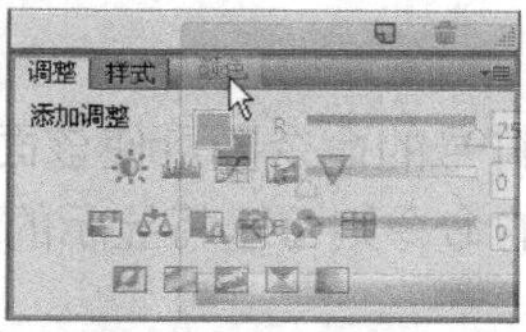

图1-14　出现的蓝色边框

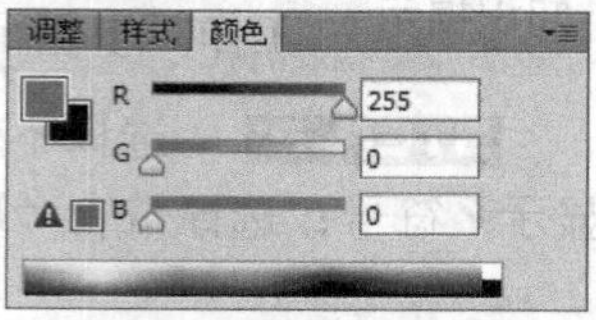

图1-15　合并后的效果

知识提示　在默认的控制面板左侧有一些按钮，单击相应的按钮可以打开相应的控制面板；单击默认控制面板右上角的双向箭头▶▶，可以将控制面板隐藏，只显示按钮图标，这样可以节省绘图区域以显示更大的绘制文件窗口。

任务三　图像文件的基本操作

由于每一个软件的性质不同，其新建、打开及存储文件时的对话框也不相同，下面简要介绍一下 Photoshop CS6 的新建、打开及存储对话框。

（一）　新建文件

在讲解新建文件之前，首先来看一下位图和矢量图的区别，以及像素和分辨率的概念，了解这些知识，有助于在新建文件时对各选项进行设置。

【知识准备】

1．　位图和矢量图

（1）　位图（Bitmap）也叫做栅格图像，是由很多个像素组成的，比较适合制作细腻、轻柔缥缈的特殊效果，Photoshop 生成的图像一般都是位图。位图图像放大到一定的倍数后，看到的便是一个一个方形的色块，整体图像也会变得模糊、粗糙，如图 1-16 所示。

图1-16　不同放大倍数时位图的显示效果

（2）　矢量图（Vector Graphic）又称为向量图形，是由线条和图块组成的，适用于编辑色彩较为单纯的色块或文字，如 Illustrator、PageMaker、FreeHand、CorelDRAW 等绘图软件创建的图形都是矢量图。当对矢量图进行放大后，图形仍能保持原来的清晰度，且色彩不失真，如图 1-17 所示。

图1-17 不同放大倍数时的矢量图显示效果

2. 像素与分辨率

像素与分辨率是 Photoshop 中最常用的两个概念，对它们的设置决定了文件的大小及图像的质量。

- 像素：像素（Pixel）是构成图像的最小单位，位图中的一个色块就是一个像素，且一个像素只显示一种颜色。
- 分辨率：分辨率（Resolution）是指单位面积内图像所包含像素的数目，通常用“像素/英寸”和“像素/厘米”表示。

分辨率的高低直接影响图像的效果，使用太低的分辨率会导致图像粗糙，在排版打印时图片会变得非常模糊；而使用较高的分辨率则会增加文件的大小，并降低图像的打印速度。

> 知识提示
>
> **修改图像的分辨率可以改变图像的精细程度。对以较低分辨率扫描或创建的图像，在 Photoshop CS6 中提高图像的分辨率只能提高每单位图像中的像素数量，却不能提高图像的品质，请读者注意。**

在工作之前建立一个合适大小的文件至关重要，除尺寸设置要合理外，分辨率的设置也要合理。图像分辨率的正确设置应考虑图像最终发布的媒介，通常对一些有特别用途的图像，分辨率都有一些基本的标准。

- Photoshop 默认分辨率为 72 像素/英寸，这是满足普通显示器的分辨率。
- 发布于网页上的图像分辨率通常可以设置为 72 像素/英寸或 96 像素/英寸。
- 报纸图像通常设置为 120 像素/英寸或 150 像素/英寸。
- 彩版印刷图像通常设置为 300 像素/英寸。
- 大型灯箱图像一般不低于 30 像素/英寸。
- 一些特大的墙面广告等有时可设定在 30 像素/英寸以下。

以上提供的这些分辨率数值只是通常情况下使用的设置值，读者在作图时还要根据实际情况灵活运用。

本案例利用【文件】/【新建】命令来介绍新建文件的基本操作。新建的文件【名称】为“新建文件练习”，【宽度】为“25 厘米”，【高度】为“20 厘米”，【分辨率】为“72 像素/英寸”，【颜色模式】为“RGB 颜色”“8 位”，【背景内容】为“白色”。

【操作步骤】

STEP 1 执行【文件】/【新建】命令，弹出【新建】对话框，单击【高级】选项左侧的按钮，对话框将增加高级选项显示，如图 1-18 所示。

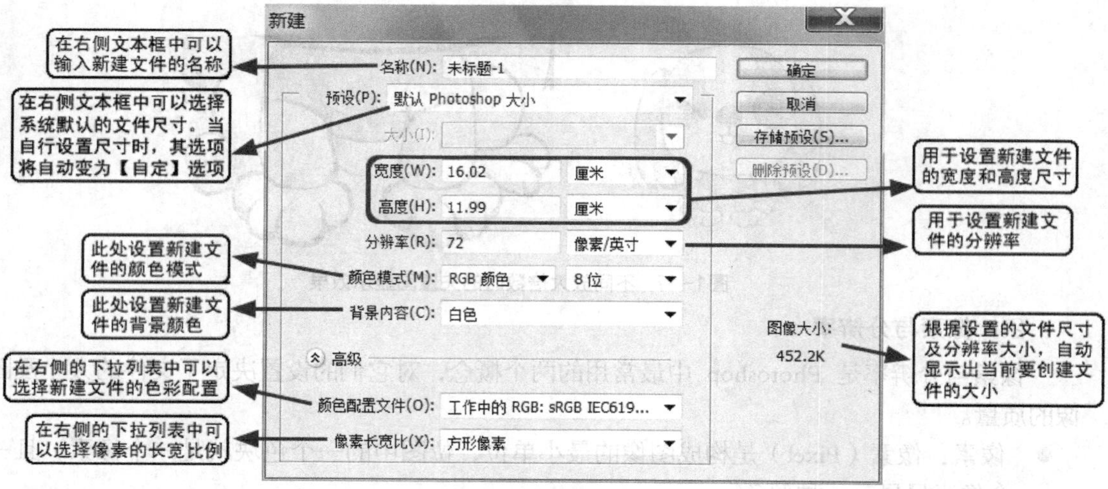

图1-18 【新建】对话框

多学一招 弹出【新建】对话框的方法除执行【文件】/【新建】命令外，还可按Ctrl+N组合键。

STEP 2 将鼠标指针放置在【名称】文本框中，自文字的右侧向左侧拖曳，将文字反白显示，然后任选一种文字输入法，输入“新建文件练习”文字。

STEP 3 如果【宽度】和【高度】选项右侧的单位没有显示“厘米”，此时可单击宽度数值右侧的选项窗口，在弹出的下拉列表中选择【厘米】选项，然后将【宽度】和【高度】值分别设置为“25”和“20”。

STEP 4 将【颜色模式】设置为“RGB 颜色”，设置各选项及参数后的【新建】对话框如图 1-19 所示。

STEP 5 单击 确定 按钮，即可按照设置的选项及参数创建一个新的文件，如图 1-20 所示。

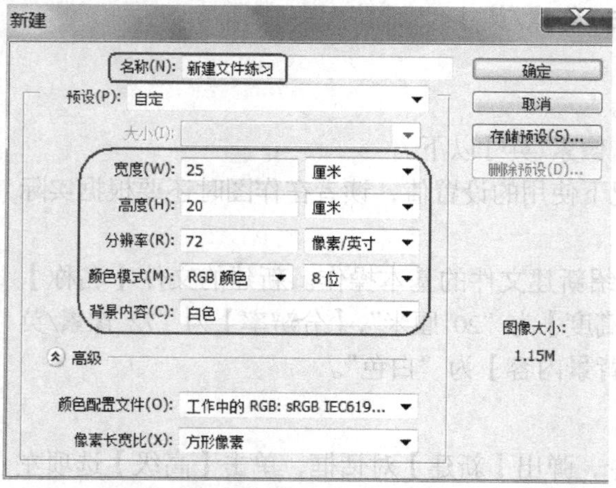

图1-19 设置各选项及参数后的【新建】对话框

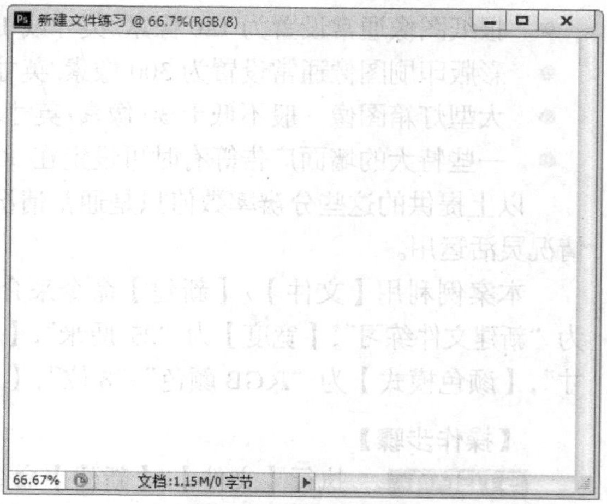

图1-20 新建的文件

（二） 打开文件

执行【文件】/【打开】命令（快捷键为Ctrl+O组合键）或直接在工作区中双击，会弹出【打开】对话框，利用此对话框可以打开计算机中存储的 PSD、BMP、TIFF、JPEG、TGA 和 PNG 等多种格式的图像文件。在打开图像文件之前，首先要知道文件的名称、格式和存储路径，这样才能顺利地打开文件。

下面利用【文件】/【打开】命令，打开素材文件中所带的“风景画.jpg”文件。

【操作步骤】

STEP 6 执行【文件】/【打开】命令，弹出【打开】对话框。

STEP 7 单击【查找范围】下拉列表（或右侧的按钮），在弹出的下拉列表中选择光盘所在的盘符。

STEP 8 在下方的窗口中依次双击“图库/项目一”文件夹。

STEP 9 在弹出的文件窗口中，选择名为“风景画.jpg”图像文件，此时的【打开】对话框如图 1-21 所示。

图1-21 【打开】对话框

STEP 10 单击 打开(O) 按钮，即可将选择的图像文件在工作区中打开。

（三） 存储文件

【知识准备】

在 Photoshop CS6 中，文件的存储主要包括【存储】和【存储为】两种方式。当新建的图像文件第一次存储时，【文件】菜单中的【存储】和【存储为】命令功能相同，都是将当前图像文件命名后存储，并且都会弹出如图 1-22 所示的【存储为】对话框。

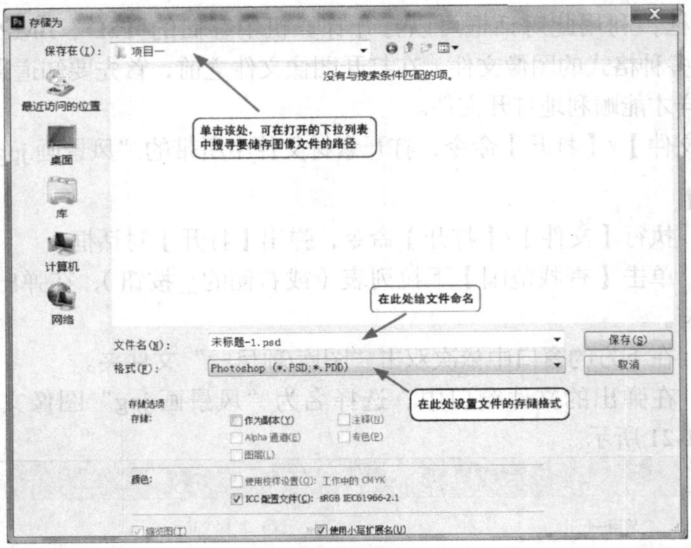

图1-22　【存储为】对话框

将打开的图像文件编辑后再存储时，就应该正确区分【存储】和【存储为】命令的不同。【存储】命令是在覆盖原文件的基础上直接进行存储，不弹出【存储为】对话框；而【存储为】命令仍会弹出【存储为】对话框，它是在原文件不变的基础上可以将编辑后的文件重新命名另存储。

知识提示　【存储】命令的快捷键为 Ctrl+S 组合键，【存储为】命令的快捷键为 Shift+Ctrl+S 组合键。在绘图过程中，一定要养成随时存盘的好习惯，以免因断电、死机等突发情况造成不必要的麻烦，而且保存时一定要分清应该用【存储】命令还是【存储为】命令。

在文件存储时，需要设置文件的存储格式，Photoshop 可以支持很多种图像文件格式，下面介绍几种常用的文件格式，有助于满足以后读者对图像进行编辑、保存和转换的需要。

- PSD 格式。PSD 格式是 Photoshop 的专用格式，它能保存图像数据的每一个细节，可以存储为 RGB 或 CMYK 颜色模式，也能对自定义颜色数据进行存储。它还可以保存图像中各图层的效果和相互关系，各图层之间相互独立，便于对单独的图层进行修改和制作各种特效。其缺点是存储的图像文件特别大。
- BMP 格式。BMP 格式也是 Photoshop 最常用的点阵图格式之一，支持多种 Windows 和 OS/2 应用程序软件，支持 RGB、索引颜色、灰度和位图颜色模式的图像，但不支持 Alpha 通道。
- TIFF 格式。TIFF 格式是最常用的图像文件格式，它既应用于 Mac（苹果机），也应用于 PC。该格式文件以 RGB 全彩色模式存储，在 Photoshop 中可支持 24 个通道的存储，TIFF 格式是除了 Photoshop 自身格式外，唯一能存储多个通道的文件格式。
- EPS 格式。EPS 格式是 Adobe 公司专门为存储矢量图形而设计的，用于在 PostScript 输出设备上打印，它可以使文件在各软件之间进行转换。
- JPEG 格式。JPEG 格式是最卓越的压缩格式。虽然它是一种有损失的压缩格式，但是在图像文件压缩前，可以在文件压缩对话框中选择所需图像的最终质量，这样就有效地控制了 JPEG 在压缩时的数据损失量。JPEG 格式支持 CMYK、RGB 和灰度颜色模式的图像，不支持Alpha通道。

- GIF 格式。GIF 格式的文件是8位图像文件，几乎所有的软件都支持该格式。它能存储成背景透明化的图像形式，所以大多用于网络传输，并可以将多张图像存储成一个档案，形成动画效果；其最大的缺点是只能处理256种色彩。
- AI 格式。AI 格式是一种矢量图形格式，在 Illustrator 中经常用到，它可以把 Photoshop 中的路径转化为“*.AI”格式，然后在 Illustrator 或 CorelDRAW 中将文件打开，并对其进行颜色和形状的调整。
- PNG 格式。PNG 格式可以使用无损压缩方式压缩文件，支持带一个 Alpha 通道的 RGB 颜色模式、灰度模式及不带 Alpha 通道的位图模式、索引颜色模式。它产生的透明背景没有锯齿边缘，但较早版本的 Web 浏览器不支持 PNG 格式。

1. 直接保存文件

当绘制完一幅图像后，就可以将绘制的图像直接保存，具体操作步骤如下。

【操作步骤】

STEP 1 执行【文件】/【存储】命令，弹出【存储为】对话框。

STEP 2 在【存储为】对话框的【保存在】下拉列表中选择 本地磁盘 (D:)，在弹出的新【存储为】对话框中，单击【新建文件夹】按钮，创建一个新文件夹。

STEP 3 在创建的新文件夹中输入“卡通”作为文件夹名称，也可以根据绘制的图形自己设置名称。

STEP 4 双击刚创建的文件夹，将其打开，然后在【格式】下拉列表中选择【Photoshop (*.psd;*.PDD)】，在【文件名】下拉列表中输入“卡通图片”作为文件的名称，同样，此处也要根据自己绘制的图形设置名称。

STEP 5 单击 保存(S) 按钮，就可以保存绘制的图像了。以后按照保存的文件名称及路径就可以打开此文件。

2. 另一种存储文件的方法

读者对打开的图像进行编辑处理后，再次保存，可将其另存。

【操作步骤】

STEP 1 执行【文件】/【打开】命令，打开素材文件中名为“花.psd”的文件，打开的图像与【图层】面板状态如图1-23所示。

图1-23 打开的图像与【图层】面板

STEP 2 将鼠标指针放置在【图层】面板中如图1-24所示的图层上。

STEP 3 按下鼠标左键并拖动该图层到如图 1-25 所示的【删除图层】按钮 上。

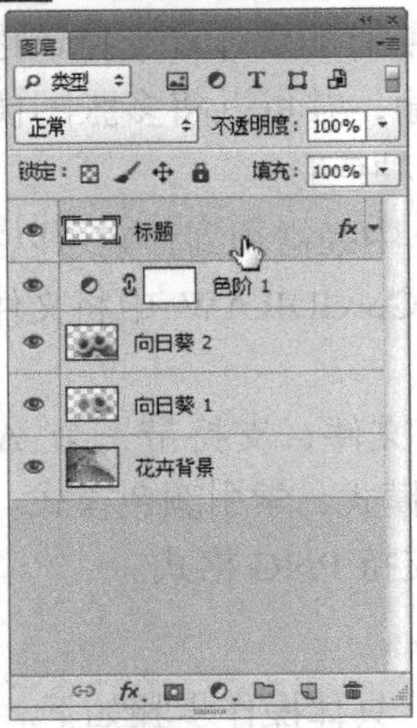

图1-24 鼠标指针放置的位置

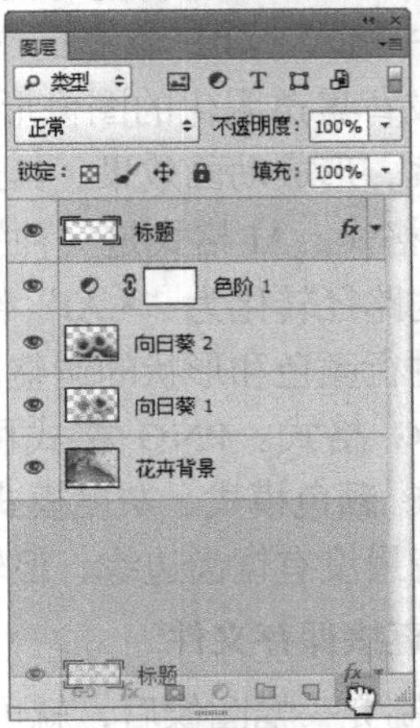

图1-25 删除图层状态

STEP 4 释放鼠标左键，即可将标题在图像中删除。

STEP 5 执行【文件】/【存储为】命令，弹出【存储为】对话框，在【文件名】下拉列表中输入“花修改”文字作为文件名。

STEP 6 单击 保存(S) 按钮，就保存了修改后的文件，且原文件仍保存在计算机中。

任务四 图像文件的颜色设置

本节将介绍图像文件的颜色设置。颜色设置的方法有 3 种：在【拾色器】对话框中设置颜色；在【颜色】面板中设置颜色；在【色板】面板中设置颜色，下面分别详细介绍。

（一） 颜色设置基础知识

【知识准备】

颜色模式是指同一属性下不同颜色的集合，它使用户在使用各种颜色进行显示、印刷及打印时，不必重新调配颜色就可以直接进行转换和应用。计算机软件系统为用户提供的颜色模式主要有 RGB 颜色模式、CMYK 颜色模式、Lab 颜色模式、位图模式、灰度（Grayscale）模式、索引（Index）颜色模式等。每一种颜色模式都有它的使用范围和特点，并且各颜色模式之间可以根据处理图像的需要进行转换。

- RGB（光色）模式：该模式的图像由红（R）、绿（G）、蓝（B）3 种颜色构成，大多数显示器均采用此种色彩模式。
- CMYK（4 色印刷）模式：该模式的图像由青（C）、洋红（M）、黄（Y）、黑（K）4 种颜色构成，主要用于彩色印刷。在制作印刷用文件时，最好将其保存成 TIFF 格式或 EPS 格式，它们都是印刷厂支持的文件格式。
- Lab（标准色）模式：该模式是 Photoshop 的标准色彩模式，也是由 RGB 模式转换为 CMYK 模式的中间模式。它的特点是在使用不同的显示器或打印设备时，所显示的颜色都是相同的。
- Grayscale（灰度）模式：该模式的图像由具有 256 级灰度的黑白颜色构成。一幅灰度图像在转变成 CMYK 模式后可以增加色彩。如果将 CMYK 模式的彩色图像转变为灰度模式，则颜色不能再恢复。

- Bitmap（位图）模式：该模式的图像由黑白两色构成，图像不能使用编辑工具，只有灰度模式才能转变成 Bitmap 模式。
- Index（索引）模式：该模式又叫图像映射色彩模式，这种模式的像素只有 8 位，即图像只有 256 种颜色。

【操作步骤】

1. 在【颜色】面板中设置颜色

STEP 1 执行【窗口】/【颜色】命令，将【颜色】面板显示在工作区中。如该命令前面已经有✓符号，则不执行此操作。

STEP 2 确认【颜色】面板中的前景色块处于具有方框的选择状态，利用鼠标任意拖动右侧的【R】、【G】、【B】颜色滑块，即可改变前景色的颜色。

STEP 3 将鼠标指针移动到下方的颜色条中，鼠标指针将显示为吸管形状，在颜色条中单击，即可将单击处的颜色设置为前景色，如图 1-26 所示。

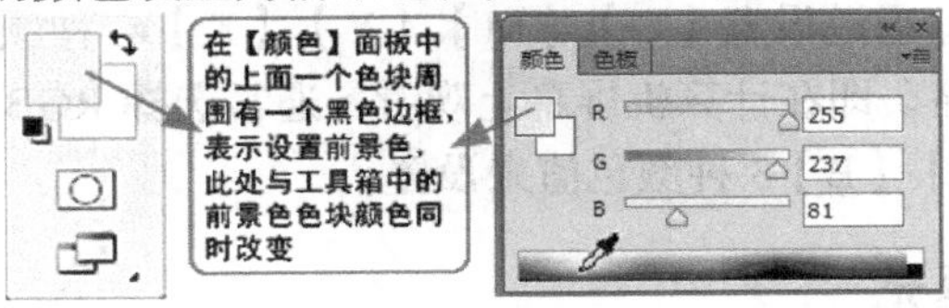

图1-26 利用【颜色】面板设置前景色时的状态

STEP 4 在【颜色】面板中单击背景色色块，使其处于选择状态，然后利用设置前景色的方法即可设置背景色，如图 1-27 所示。

STEP 5 在【颜色】面板的右上角单击按钮，在弹出的选项列表中选择【CMYK 滑块】选项，【颜色】面板中的 RGB 颜色滑块即会变为 CMYK 颜色滑块，如图 1-28 所示。

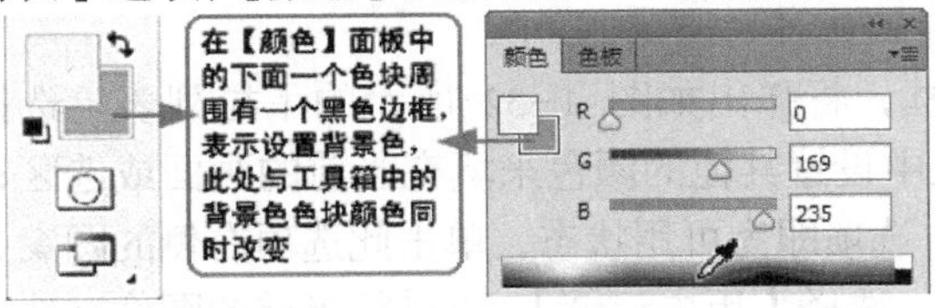

图1-27 利用【颜色】面板设置背景色时的状态

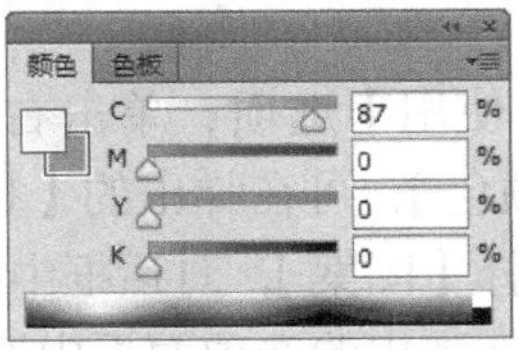

图1-28 CMYK 颜色面板

STEP 6 拖动【C】、【M】、【Y】、【K】颜色滑块，就可以用 CMYK 模式设置背景颜色。

2. 在【色板】面板中设置颜色

STEP 1 在【颜色】面板中选择【色板】选项卡，显示【色板】面板。

STEP 2 将鼠标指针移动至【色板】面板中，鼠标指针变为吸管形状。

STEP 3 在【色板】面板中需要的颜色上单击，即可将前景色设置为选择的颜色。

STEP 4 按住 Alt 键，在【色板】面板中需要的颜色上单击，即可将背景色设置为选择的颜色。

3. 在【拾色器】对话框中设置颜色

STEP 1 单击工具箱中如图 1-29 所示的前景色或背景色窗口，弹出如图 1-30 所示的【拾色器】对话框。

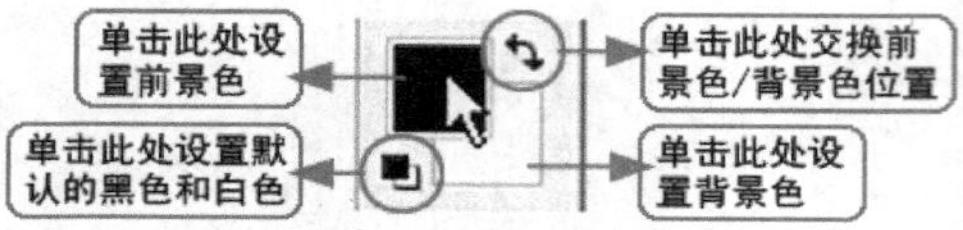

图1-29 前景色和背景色设置窗口

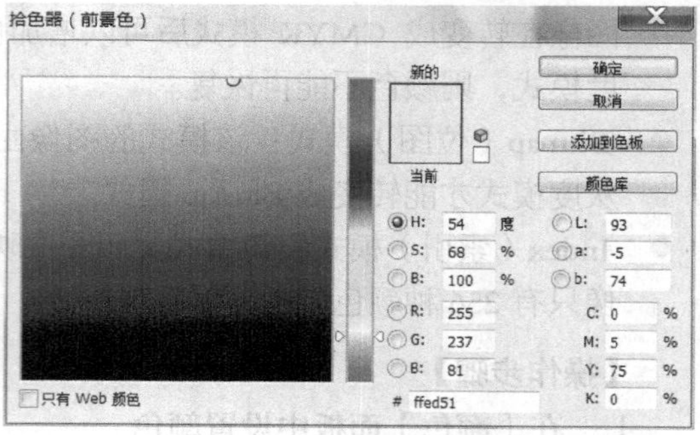

图1-30 【拾色器】对话框

STEP 2 在【拾色器】对话框的颜色域或颜色滑条内单击，可以将单击位置的颜色设置为当前的颜色。

STEP 3 在对话框右侧的参数设置区中选择一组选项并设置相应的参数值，也可设置需要的颜色。

> **知识提示** 在设置颜色时，如最终作品用于彩色印刷，通常选择 CMYK 颜色模式设置颜色，即通过设置【C】、【M】、【Y】、【K】4 种颜色值来设置；如最终作品用于网络，即在计算机屏幕上观看，通常选择 RGB 颜色模式，即通过设置【R】、【G】、【B】3 种颜色值来设置。

（二） 颜色填充

本小节介绍颜色的填充方法。关于颜色的填充，在 Photoshop CS6 中有 3 种方法：利用菜单命令进行填充、利用快捷键进行填充、利用【油漆桶】工具进行填充。

1. 利用菜单命令

执行【编辑】/【填充】命令（或按 Shift+F5 组合键），弹出如图 1-31 所示的【填充】对话框。

- 【使用】选项：单击右侧的下拉列表框，将弹出如图 1-32 所示的下拉列表。选择【颜色】，可在弹出的【拾色器】对话框中设置其他的颜色来填充当前的画面或选区；选择【图案】，对话框中的【自定图案】选项即为可用状态，单击此选项右侧的图案，可在弹出的选项面板中选择需要的图案；选择【历史记录】，可以将当前的图像文件恢复到图像所设置的历史记录状态或快照状态。

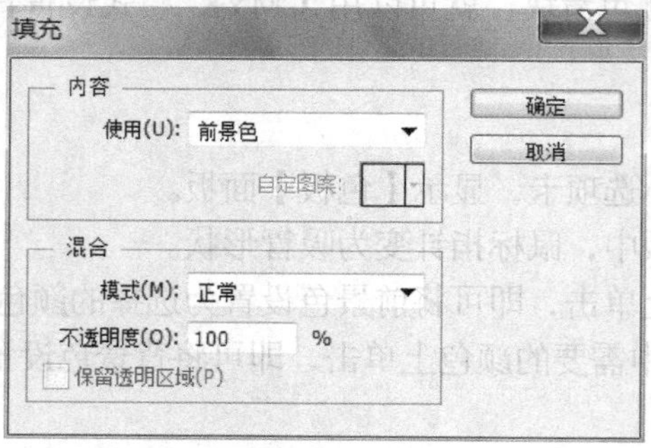

图1-31 【填充】对话框

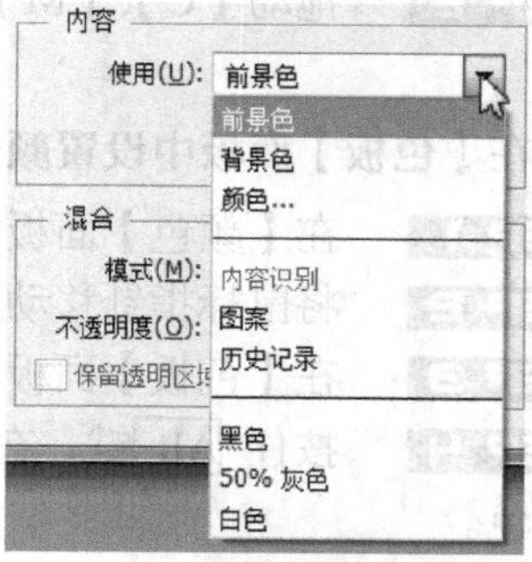

图1-32 弹出的下拉列表

- 【模式】选项：在其右侧的下拉列表框中可选择填充颜色或图案与其下画面之间的混合形式。

- 【不透明度】选项：在其右侧的文本框中设置不同的数值可以设置填充颜色或图案的不透明度。此数值越小，填充的颜色或图案越透明。
- 【保留透明区域】选项：勾选此选项，将锁定当前层的透明区域。即再对画面或选区进行填充颜色或图案时，只能在不透明区域内进行填充。

在【填充】对话框中设置合适的选项及参数后，单击 确定 按钮，即可为当前画面或选区填充上所选择的颜色或图案。

2. 利用快捷键

按 Alt+Backspace 或 Alt+Delete 组合键，可以给当前画面或选区填充前景色。按 Ctrl+Backspace 或 Ctrl+Delete 组合键，可以给当前画面或选区填充背景色。按 Alt+Ctrl+Backspace 组合键，是给当前画面或选区填充白色。

3. 利用工具按钮

工具箱中填充颜色的工具有【渐变】工具和【油漆桶】工具，具体操作请参见"项目三"中的内容。

- 【渐变】工具是为画面或选区填充多种颜色渐变的工具，使用前应先在属性栏中设置好渐变的颜色以及渐变的类型，然后将鼠标光标移动到画面或选区内拖曳光标即可。
- 【油漆桶】工具是为画面或选区填充前景色或图案的工具，使用前应先在工具箱中设置好填充的前景色或在属性栏中选择好填充的图案，然后将鼠标光标移动到要填充的画面或选区内单击即可。

知识提示

以上分别讲解了设置与填充颜色的几种方法，其中利用【拾色器】对话框设置颜色与利用快捷键填充颜色的方法比较实用。

下面分别利用菜单命令、快捷键和工具按钮对指定的选区进行颜色填充，制作出如图1-33所示的标志图形。

【操作步骤】

STEP 1 执行【文件】/【打开】命令，在弹出的【打开】对话框中选择素材文件中名为"标志轮廓.psd"的文件，单击 打开(O) 按钮，打开的图像文件如图1-34所示。

图1-33 绘制的图形

图1-34 打开的图像文件

STEP 2 在工具箱中选择【魔棒】工具，将鼠标指针移动到如图1-35所示的位置单击，可添加选区，如图1-36所示。

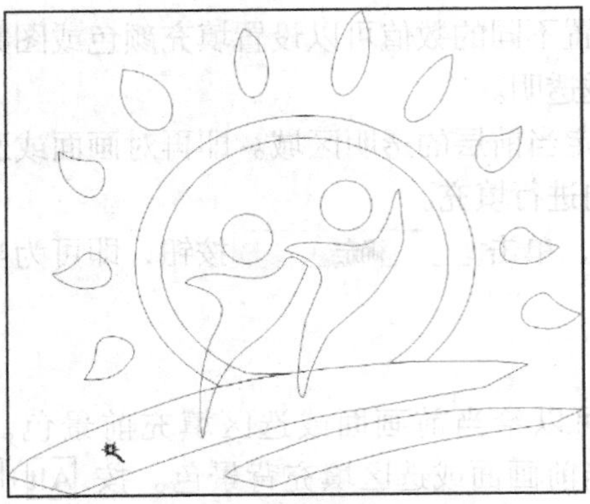

图1-35 鼠标光标放置的位置

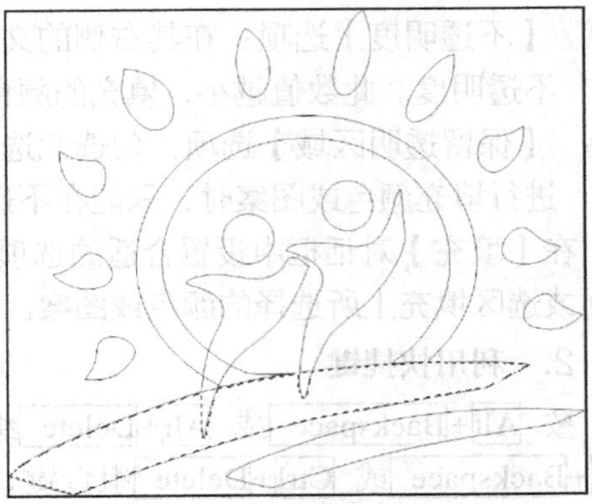

图1-36 创建的选区

STEP 3 按住 Shift 键，此时鼠标指针将显示为带“+”号的图标，将鼠标指针移动到如图 1-37 所示的位置单击，可添加选区，创建的选区形态如图 1-38 所示。

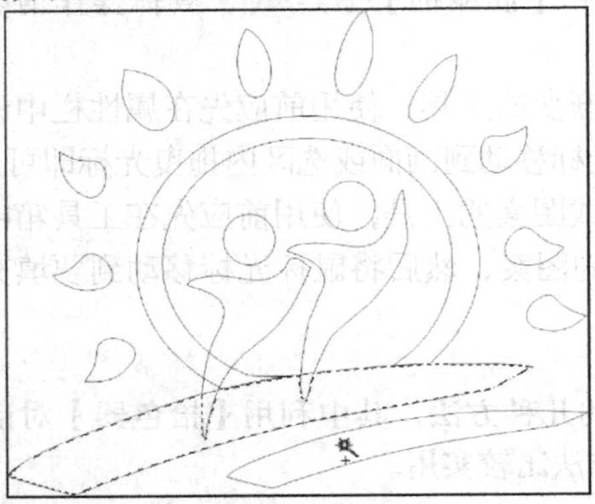

图1-37 鼠标指针放置的位置

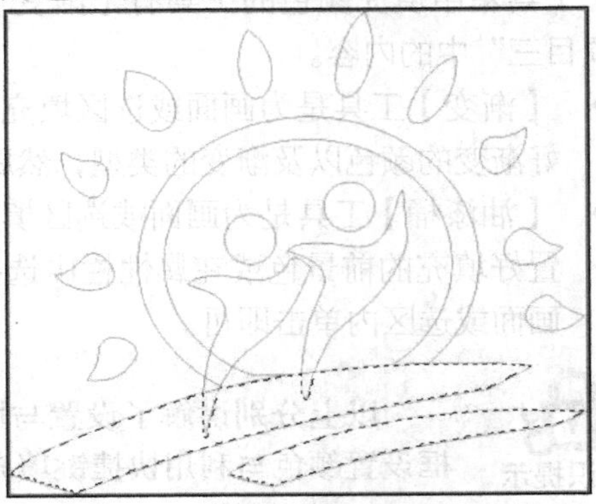

图1-38 创建的选区

STEP 4 单击前景色块，在弹出的【拾色器】对话框中设置 R、G、B 颜色参数如图 1-39 所示。

STEP 5 单击 确定 按钮，将前景色设置为绿色（R:150,G:255）。

STEP 6 在【图层】面板底部单击按钮新建一个图层“图层 2”，按 Alt+Delete 组合键，为当前选区填充前景色，如图 1-40 所示。

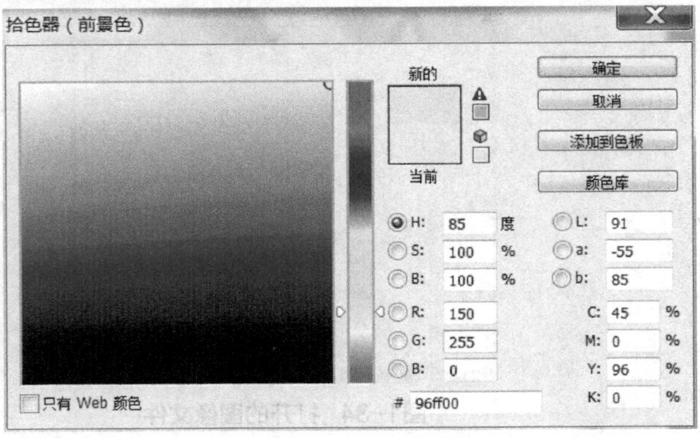

图1-39 设置的颜色

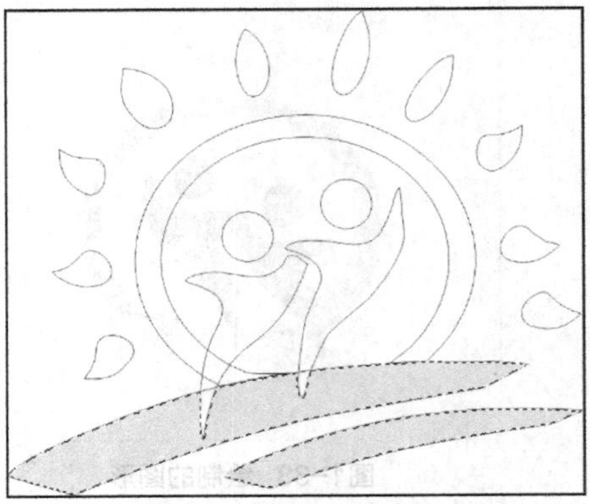

图1-40 填充颜色后的效果

STEP 7 在【图层】面板中单击“图层 1”将其设置为工作层，如图 1-41 所示。

STEP 8 继续利用【魔棒】工具创建如图 1-42 所示的选区。

STEP 9 在【颜色】面板中设置颜色及参数如图 1-43 所示。注意，如果读者是跟随本书内容依次进行操作的，此时处于选择状态的为背景色。

> **多学一招** 按 X 键，可将工具箱中的前景色与背景色互换。按 D 键，可以将工具箱中的前景色与背景色分别设置为黑色和白色。

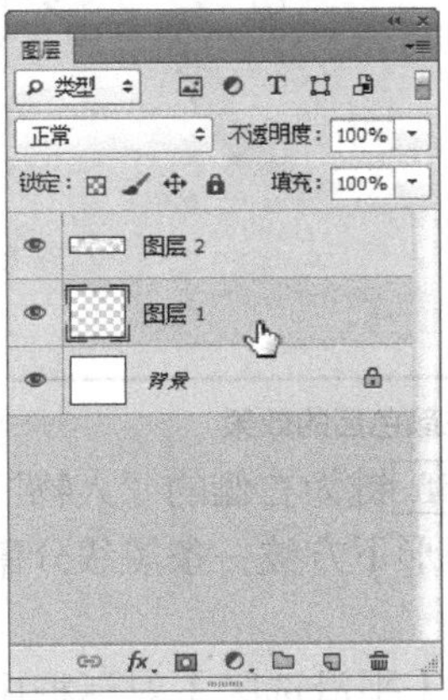

图1-41　设置当前层

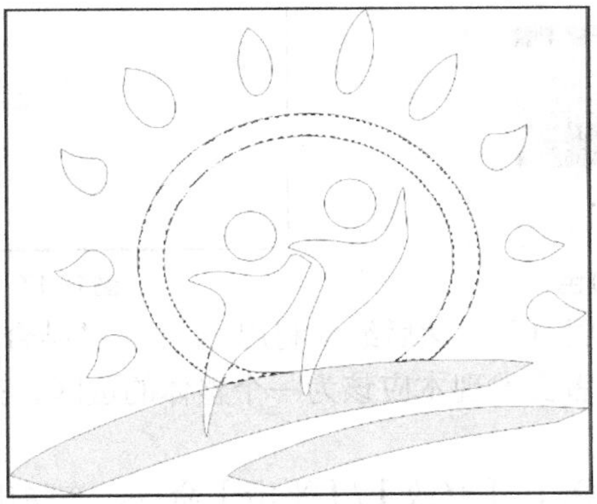

图1-42　创建的选区

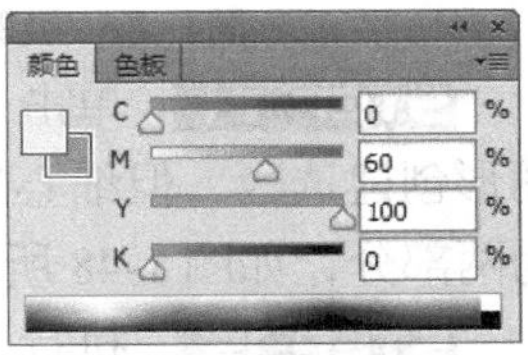

图1-43　设置的颜色参数

STEP 10 在【图层】面板底部单击按钮新建一个图层“图层 3”，按 Ctrl+Delete 组合键，为当前选区填充背景色，如图 1-44 所示。注意，如果读者设置的颜色为前景色，此处要按 Alt+Delete 组合键。

STEP 11 单击“图层 1”，然后继续利用工具并结合 Shift 键创建出如图 1-45 所示的选区。

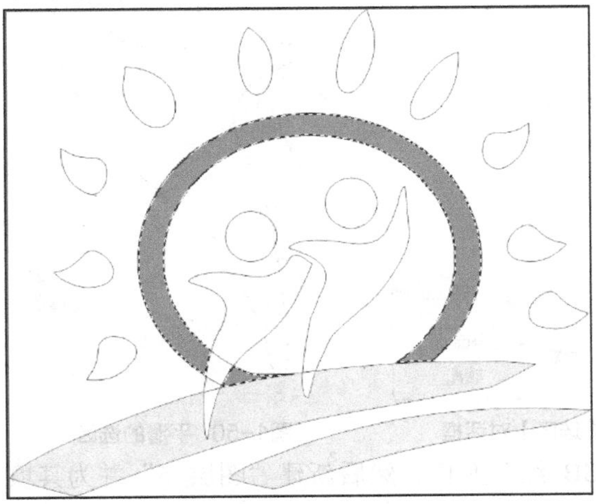

图1-44　填充颜色后的效果

图1-45　创建的选区

STEP 12 执行【窗口】/【色板】命令，将【色板】面板显示，然后吸取如图 1-46 所示的颜色。

STEP 13 新建“图层 4”，执行【编辑】/【填充】命令，在弹出的【填充】对话框中，设置相应的【前景色】或【背景色】选项，单击 确定 按钮，将吸取的黄色填充至选区中，如图 1-47 所示。

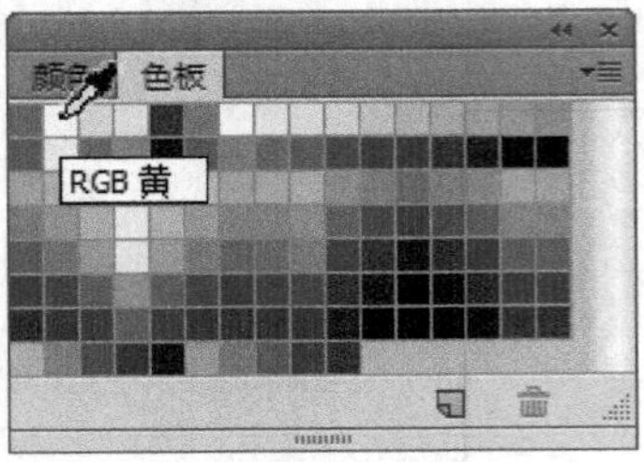

图1-46 吸取的颜色

图1-47 填充颜色后的效果

STEP 14 单击“图层 1”，然后继续利用工具并结合 Shift 键为右侧的“人物”图形创建选区，但细心的读者会发现本应该为一个整体的选区，在图形下方被一条黑线分割为两部分，如图 1-48 所示。

STEP 15 执行【选择】/【修改】/【平滑】命令，在弹出的【平滑选区】对话框中设置选项参数如图 1-49 所示。

STEP 16 单击 确定 按钮，选区即合并为一个整体，且边缘变得光滑，如图 1-50 所示。

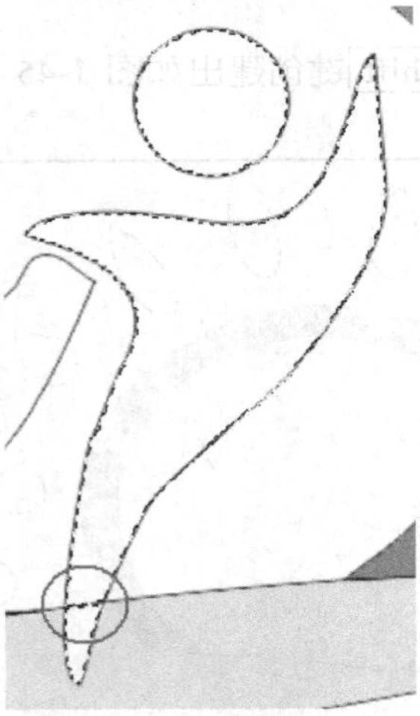

图1-48 创建的选区

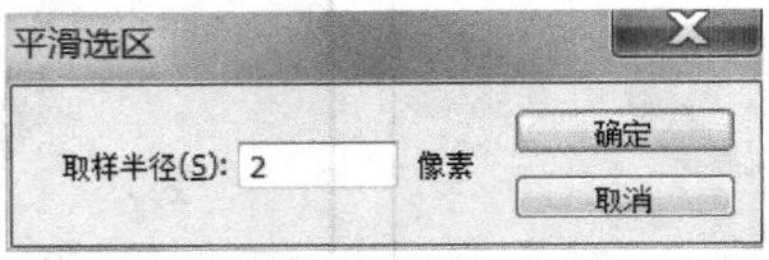

图1-49 【平滑选区】对话框

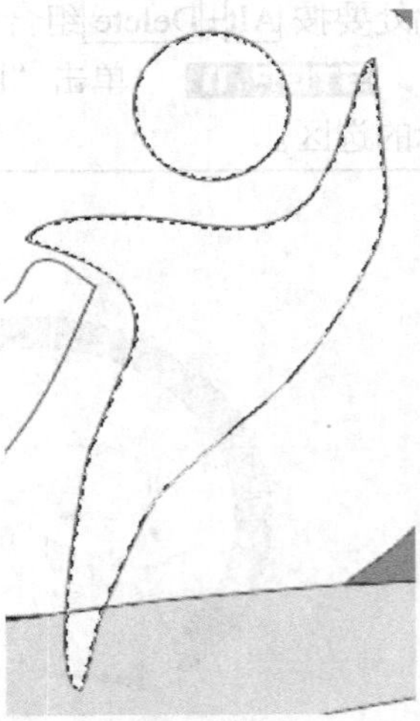

图1-50 平滑的选区

STEP 17 在【色板】面板中吸取“RGB 红”颜色，然后新建“图层 5”并为其填充设置的红色。

STEP 18 用与步骤 14～16 相同的方法，为左侧人物创建选区，然后在【色板】面板中吸取“CMYK 绿”颜色，并新建“图层 6”为其填充设置的绿色。

STEP 19 执行【选择】/【去除选区】命令（或按 Ctrl+D 组合键），去除选区，填充的颜色及【图层】面板形态如图 1-51 所示。

STEP 20 将鼠标指针移动到如图 1-52 所示的图标位置单击，可将该图层隐藏。

图1-51 填充的颜色及【图层】面板

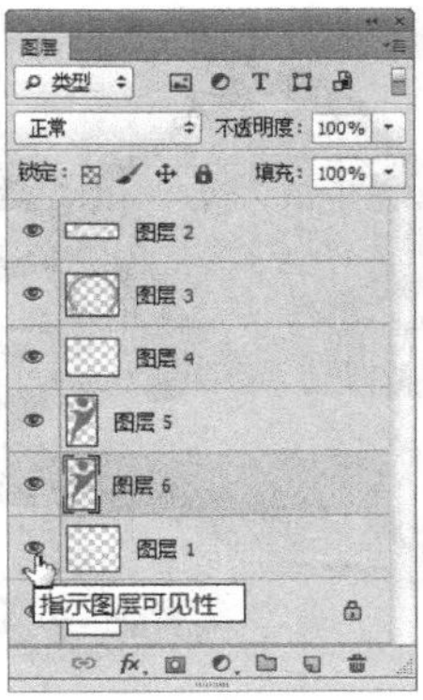

图1-52 单击的位置

至此，颜色填充完成，标志的整体效果如图 1-53 所示。

STEP 21 执行【文件】/【存储为】命令（或按 Shift+Ctrl+S 组合键），在弹出的【存储为】对话框中将文件另命名为“希望小学标志”，单击 保存(S) 按钮，将文件以“希望小学标志.psd”另存。

图1-53 标志填充颜色后的效果

项目实训 图像的缩放显示

在绘制图形或处理图像时，经常需要将图像放大、缩小或平移显示，以便观察图像的每一个细节或整体效果。

【知识准备】

- 【缩放】工具：在图像窗口中单击，图像将以单击处为中心放大显示一级；按下鼠标左键拖曳，拖出一个矩形虚线框，释放鼠标左键后即可将虚线框中的图像放大显示，如图 1-54 所示。如果按住 Alt 键，鼠标指针形状将显示为形状，在图像窗口中单击时，图像将以单击处为中心缩小显示一级。
- 【抓手】工具：将图像放大到一定程度，无法在屏幕中完全显示时，选择工具，将鼠标指针移动到图像中按下鼠标左键拖曳，可以在不影响图像放大级别的前提下，平移图像，以观察图像窗口中无法显示的图像。

图1-54 图像放大显示状态

知识提示

利用[缩放]工具将图像放大后，图像在窗口中将无法完全显示，此时可以利用[抓手]工具平移图像，对图像进行局部观察。【缩放】工具和【抓手】工具通常配合使用。

1. **属性栏**

【缩放】和【抓手】工具的属性栏基本相同，【缩放】工具的属性栏如图 1-55 所示。

图1-55 【缩放】工具的属性栏

- 【放大】按钮：激活此按钮，在图像窗口中单击，可以将图像窗口中的画面放大显示，最高放大级别为 1 600%。
- 【缩小】按钮：激活此按钮，在图像窗口中单击，可以将图像窗口中的画面缩小显示。
- 【调整窗口大小以满屏显示】：勾选此复选框，当对图像进行缩放时，软件会自动调整图像窗口的大小，使其与当前图像适配。
- 【缩放所有窗口】：当工作区中打开多个图像窗口时，勾选此复选框或按住 Shift 键，缩放操作可以影响到工作区中的所有图像窗口，即同时放大或缩小所有图像文件。
- 【细微缩放】：勾选此复选项，在图像窗口中按住鼠标左键拖曳，可实时缩放图形。向左拖曳为缩小调整，向右拖曳为放大调整。
- 实际像素 按钮：单击此按钮，图像恢复为原大小，以实际像素尺寸显示，即以 100%比例显示。
- 适合屏幕 按钮：单击此按钮，图像窗口根据绘图窗口中剩余空间的大小，自动调整图像窗口大小及图像的显示比例，使其在不与工具栏和控制面板重叠的情况下，尽可能地放大显示。
- 填充屏幕 按钮：单击此按钮，系统根据工作区剩余空间的大小自动分配和调整图像窗口的大小及比例，使其在工作区中尽可能放大显示。
- 打印尺寸 按钮：单击此按钮，图像将显示打印尺寸。

2. **快捷键**

（1）【缩放】工具的快捷键。

- 按 Ctrl++ 组合键，可以放大显示图像；按 Ctrl+- 组合键，可以缩小显示图像；按 Ctrl+O 组合键，可以将图像窗口内的图像自动适配至屏幕大小显示。

- 双击工具箱中的工具，可以将图像窗口中的图像以实际像素尺寸显示，即以 100% 比例显示。
- 按住 Alt 键，可以将当前的“放大显示”工具切换为“缩小显示”工具。
- 按住 Ctrl 键，可以将当前的【缩放】工具切换为【移动】工具，此时鼠标指针显示为状态，松开 Ctrl 键后，即恢复到【缩放】工具。

（2）【抓手】工具的快捷键。

- 双击工具，可以将图像适配至屏幕大小显示。
- 按住 Ctrl 键在图像窗口中单击，可以对图像放大显示；按住 Alt 键在图像窗口中单击，可以对图像缩小显示。
- 无论当前哪个工具按钮处于被选择状态，按键盘上的空格键，都可以将当前工具切换为【抓手】工具。

【操作步骤】

STEP 1 执行【文件】/【打开】命令，打开素材文件中名为“食品.jpg”的图片文件。

STEP 2 选择工具，确认属性栏中的复选项都没有被选择，在打开的图片中按下鼠标左键向右下角拖曳，将出现一个虚线矩形框，如图 1-56 所示。

STEP 3 释放鼠标左键，放大后的画面如图 1-57 所示。

STEP 4 选择工具，将鼠标指针移动到画面中，鼠标指针将变成形状，按下鼠标左键并拖曳，可以平移画面观察其他位置的图像，如图 1-58 所示。

图1-56 拖曳鼠标状态

图1-57 放大后的画面

图1-58 平移图像窗口状态

STEP 5 选择工具，将鼠标指针移动到画面中，按住 Alt 键，鼠标指针变为形状，单击可以将画面缩小显示，以观察画面的整体效果。

项目拓展 界面模式的显示设置

利用 Photoshop CS6 进行编辑和处理图像时，其工作界面有两种模式，分别为编辑模式和显示模式，下面分别对它们进行详细介绍。

1. 编辑模式

在 Photoshop CS6 工具箱的下方有以下两种模式按钮。

- 【以标准模式编辑】按钮：单击该按钮，可切换到 Photoshop CS6 默认的编辑模式。
- 【以快速蒙版模式编辑】按钮：快速蒙版模式用于创建各种特殊选区。在默认的编辑模式下单击该按钮，可切换到快速蒙版编辑模式，此时所进行的各种编辑操作不是对图像进行的，而是对快速蒙版进行的。这时，【通道】面板中会增加一个临时的快速蒙版通道。

2. 显示模式

Photoshop CS6 给设计者提供了 3 种屏幕显示模式，在工具箱中最下方的【标准屏幕模式】按钮上按住鼠标左键不放，将弹出如图 1-59 所示的工具按钮。也可执行【视图】/【屏幕模式】命令，将弹出如图 1-60 所示的命令。

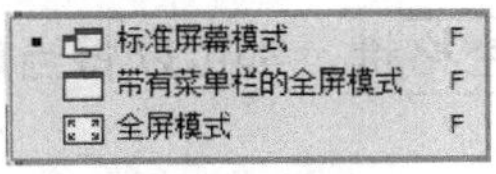

图1-59 显示的工具按钮

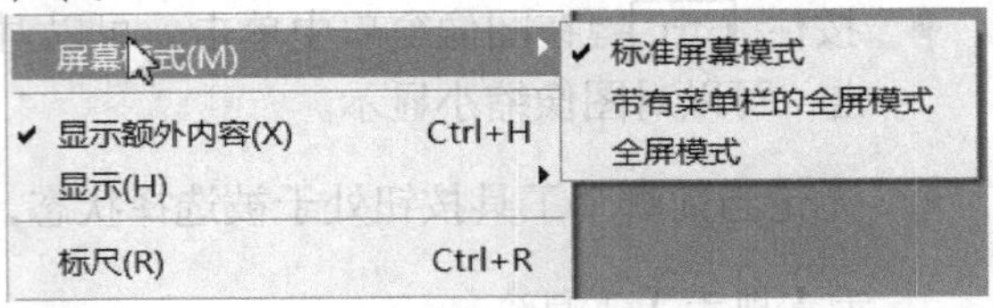

图1-60 显示的菜单命令

- 【标准屏幕模式】：可进入默认的显示模式。
- 【带有菜单栏的全屏模式】：系统会将软件的标题栏及下方 Windows 界面的工具栏隐藏。
- 【全屏模式】：选择该选项，系统会弹出【信息】询问面板，此时单击 全屏 按钮，系统会将界面中的所有工具箱和控制面等隐藏，只保留当前图像文件的显示；单击 取消 按钮，可取消执行全屏操作。

> **多学一招**
>
> 连续按 F 键，可以在这几种模式之间相互切换。按 Tab 键可将工具箱、属性栏和控制面板同时隐藏。

习题

1. 根据本项目任务二“控制面板的拆分与组合”小节中介绍的知识点，练习控制面板的拆分与组合。

2. 根据本项目任务四“颜色填充”小节中介绍的操作步骤，练习颜色的设置与填充方法。

PART 2

项目二 选区和【移动】工具应用

在利用 Photoshop 处理图像时，经常会遇到需要处理图像局部的情况，此时运用选区选定图像的某个区域再进行操作是一个很好的方法。Photoshop CS6 提供的选区工具有很多种，利用它们可以按照不同的形式来选定图像的局部进行调整或添加效果，这样就可以有针对性地编辑图像了。本项目主要介绍选区和【移动】工具的使用方法。

知识技能目标

- 学会【矩形选框】工具、【椭圆选框】工具的使用方法。
- 学会【套索】工具、【多边形套索】工具和【磁性套索】工具的使用方法。
- 学会【快速选择】工具和【魔棒】工具的使用方法。
- 学会【选择】菜单命令的运用。
- 学会利用【移动】工具移动和复制图像的方法。
- 学会图像的变形操作。
- 学会图像的对齐和分布。
- 学会图像的复制和粘贴等操作。

任务一　利用选框工具选取图像

Photoshop CS6 提供了很多创建选区的工具，常用的有【矩形选框】工具、【椭圆选框】工具、【单行选框】工具和【单列选框】工具，除此之外还包括【套索】工具、【多边形套索】工具和【磁性套索】工具。另外，比较特殊的【魔棒】工具是依靠颜色的差别程度创建选区的，它操作简便快捷，但对于背景颜色复杂的图像不适用。

【知识准备】

- 【矩形选框】工具：利用此工具可以在图像中建立矩形或正方形选区。
- 【椭圆选框】工具：利用此工具可以在图像中建立椭圆形或圆形选区。
- 【单行选框】工具和【单列选框】工具主要用于创建 1 像素高度的水平选区和 1 像素宽度的垂直选区。选择或工具后，在画面中单击即可创建单行或单列选区。

各选框工具的属性栏相同，当在工具箱中选择选框工具后，界面上方的属性栏如图 2-1 所示。

图2-1 选框工具的属性栏

1. **选区运算按钮**

- 【新选区】按钮 ：默认情况下此按钮处于激活状态。即在图像文件中依次创建选区，图像文件中将始终保留最后一次创建的选区。
- 【添加到选区】按钮 ：激活此按钮或按住 Shift 键，在图像文件中依次创建选区，后创建的选区将与先创建的选区合并成为新的选区，如图 2-2 所示。

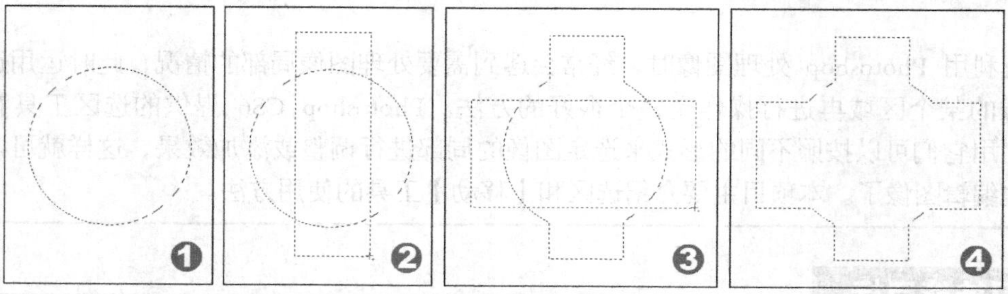

图2-2 添加到选区操作示意图

- 【从选区减去】按钮 ：激活此按钮或按住 Alt 键，在图像文件中依次创建选区，如果后创建的选区与先创建的选区有相交部分，则从先创建的选区中减去相交的部分，剩余的选区作为新的选区，如图 2-3 所示。

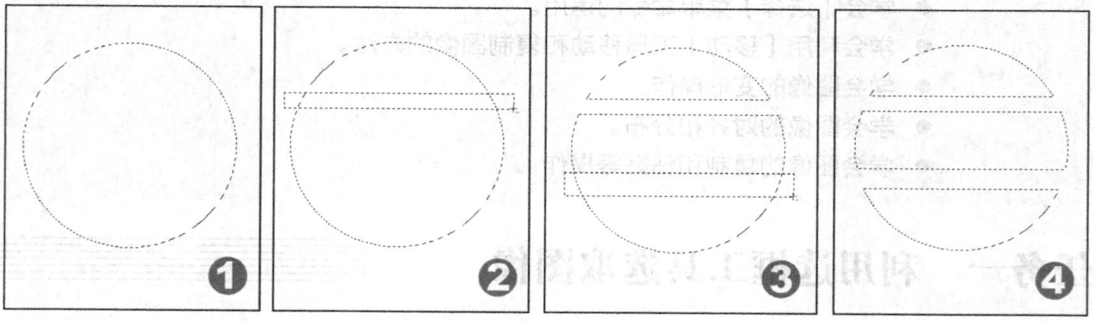

图2-3 从选区中减去操作示意图

- 【与选区交叉】按钮 ：激活此按钮或按住 Shift+Alt 组合键，在图像文件中依次创建选区，如果后创建的选区与先创建的选区有相交部分，则把相交的部分作为新的选区，如图 2-4 所示；如果创建的选区之间没有相交部分，系统将弹出如图 2-5 所示的【Adobe Photoshop CS6 Extended】警告对话框，警告未选择任何像素。

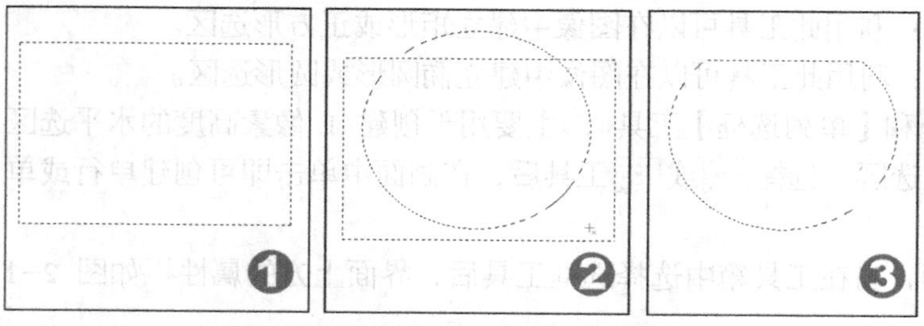

图2-4 与选区交叉操作示意图

图2-5 警告对话框

2. 选区羽化设置

在【羽化】文本框中输入数值，再绘制选区，可使创建选区的边缘变得平滑，填色后产生柔和的边缘效果。图 2-6 所示为无羽化选区和设置羽化后填充红色的效果。

在设置【羽化】选项的参数时，其数值一定要小于要创建选区的最小半径，否则系统会弹出警告对话框，提示用户将选区绘制得大一点，或将【羽化】值设置得小一点。

当绘制完选区后，执行【选择】/【修改】/【羽化】命令（快捷键为 Shift+F6 组合键），在弹出的如图 2-7 所示的【羽化选区】对话框中设置适当的【羽化半径】值，单击 确定 按钮，也可对选区进行羽化设置。

羽化值决定选区的羽化程度，其值越大，产生的平滑度越高，柔和效果也越好。另外，在进行羽化值的设置时，如文件尺寸与分辨率较大，其值相对也要大一些。

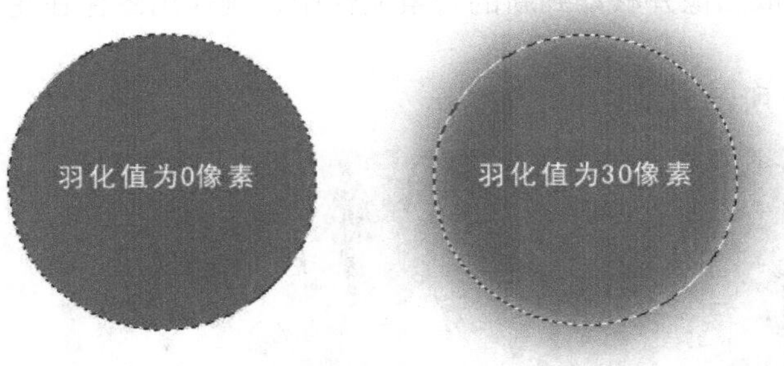

图2-6 设置不同的【羽化】值填充红色后的效果

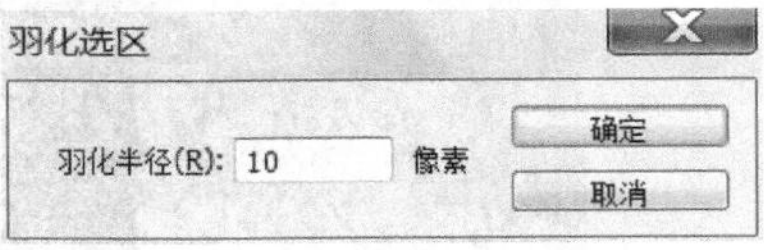

图2-7 【羽化选区】对话框

3. 【消除锯齿】选项

Photoshop 中的位图图像是由像素点组成的，因此在编辑圆形或弧形图形时，其边缘会出现锯齿现象。当在属性栏中勾选【消除锯齿】复选框后，即可通过淡化边缘来产生与背景颜色之间的过渡，使锯齿边缘得到平滑。

4. 【样式】选项

在属性栏的【样式】下拉列表中，有【正常】、【固定比例】和【固定大小】3 个选项。

- 选择【正常】选项，可以在图像文件中创建任意大小或比例的选区。
- 选择【固定比例】选项，可以在【样式】选项后的【宽度】和【高度】文本框中设定数值来约束所绘选区的宽度和高度比。
- 选择【固定大小】选项，可以在【样式】选项后的【宽度】和【高度】文本框中设定将要创建选区的宽度和高度值，其单位为像素。

5. 调整边缘... 按钮

单击 调整边缘... 按钮，将弹出如图 2-8 所示的【调整边缘】对话框。在此对话框中设置选项，可以将选区调整得更加平滑和细致，还可以对选区进行扩展或收缩，使其更加符合用户的要求。

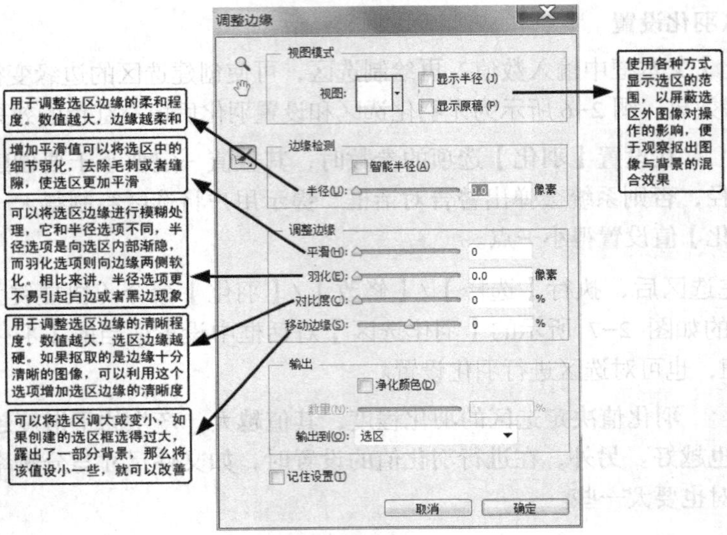

调整边缘
视图模式
视图：
显示半径 (J)
显示原稿 (P)
边缘检测
智能半径(A)
半径(U): 0.0 像素
调整边缘
平滑(H): 0
羽化(E): 0.0 像素
对比度(C): 0 %
移动边缘(S): 0 %
输出
净化颜色(D)
数量(N): %
输出到(O): 选区
记住设置(T)
取消
确定
用于调整选区边缘的柔和程度。数值越大，边缘越柔和
增加平滑值可以将选区中的细节弱化，去除毛刺或者缝隙，使选区更加平滑
可以将选区边缘进行模糊处理，它和半径选项不同，半径选项是向选区内部渐隐，而羽化选项则向边缘两侧软化。相比来讲，半径选项更不易引起白边或者黑边现象
用于调整选区边缘的清晰程度。数值越大，选区边缘越硬。如果抠取的是边缘十分清晰的图像，可以利用这个选项增加选区边缘的清晰度
可以将选区调大或变小，如果创建的选区框选得过大，露出了一部分背景，那么将该值设小一些，就可以改善
使用各种方式显示选区的范围，以屏蔽选区外图像对操作的影响，便于观察抠出图像与背景的混合效果

图2-8 【调整边缘】对话框

下面利用【椭圆选框】工具◯选取图像并移动到新的背景文件中，制作出图像在花朵中的效果。

素材图片及合成后的效果如图 2-9 所示。

图2-9 素材图片及合成后的效果

【操作步骤】

STEP 1 按 Ctrl+O 组合键，将素材文件中名为“花朵.jpg”和“照片 01.jpg”的文件打开。

STEP 2 确认“照片 01.jpg”的文件处于工作状态，选择◯工具，然后按住 Shift 键拖曳鼠标光标，绘制圆形选区，将人物的头像位置选取。

STEP 3 将鼠标光标移动到选区中按下鼠标左键并拖曳，可调整选区的位置，绘制的选区如图 2-10 所示。

> **知识提示** 在拖曳鼠标光标绘制选区，且并没有释放鼠标左键时，按空格键的同时移动选区，也可调整绘制选区的位置。如要调整选区的大小，可执行【选择】/【变换选区】命令，然后再进行选区大小的调整。

STEP 4 执行【选择】/【修改】/【羽化】命令（快捷键为 Shift+F6 组合键），弹出【羽化选区】对话框，设置参数如图 2-11 所示。

图2-10 创建的选区

图2-11 设置的羽化参数

STEP 5 单击 确定 按钮，将选区设置为羽化性质，即选区的边缘将产生柔和的过渡。

STEP 6 按住 Ctrl 键，将鼠标光标移动到选区中，此时鼠标光标显示为形状，按下鼠标左键并向"花朵.jpg"文件中拖曳，可将选区内的图像移动复制到"花朵.jpg"文件中，效果及生成的【图层】面板如图 2-12 所示。

STEP 7 按 Ctrl+T 组合键，为人物图像添加自由变换框，然后在属性栏中激活按钮，并设置参数为 W: 65% H: 65.00%。

STEP 8 将鼠标光标移动到变换框内，按下鼠标左键并拖曳，可调整图像的位置，如图 2-13 所示。

图2-12 移动复制入的图像

图2-13 图像调整后的大小及位置

STEP 9 单击属性栏中的按钮，或按 Enter 键，完成图像的合成操作，然后按 Shift+Ctrl+S 组合键，将此文件另命名为"合成图像.psd"保存。

任务二 利用套索工具选取图像

【知识准备】

- 【套索】工具：利用此工具可以在图像中按照鼠标拖曳的轨迹绘制选区。
- 【多边形套索】工具：利用此工具可以通过鼠标连续单击的轨迹自动生成选区。
- 【磁性套索】工具：利用此工具可以在图像中根据颜色的差别自动勾画出选区。

工具箱中的【套索】工具、【多边形套索】工具和【磁性套索】工具的属性栏与前面介绍的选框工具的属性栏基本相同，只是工具的属性栏增加了几个新的选项，如图 2-14 所示。

图2-14 【磁性套索】工具属性栏

- 【宽度】选项：决定使用【磁性套索】工具时的探测宽度，数值越大探测范围越大。
- 【对比度】选项：决定【磁性套索】工具探测图形边界的灵敏度，该数值过大时，将只能对颜色分界明显的边缘进行探测。
- 【频率】选项：在利用【磁性套索】工具绘制选区时，会有很多的小矩形对图像的选区进行固定，以确保选区不被移动。此选项决定这些小矩形出现的次数，数值越大，在拖曳鼠标光标过程中出现的小矩形越多。
- 【压力】按钮：用于设置绘图板的笔刷压力。激活此按钮，钢笔的压力增加时会使套索的宽度变细。

下面利用【磁性套索】工具选取图像并移动到新的背景文件中，制作出艺术照效果，素材图片及合成后的效果如图 2-15 所示。

图2-15 素材图片及合成后的效果

【操作步骤】

STEP 1 打开素材文件中名为“婚纱背景.jpg”和“婚纱照.jpg”的图片文件。

STEP 2 确认“婚纱照.jpg”文件处于工作状态，选择工具，在画面中人物图像的轮廓边缘处单击，确定绘制选区的起始点，如图 2-16 所示。

STEP 3 沿着图像轮廓边缘移动鼠标光标，会发现选区会自动吸附在图像的轮廓边缘，且自动生成吸附在图像边缘的紧固点，如图 2-17 所示。

图2-16 确定起始点

图2-17 沿图像轮廓边缘移动鼠标光标

知识提示

在拖曳鼠标光标时，如果出现的线形没有吸附在想要的图像边缘位置，可以通过单击手工添加紧固点来确定要吸附的位置。另外，按 Backspace 键或 Delete 键可逐步撤销已生成的紧固点。

STEP 4 当鼠标光标移动到图像下方如图 2-18 所示的边缘位置时，按住 Alt 键单击可将当前工具切换为【多边形套索】工具，向左移动鼠标光标至图像左下角位置单击，可绘制直线边界。

STEP 5 释放 Alt 键沿图像边缘单击，然后再移动鼠标光标，当前工具即还原工具，拖动鼠标，直到鼠标光标和最初设定的起始点重合，此时鼠标光标的右下角会出现一个小圆圈提醒，如图 2-19 所示。

STEP 6 按下鼠标左键，随即建立封闭选区，如图 2-20 所示。

图2-18 鼠标位置

图2-19 鼠标光标形状

STEP 7 按住 Ctrl 键将选区中的图像移动复制到“婚纱背景.jpg”文件中，然后按 Ctrl+T 组合键，为人物图像添加自由变换框。

STEP 8 将人物图像调整至如图 2-21 所示的大小及位置，然后按 Enter 键确认。

图2-20 生成的选区

图2-21 图像调整后的大小及位置

下面为了让人物图像与背景很好的融合，再利用【图层样式】命令为其添加一个深绿色的外发光效果。

STEP 9 执行【图层】/【图层样式】/【外发光】命令，在弹出的【图层样式】对话框中，单击【杂色】选项下方的色块，在弹出的【拾色器】对话框中将颜色设置为深绿色（R:3,G:46,B:6），单击 确定 按钮。

STEP 10 设置【图层样式】对话框中的选项及参数如图 2-22 所示。

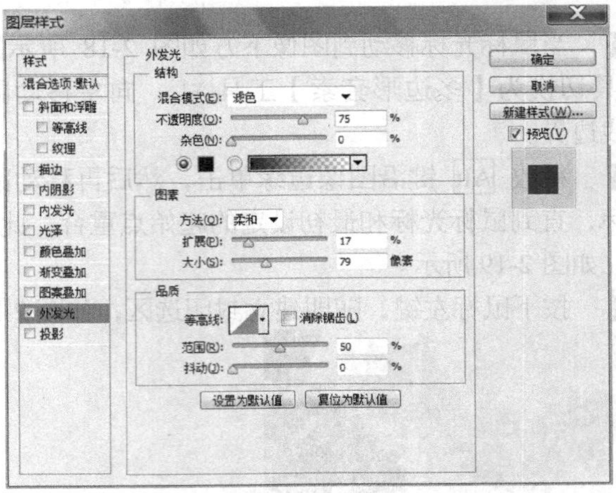

图2-22 【图层样式】对话框

STEP 11 单击 确定 按钮，即完成图像的合成效果，按 Shift+Ctrl+S 组合键，将当前文件另命名为“艺术照.psd”保存。

任务三 利用快速选择和魔棒工具选取图像

本任务主要学习【快速选择】工具和【魔棒】工具的使用方法，利用这两个工具可以快速地选取图像中颜色较单纯的区域，以便快速地编辑图像。

【知识准备】

- 【快速选择】工具：是一种非常直观、灵活和快捷的选取图像中面积较大的单色颜色区域的工具。其使用方法是，在图像需要添加选区的位置按下鼠标左键然后移动鼠标，即像利用【画笔】工具绘画一样，将鼠标光标经过的区域及与其颜色相近的区域都添加上选区。
- 【魔棒】工具：主要用于选择图像中大块的单色区域或相近的颜色区域。其使用方法非常简单，只需在要选择的颜色范围内单击，即可将图像中与鼠标光标落点相同或相近的颜色区域全部选择。

（1）【快速选择】工具的属性栏如图 2-23 所示。

图2-23 【快速选择】工具属性栏

- 【新选区】按钮：默认状态下此按钮处于激活状态，此时在图像中按下鼠标左键拖曳可以绘制新的选区。
- 【添加到选区】按钮：当使用按钮添加选区后，此按钮会自动切换为激活状态，按下鼠标左键在图像中拖曳，可以增加图像的选择范围。
- 【从选区减去】按钮：激活此按钮，可以将图像中已有的选区按照鼠标拖曳的区域来减少被选择的范围。
- 【画笔】选项：用于设置所选范围区域的大小。
- 【对所有图层取样】选项：勾选此复选框，在绘制选区时，将应用到所有可见图层中。若不勾选此复选框，则只能选择工作层中与单击处颜色相近的部分。

- 【自动增强】选项：设置此选项，添加的选区边缘会减少锯齿的粗糙程度，且自动将选区向图像边缘进一步扩展调整。

（2）【魔棒】工具的属性栏如图 2-24 所示。

图2-24 【魔棒】工具的属性栏

- 【容差】选项：决定创建选区的范围大小。数值越大，选择范围越大。
- 【连续】选项：勾选此复选框，只能选择图像中与单击处颜色相近且相连的部分；若不勾选此项，则可以选择图像中所有与单击处颜色相近的部分，如图 2-25 所示。

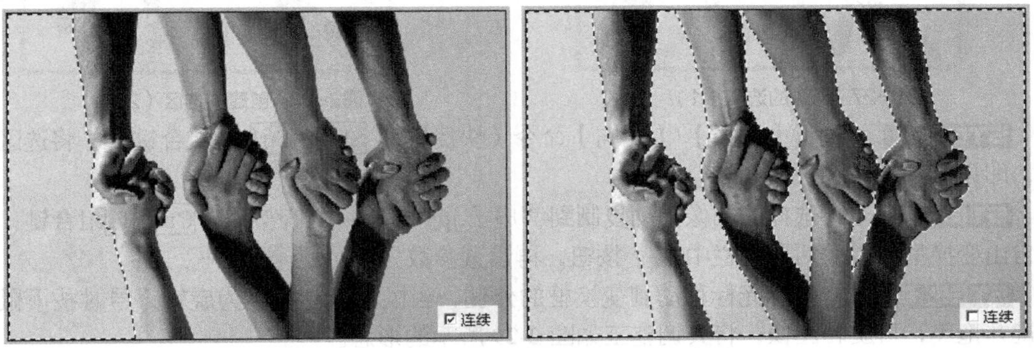

图2-25 勾选与不勾选【连续】复选框创建的选区

利用和工具将两幅图像进行合成，原图片及合成后的效果如图 2-26 所示。

图2-26 原图像及合成后的效果

【操作步骤】

STEP 1 打开素材文件中名为“扇子.jpg”和“荷花.jpg”的图片文件。

STEP 2 选择工具，将鼠标光标移动到“荷花.jpg”文件的白色背景中单击，生成的选区如图 2-27 所示。

我们需要只选取白色的背景，但从图示中发现荷花中的白色也被选取了，出现这种情况是由于【容差】选项的值设置的太大，读者可以试着设小一些。注意，也不能设置的太小，如果太小，白色背景又会选取的不完全。

STEP 3 将属性栏中的【容差】选项设置为“12”，然后再次在白色背景中单击，生成的选区形态如图 2-28 所示。

图2-27 创建的选区（1）

图2-28 创建的选区（2）

STEP 4 执行【选择】/【反向】命令（快捷键为 Shift+Ctrl+I 组合键），将选区反选，即只选择荷花图像。

STEP 5 将选择的图像移动复制到“扇子.jpg”文件中，然后按 Ctrl+T 组合键，添加自由变换框，并激活属性栏中的按钮，再设置参数为 W: 45.00% H: 45%。

STEP 6 将鼠标光标移动到变换框的外侧，当鼠标光标显示为旋转符号时按下鼠标左键并拖曳，可旋转图像，将其调整至如图 2-29 所示的形态。

STEP 7 按 Enter 键确认图像的调整，然后在【图层】面板中单击“背景”层，将其设置为工作层。

STEP 8 选择工具，将鼠标光标移动到扇面图形位置按下鼠标左键并拖曳，可将扇面区域选择，如图 2-30 所示。

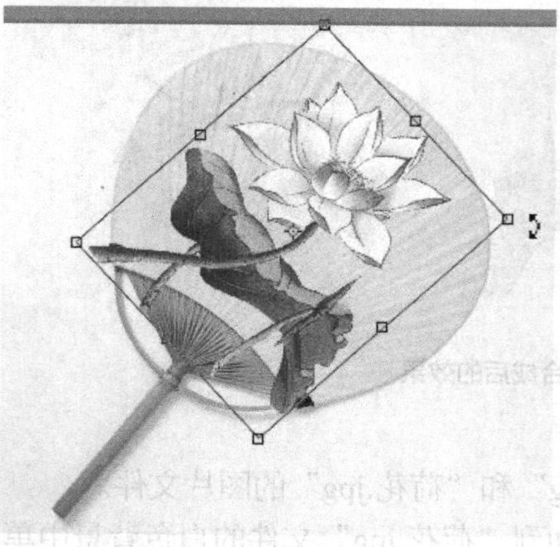

图2-29 调整后的形态

图2-30 创建的选区

STEP 9 在【图层】面板中单击“背景”层，将其设置为工作层，然后执行【选择】/【反向】命令，将选区反选，再按 Delete 键，将超出扇面以外的图像删除，如图 2-31 所示。

STEP 10 执行【选择】/【取消选择】命令（快捷键为 Ctrl+D 组合键），将选区去除，然后在【图层】面板中单击左上方的 正常 选项。

STEP 11 在弹出的下拉列表中选择【线性加深】选项，效果如图 2-32 所示。

图2-31 删除多余图像后的效果

图2-32 设置混合模式后的效果

STEP 12 至此，扇子图像合成完毕，按 Shift+Ctrl+S 组合键，将当前文件另命名为“扇子合成.psd”保存。

任务四 移动复制图像

【移动】工具是 Photoshop CS6 中应用最为频繁的工具，它主要用于对选择的内容进行移动、复制、变形以及排列和分布等。

【知识准备】

【移动】工具的使用方法为：拖曳除背景层外的内容可以将其移动；按住 Alt 键的同时拖曳鼠标，可以将其复制。另外，配合属性栏中的【显示变换控件】选项可以对当前图像进行变形操作。

【移动】工具的属性栏如图 2-33 所示。

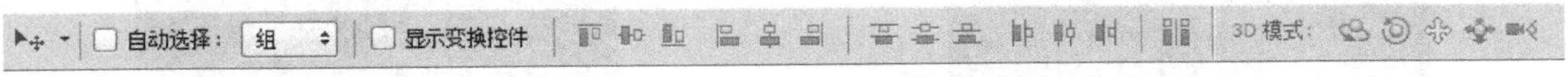

图2-33 【移动】工具的属性栏

默认情况下，【移动】工具属性栏中只有【自动选择】选项和【显示变换控件】选项可用，右侧的对齐和分布按钮及 3D 模式按钮只有在满足一定条件后才可用。

- 【自动选择】选项：勾选此复选框，并在右侧的下拉列表中选择要自动移动的“图层”或者“组”，然后在图像文件中移动图像，软件会自动选择当前图像所在的图层或者组；如果不勾选此项，要想移动某一图像，必须先将此图像所在的图层设置为当前层。
- 【显示变换控件】选项：勾选此复选框，图像文件中会根据当前层（背景层除外）图像的大小出现虚线的定界框。定界框的四周有 8 个小矩形，称为调节点；中间的符号为调节中心。将鼠标光标放置在定界框的调节点上按住鼠标左键拖曳，可以对定界框中的图像进行变换调节。

灵活运用【移动】工具的移动复制操作，制作出如图 2-34 所示的花布图案效果。

【操作步骤】

STEP 1 执行【文件】/【新建】命令，新建【宽度】为“30 厘米”，【高度】为“26 厘米”，【分辨率】为“150 像素/英寸”的文件。

STEP 2 设置前景色为浅蓝色（R:112,G:127,B:186），然后按 Alt+Delete 组合键将设置的前景色填充至背景层中。

STEP 3 打开素材文件中名为“花纹.jpg”的图片文件，选择工具，将鼠标光标移动到蓝色背景上单击添加选区，然后按Shift+Ctrl+I组合键，将选区反选，如图 2-35 所示。

图2-34 制作的花布图案

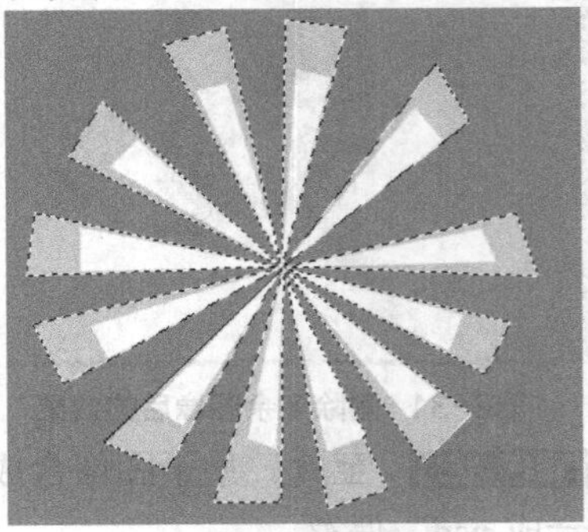

图2-35 创建的选区

STEP 4 选择【移动】工具，将选取的图案直接拖进新建文档中，如图 2-36 所示。

STEP 5 按Ctrl+T组合键给图像添加变换框，然后按住Shift键，将鼠标光标放置到变换框右下角的控制点上按下鼠标左键并向左上方拖曳，将图像等比例缩小，至合适大小后释放鼠标左键，如图 2-37 所示。

图2-36 移动复制入的图像

图2-37 图像调整大小时的状态

STEP 6 单击属性栏中的按钮，确认图片的缩小调整。

STEP 7 按住Ctrl键，在【图层】面板中单击“图层 1”前面的图层缩览图，给图片添加选区，状态如图 2-38 所示。

STEP 8 按住Alt键，将鼠标光标移动到选区内，此时鼠标光标将显示如图 2-39 所示的移动复制图标。

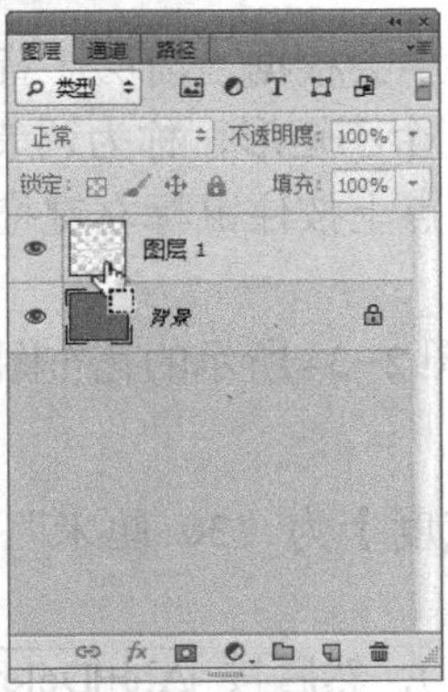

图2-38 添加选区状态

图2-39 出现的移动复制图标

STEP 9 按住鼠标左键向右下方拖曳鼠标，移动复制选区中的图案，释放鼠标左键后，图案即被移动复制到指定的位置，如图 2-40 所示。

STEP 10 继续按住 Alt 键并移动复制选择的图案，得到如图 2-41 所示的图案效果。

图2-40 移动复制出的图像

图2-41 连续移动复制出的图像

STEP 11 继续复制一个图案，然后按 Ctrl+T 组合键为其添加自由变换框，并将其调整至如图 2-42 所示的大小及位置。

STEP 12 按 Enter 键确认图像的大小调整。然后用与以上相同的复制操作，依次复制图形，得到如图 2-43 所示的效果。

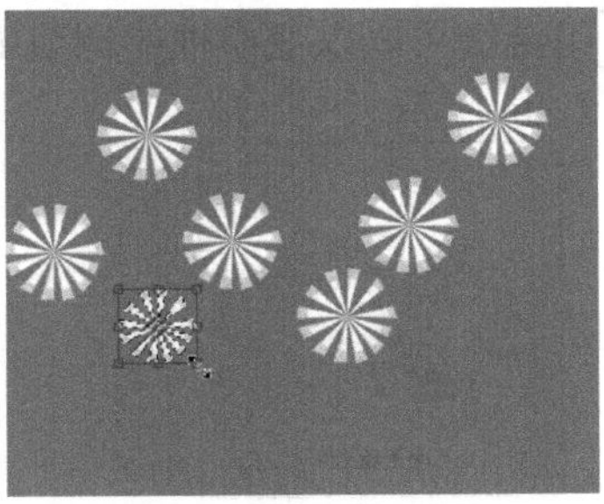

图2-42 缩小调整图形状态

图2-43 复制出的图形

知识提示

注意，在整个复制和缩放的过程中，图案都是带选区进行操作的。

STEP 13 用与步骤 11～12 相同的方法，依次调整复制图形的大小并继续复制，最后按 Ctrl+D 组合键去除选区，得到的效果如图 2-44 所示。

STEP 14 选择 [] 工具，根据复制图案的边界绘制出如图 2-45 所示的选区。

图2-44 向下复制得到两行小白兔

图2-45 最终效果

STEP 15 执行【图像】/【裁剪】命令，将选区以外的图像裁剪掉，即可得到花布图案效果。

STEP 16 按 Ctrl+S 组合键，将文件命名为“花布效果.psd”保存。

任务五 图像的变形应用

在 Photoshop CS6 中，变换图像的方法有 3 种：一是直接利用【移动】工具并结合属性栏中的 ☑显示变换控件 选项来变换图像；二是利用【编辑】/【自由变换】命令来变换图像；三是利用【编辑】/【变换】子菜单命令变换图像。无论使用哪种方法，都可以得到相同的变换效果。

【知识准备】

1. 缩放图像

将鼠标光标放置到变换框各边中间的调节点上，当鼠标光标显示为↔或↕形状时，按下鼠标左键左右或上下拖曳，可以水平或垂直缩放图像。将鼠标光标放置到变换框 4 个角的调节点上，当鼠标光标显示为⤡或⤢形状时，按下鼠标左键并拖曳，可以任意缩放图像。此时，按住 Shift 键可以等比例缩放图像；按住 Alt+Shift 组合键可以以变换框的调节中心为基准等比例缩放图像。以不同方式缩放图像时的形状如图 2-46 所示。

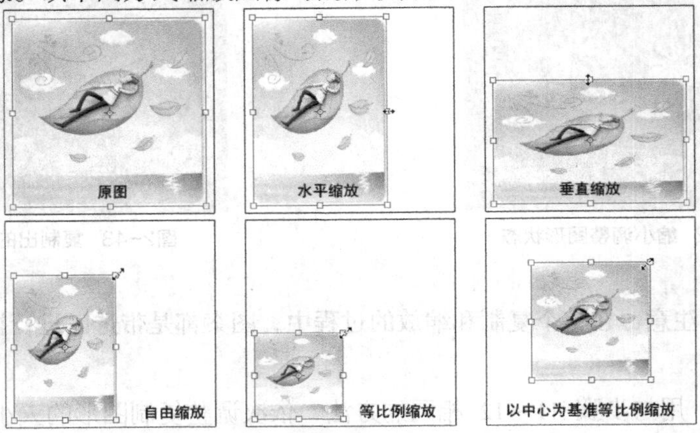

图2-46 以不同方式缩放图像时的形状

2. 旋转图像

将鼠标光标移动到变换框的外部，当鼠标光标显示为↩或↪形状时拖曳鼠标光标，可以围绕调节中心旋转图像，如图 2-47 所示。若按住 Shift 键旋转图像，可以使图像按 15° 角的倍数旋转。

> **知识提示** 在【编辑】/【变换】命令的子菜单中选择【旋转 180 度】、【旋转 90 度（顺时针）】、【旋转 90 度（逆时针）】、【水平翻转】或【垂直翻转】等命令，可以将图像旋转 180° 、顺时针旋转 90° 、逆时针旋转 90° 、水平翻转或垂直翻转。

3. 斜切图像

执行【编辑】/【变换】/【斜切】命令（或按住 Ctrl+Shift 组合键）调整变换框的调节

点，可以将图像斜切变换，如图 2-48 所示。

4. 扭曲图像

执行【编辑】/【变换】/【扭曲】命令，或按住 Ctrl 键调整变换框的调节点，可以对图像进行扭曲变形，如图 2-49 所示。

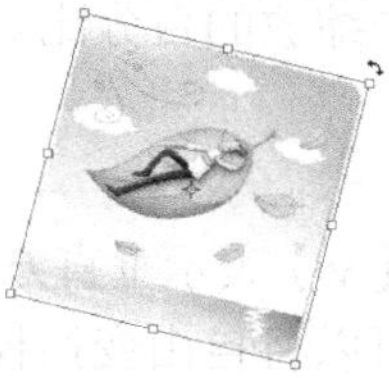

图2-47 旋转图像

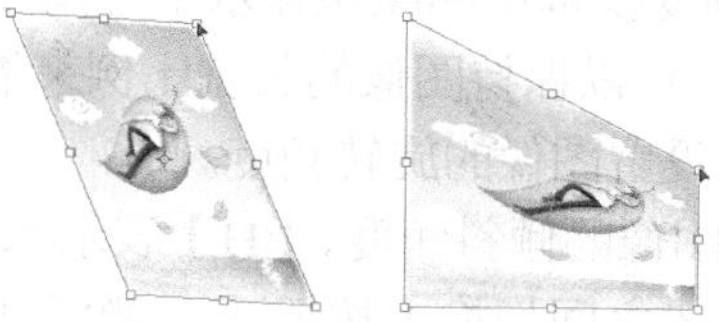

图2-48 斜切变换图像

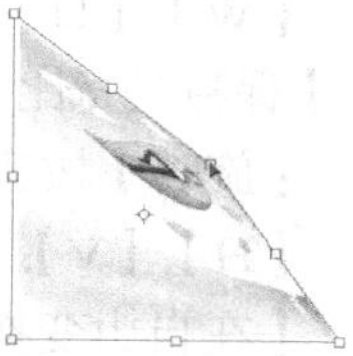

图2-49 扭曲变形

5. 透视图像

执行【编辑】/【变换】/【透视】命令（或按住 Ctrl+Alt+Shift 组合键）调整变换框的调节点，可以使图像产生透视变形效果，如图 2-50 所示。

6. 变形图像

执行【编辑】/【变换】/【变形】命令，或激活属性栏中的【在自由变换和变形模式之间切换】按钮，变换框将转换为变形框，通过调整变形框来调整图像，如图 2-51 所示。

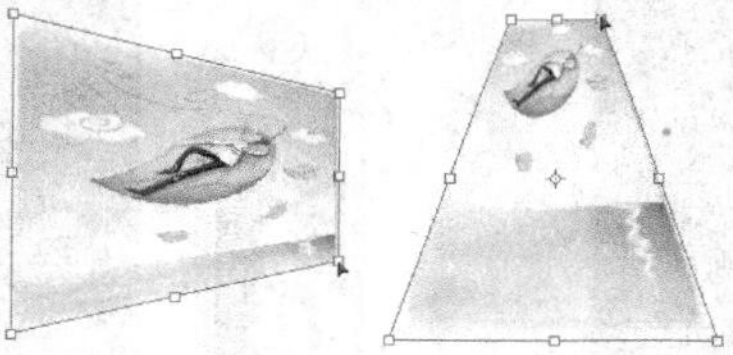

图2-50 透视变形

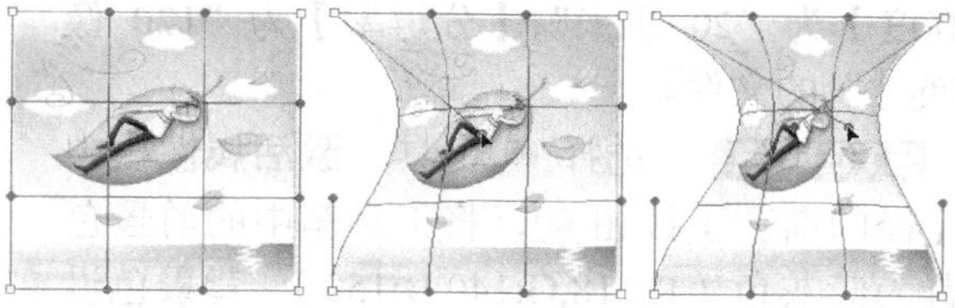

图2-51 变形图像

在属性栏中的【变形】下拉列表中选择一种变形样式，还可以使图像产生各种相应的变形效果，如图 2-52 所示。

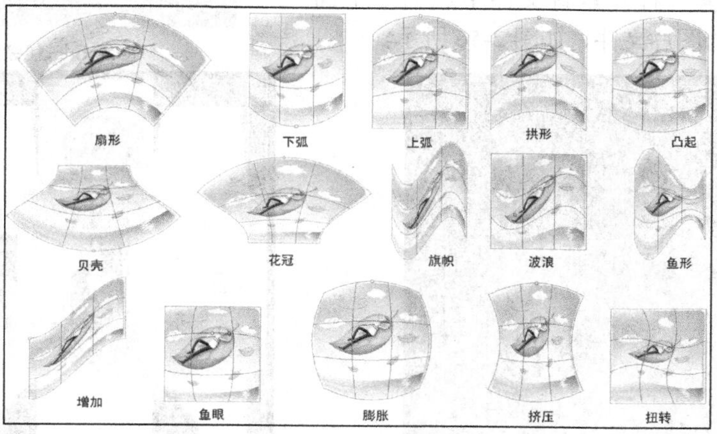

图2-52 各种变形效果

7. 变换命令属性栏

执行【编辑】/【自由变换】命令，属性栏如图 2-53 所示。

图2-53 【自由变换】属性栏

- 【参考点位置】图标：中间的黑点表示调节中心在变换框中的位置，在任意白色小点上单击，可以定位调节中心的位置。另外，将鼠标光标移动至变换框中间的调节中心上，待鼠标光标显示为形状时拖曳，可以在图像中任意移动调节中心的位置。
- 【X】、【Y】：用于精确定位调节中心的坐标。
- 【W】、【H】：分别控制变换框中的图像在水平方向和垂直方向缩放的百分比。激活【保持长宽比】按钮，可以保持图像的长宽比例来缩放。
- 【旋转】按钮：用于设置图像的旋转角度。
- 【H】、【V】：分别控制图像的倾斜角度，【H】表示水平方向，【V】表示垂直方向。
- 【在自由变换和变形模式之间切换】按钮：激活此按钮，可以将自由变换模式切换为变形模式；取消其激活状态，可再次切换到自由变换模式。
- 【取消变换】按钮：单击此按钮（或按Esc键），将取消图像的变形操作。
- 【进行变换】按钮：单击此按钮（或按Enter键），将确认图像的变形操作。

将打开的图片组合，然后利用【移动】工具属性栏中的【显示变换控件】选项给图像制作变形，制作出如图 2-54 所示的包装盒立体效果。

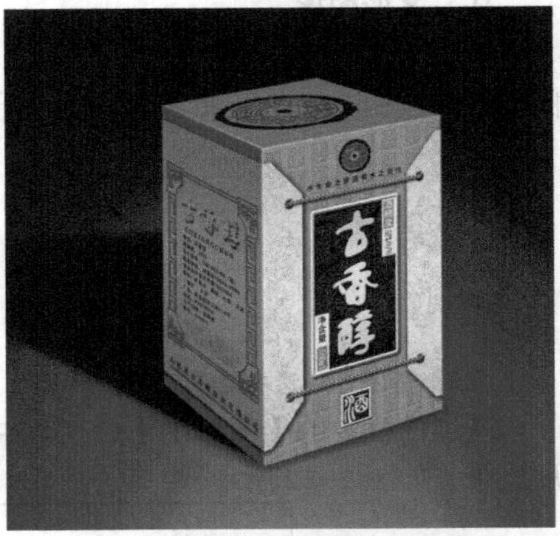

图2-54 包装立体效果图

【操作步骤】

STEP 1 新建【宽度】为“20 厘米”，【高度】为“20 厘米”，【分辨率】为“120 像素/英寸”的文件。

STEP 2 选择工具，激活属性栏中的【径向渐变】按钮，将工具箱中的前景色设置为蓝灰色（R:118,G:140,B:150）、背景色设置为黑色，在画面的下边缘位置向上拖曳，为背景填充如图 2-55 所示径向渐变色。

STEP 3 打开素材文件中名为“平面展开图.jpg”的图片文件，如图 2-56 所示。

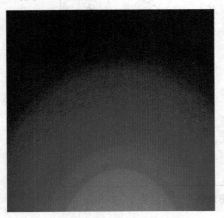

图2-55 填充渐变色后的效果

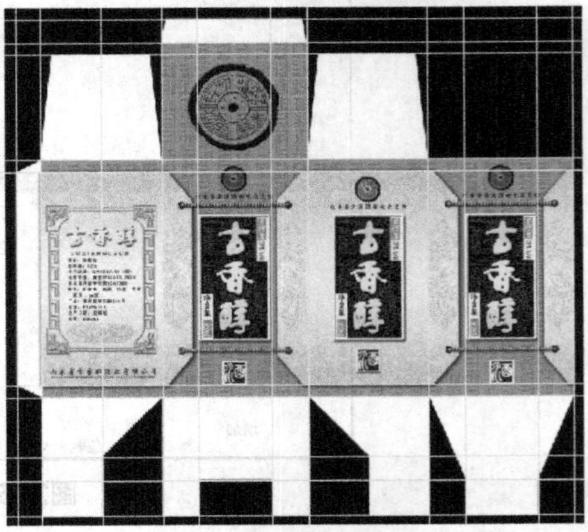

图2-56 平面展开图

STEP 4 利用工具将“平面展开图.jpg”文件中如图 2-57 所示的面选中。

STEP 5 将选择的正面图形移动复制到“未标题-1”文件中，在属性栏中勾选 显示变换控件 复选框，给图片添加变换框，如图 2-58 所示。

图2-57 选择正面图形

图2-58 显示的变换框

STEP 6 按住Ctrl键，将鼠标光标放置在变换框右下角的控制点上稍微向上移动此控制点，然后稍微向上移动右上角的控制点，调整出透视效果，如图 2-59 所示。

> **知识提示**
> **由于透视的原因，右边的高度要比左边的高度矮一些，一般遵循近大远小的透视规律调整。**

STEP 7 将鼠标光标放置在变换框右边中间的控制点上稍微向左缩小立面的宽度，如图 2-60 所示。

STEP 8 调整完成后按Enter键，确认图片的透视变形调整。

STEP 9 利用[⬚]工具将“平面展开图.jpg”文件中的侧面选取后移动复制到“未标题-1”文件中，并将其放置到如图 2-61 所示的位置。

图2-59 透视变形调整时的状态

图2-60 缩小立面宽度

图2-61 移动复制入的侧面

STEP 10 用与调整正面相同的透视变形方法将侧面图形进行透视变形调整，状态如图 2-62 所示，然后按Enter键确认。

STEP 11 将顶面选取后移动复制到“未标题-1”文件中，放置到如图 2-63 所示的位置。

STEP 12 按住Ctrl键，将鼠标光标放置在变换框左边中间的控制点上，向右向上调整透视，如图 2-64 所示。

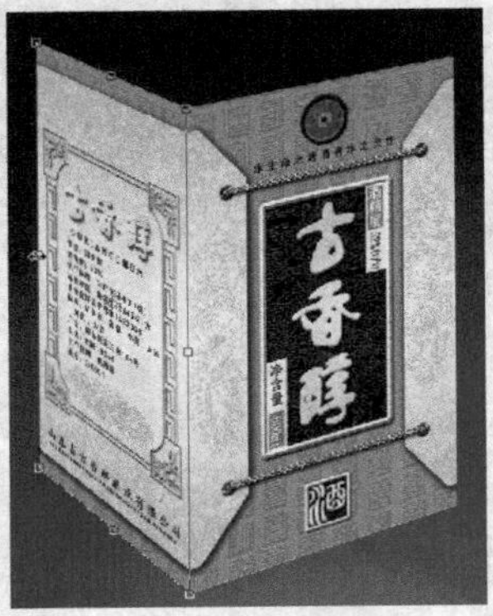

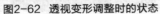

图2-62　透视变形调整时的状态

图2-63　移动复制入的顶面

图2-64　调整透视状态

STEP 13　按住Ctrl键，将鼠标光标放置在变换框上边中间的控制点上，向右向下调整透视，如图 2-65 所示。

STEP 14　按住Ctrl键，将最后面右侧的一个控制点向左向下调整透视，制作出包装盒顶面的透视效果，如图 2-66 所示。

STEP 15　按Enter键确定透视调整，在属性栏中将 显示变换控件 复选框的勾选取消。

STEP 16　执行【图像】/【调整】/【色相/饱和度】命令，在弹出的【色相/饱和度】对话框中设置参数如图 2-67 所示。

图2-65　调整透视状态

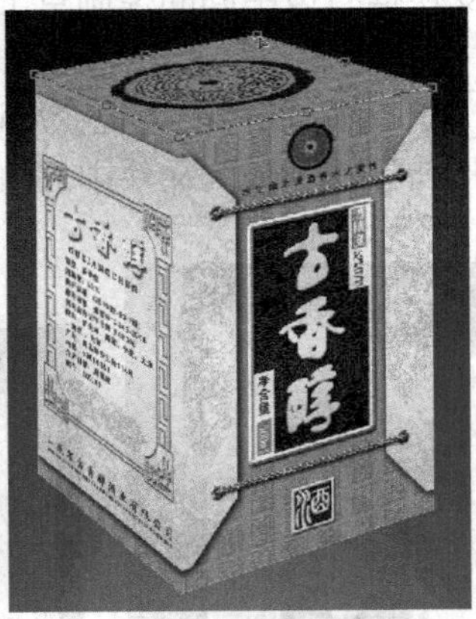

图2-66　顶面透视效果

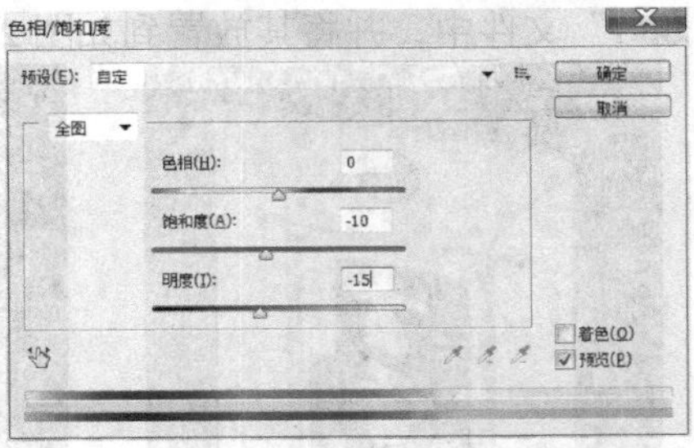

图2-67　【色相/饱和度】对话框参数设置

STEP 17　单击 确定 按钮，降低饱和度和明度后的效果如图 2-68 所示。

STEP 18　将“图层 2”设置为工作层，同样利用【色相/饱和度】命令将侧面也降低饱和度及明度，效果如图 2-69 所示。

包装盒的面和面之间的棱角结构转折位置应该是稍微有点圆滑的，而并不是刀锋效果般的生硬，所以大家要注意物体结构转折的微妙变化规律，只有仔细观察、仔细绘制，才能使表现出的物体更加真实自然。下面进行棱角处理。

STEP 19　新建“图层 4”，并将其放置在“图层 3”的上方，然后将前景色设置为浅黄色（R:255,G:251,B:213）。

STEP 20　选择工具，确认属性栏中的模式设置为 像素 ，设置 粗细: 2像素 的参数为“2px”，然后沿包装盒的面和面的结构转折位置绘制出如图 2-70 所示的直线。

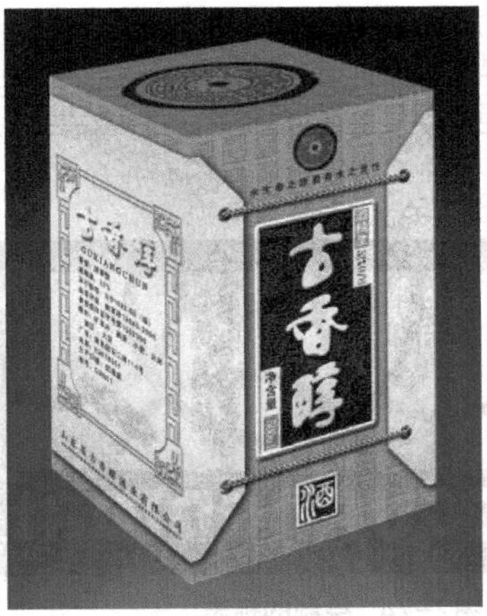

图2-68 降低饱和度和明度后的效

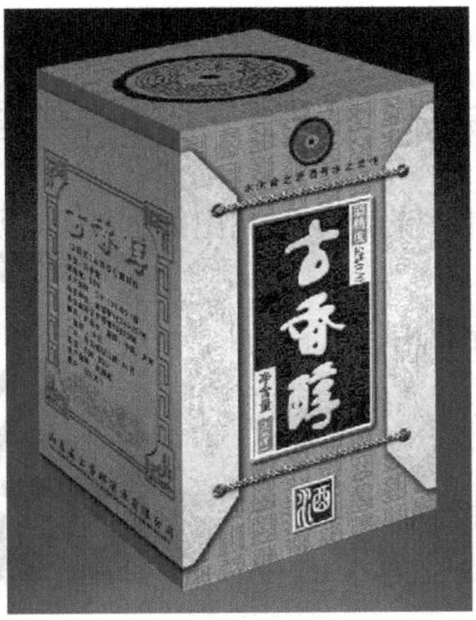

图2-69 降低饱和度和明度后的效果

图2-70 绘制出的直线

STEP 21 选择【模糊】工具，沿着绘制的直线拖曳鼠标，对线形做一下模糊处理，使其不那么生硬。

STEP 22 选择【橡皮擦】工具，设置属性栏中的参数如图 2-71 所示。

STEP 23 沿着模糊后的直线将竖面的下边、左侧的后面和右侧右面轻轻地擦除一下，表现出远虚近实的变化，效果如图 2-72 所示。

下面为包装盒绘制投影效果，增强包装盒在光线照射下的立体感。读者还要特别注意的是，每一种物体的投影形状根据物体本身的形状结构是不同的，投影要跟随物体的结构变化以及周围环境的变化而变化。

STEP 24 新建“图层 5”，并将其放置在“图层 1”的下方，然后将工具箱中的前景色设置为黑色。

STEP 25 选择工具，在画面中根据包装盒的结构绘制出投影区域，然后为其填充黑色，效果如图 2-73 所示。

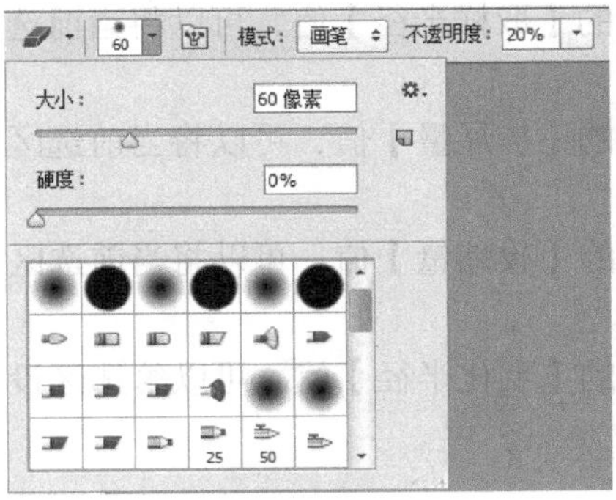

图2-71 【橡皮擦】属性栏设置

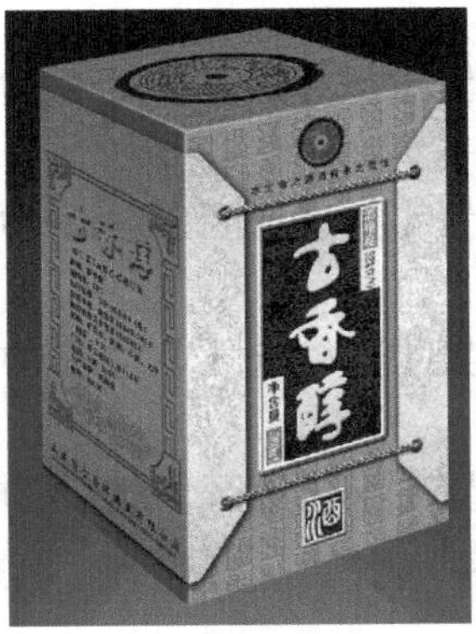

图2-72 远虚近实的变化

图2-73 制作出的投影

STEP 26 按 Ctrl+D 组合键删除选区，执行【滤镜】/【模糊】/【高斯模糊】命令，在弹出的【高斯模糊】对话框中将【半径】选项设置为“10”像素。

STEP 27 单击 确定 按钮，模糊后的投影效果如图 2-54 所示。

STEP 28 至此，包装盒的立体效果就制作完成了，按 Ctrl+S 组合键，将此文件命名为“包装立体效果图.psd”保存。

项目实训一　绘制标志图形

利用各种选框工具和几种常用的命令绘制出如图 2-74 所示的标志图形。

图2-74　绘制的标志

【知识准备】

除了前面介绍的几种常用选区工具以外，在【选择】菜单中还有几种编辑选区的命令，分别如下。

- 【全部】命令：可以对当前层中的所有内容进行选择，快捷键为 Ctrl+A 组合键。
- 【取消选择】命令：当图像文件中有选区时，此命令才可用。选择此命令，可以将当前的选区删除，快捷键为 Ctrl+D 组合键。
- 【重新选择】命令：将图像文件中的选区删除后，选择此命令，可以将刚才取消的选区恢复，快捷键为 Shift+Ctrl+D 组合键。
- 【反向】命令：当图像文件中有选区时，此命令才可用。选择此命令，可以将当前的选区反选，快捷键为 Ctrl+Shift+I 组合键。
- 【色彩范围】命令：此命令与【魔棒】工具的功能相似，也可以根据容差值与选择的颜色样本来创建选区。使用此命令创建选区的优势在于，它可以根据图像中色彩的变化情况设定选择程度的变化，从而使选择操作更加灵活、准确。

在菜单栏中的【选择】/【修改】子菜单中，还包括【边界】、【平滑】、【扩展】、【收缩】、【羽化】等命令，其含义分别介绍如下。

- 【边界】命令：通过设置【边界选区】对话框中的【宽度】值，可以将当前选区向内或向外扩展。
- 【平滑】命令：通过设置【平滑选区】对话框中的【取样半径】值，可以将当前选区进行平滑处理。
- 【扩展】命令：通过设置【扩展选区】对话框中的【扩展量】值，可以将当前选区进行扩展。
- 【收缩】命令：通过设置【收缩选区】对话框中的【收缩量】值，可以将当前选区缩小。
- 【羽化】命令：通过设置【羽化选区】对话框中的【羽化半径】值，可以给选区设置不同大小的羽化属性。

【操作步骤】

STEP 1　新建一个【宽度】为“18 厘米”，【高度】为“10 厘米”，【分辨率】为“150 像素/英寸”，【颜色模式】为“RGB 颜色”，【背景内容】为“白色”的文件。

STEP 2　设置前景色为黑色，然后按 Alt+Delete 组合键填充至背景层。

STEP 3　新建“图层 1”，选择 ⬚ 工具，按住 Shift 键在文档左侧绘制一个正方形选区，如图 2-75 所示。

STEP 4　将前景色设置为黄色（R:237,G:249,B:35），然后按 Alt+Delete 组合键填充

至正方形选区中，如图 2-76 所示。

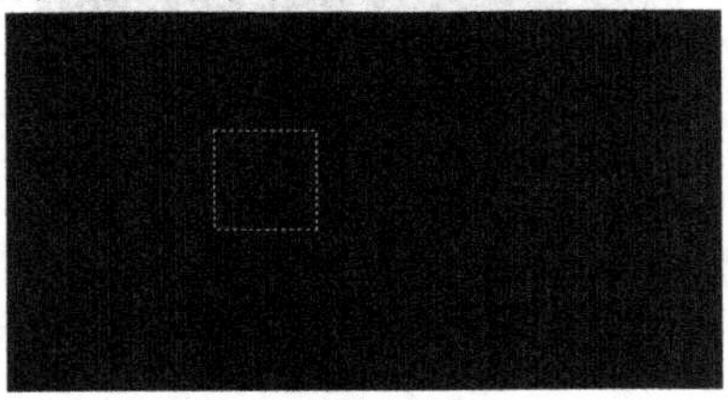

图2-75 绘制的选区

图2-76 将选区填充黄色

STEP 5 新建“图层 2”，将前景色设置为蓝色（R:35,G:216,B:249），按 Alt+Delete 组合键填充正方形选区。

STEP 6 新建“图层 3”，将前景色设置为橙色（R:249,G:156,B:35），按 Alt+Delete 组合键填充正方形选区。

STEP 7 按 Ctrl+D 组合键取消选区，然后选择【移动】工具，将最上方的正方形图像向右移动至如图 2-77 所示的位置。

STEP 8 按住 Shift 键在【图层】面板中单击“图层 1”，将“图层 1”、“图层 2”和“图层 3”同时选中。

STEP 9 单击属性栏中的按钮，将 3 个正方形以相同的间距分布，如图 2-78 所示。

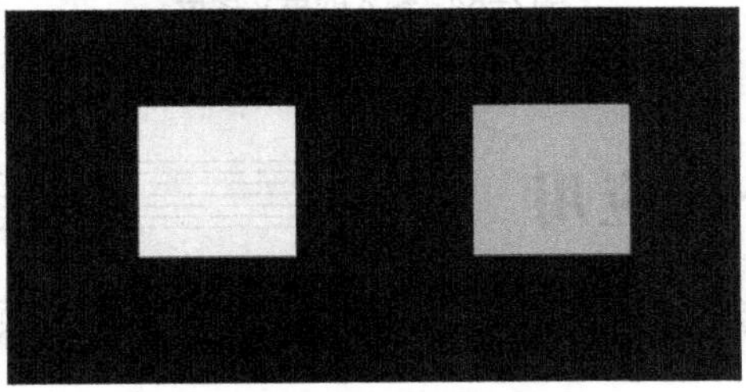

图2-77 正方形移动的位置

图2-78 平均分布后的效果

STEP 10 选择工具，按住 Shift 键绘制出如图 2-79 所示的圆形选区。

STEP 11 新建“图层 4”，将前景色设置为黑色，按 Alt+Delete 组合键填充选区，如图 2-80 所示。

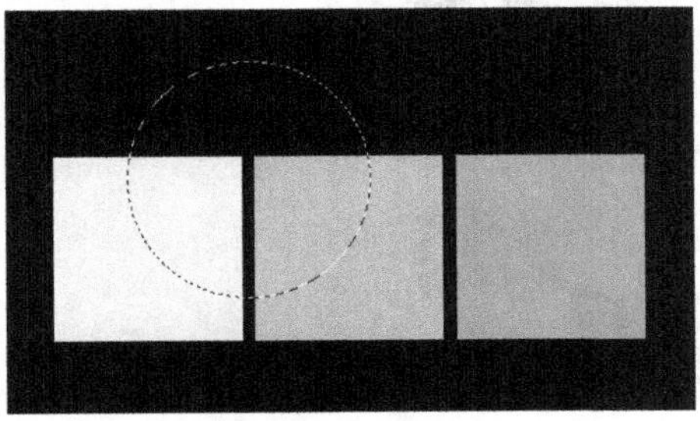

图2-79 绘制的圆形选区

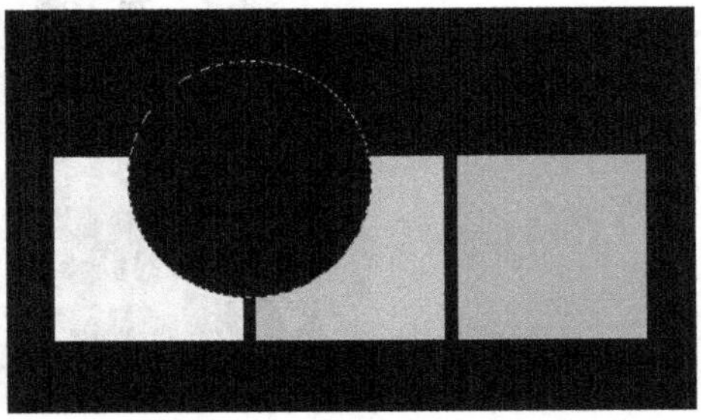

图2-80 填充前景色

STEP 12 执行【选择】/【修改】/【收缩】命令，将“收缩量”参数设置为 10，单击 确定 按钮。

STEP 13 按 Delete 键将选区内的黑色删除，得到连接黄色和蓝色图形的黑色的圆环，如图 2-81 所示。

STEP 14 选择工具，将图形外的多余圆环框选，并按 Delete 键删除，效果如图 2-82 所示，再按 Ctrl+D 组合键删除选区。

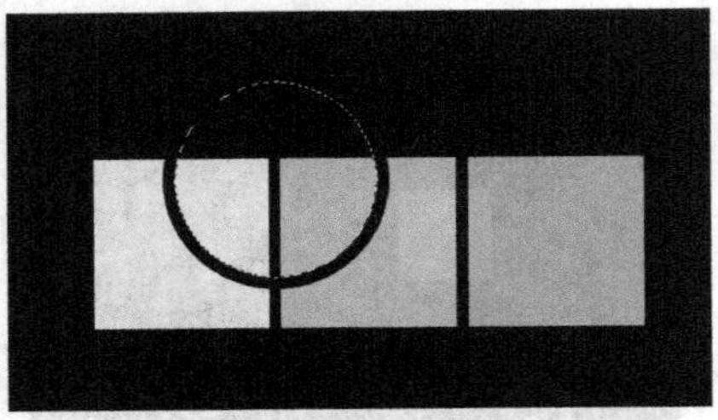

图2-81 删除黑色后的圆环

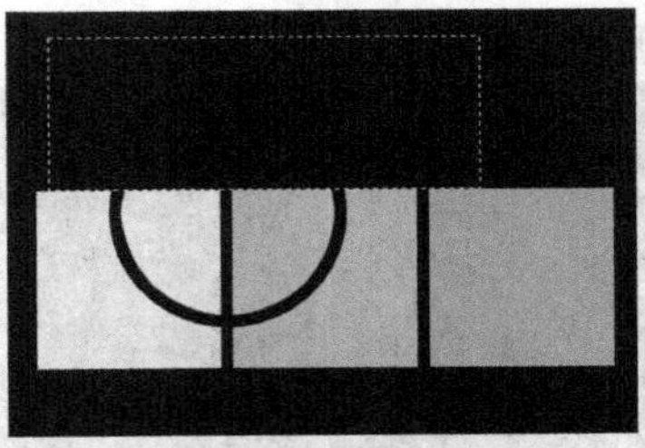

图2-82 框选并删除多余的黑色圆环

STEP 15 依次新建图层，并用与步骤 10～14 相同的方法绘制出如图 2-83 所示的黑色图形。

STEP 16 选择【横排文字】工具 T，设置字体颜色为白色，然后在图形下方输入如图 2-84 所示的字母。

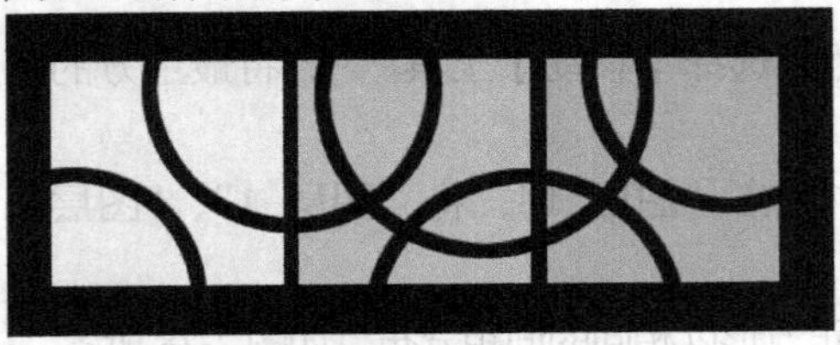

图2-83 绘制的黑色图形

图2-84 输入的英文字母

STEP 17 按 Shift+Ctrl+S 组合键，将当前文件另存为“标志设计.psd”保存。

项目实训二 【色彩范围】命令的应用

利用【选择】菜单下的【色彩范围】命令，选择指定的图像并为其修改颜色，调整颜色前后的图像效果对比，如图 2-85 所示。

图2-85 案例原图及调整颜色后的效果

【操作步骤】

STEP 1 打开素材文件中名为“婚纱.jpg”的图片文件。

STEP 2 执行【选择】/【色彩范围】命令，弹出【色彩范围】对话框。

STEP 3 确认【色彩范围】对话框中的 按钮和【选择范围】选项处于选中状态，将鼠标光标移动到图像中如图 2-86 所示的位置并单击，吸取色样。

STEP 4 在【颜色容差】右侧的文本框中输入数值（或拖动其下方的三角按钮）调

整选取的色彩范围，将其参数设置为“200”，如图 2-87 所示。

STEP 5 单击 确定 按钮，此时图像文件中生成的选区如图 2-88 所示。

图2-86 吸取色样

图2-87 设置的参数

图2-88 生成的选区

> **知识提示** 如利用【色彩范围】命令创建的选区有多余的图像，可灵活运用其他选区工具，结合属性栏中的 按钮，将其删除。

STEP 6 执行【视图】/【显示额外内容】命令（快捷键为 Ctrl+H 组合键），将选区在画面中隐藏，这样方便观察颜色调整时的效果（此命令非常实用，读者要灵活掌握此项操作技巧）。

STEP 7 执行【图像】/【调整】/【色相/饱和度】命令，在弹出的【色相/饱和度】对话框中设置参数，如图 2-89 所示。

STEP 8 单击 确定 按钮，然后按 Ctrl+D 组合键删除选区，调整后的衣服颜色效果如图 2-90 所示。

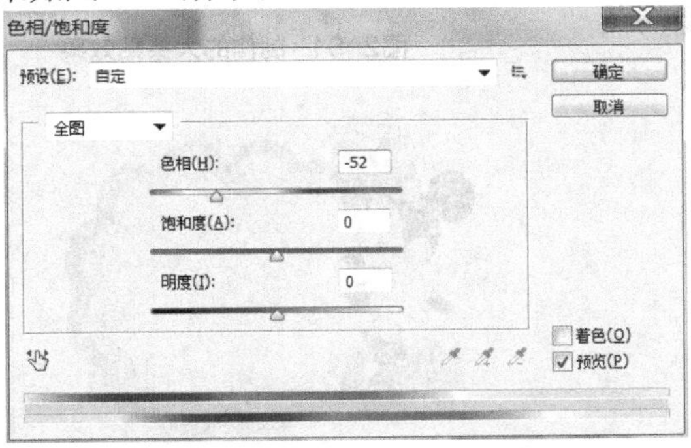

图2-89 【色相/饱和度】对话框参数设置

图2-90 调整颜色后的衣服效果

STEP 9 按 Shift+Ctrl+S 组合键，将此文件另命名为“色彩范围应用.jpg”保存。

项目拓展一 【拷贝】和【粘贴】命令应用

图像的复制和粘贴主要包括【剪切】、【拷贝】和【粘贴】等命令，它们在实际工作中被频繁使用。在使用时要注意配合使用，如果要复制图像，就必须先将复制的图像通过【剪切】或【拷贝】命令保存到剪贴板上，然后再通过各种粘贴命令将剪贴板上的图像粘贴到指定的位置。

【知识准备】

- 【剪切】命令：将图像中被选择的区域保存至剪贴板上，并删除原图像中被选择的图像，此命令适用于任何图形图像设计软件。
- 【拷贝】命令：将图像中被选择的区域保存至剪贴板上，原图像保留，此命令适用于任何图形图像设计软件。
- 【合并拷贝】命令：此命令主要用于图层文件。将选区中所有图层的内容复制到剪贴板中，在粘贴时，将其合并为一个图层进行粘贴。
- 【粘贴】命令：将剪贴板中的内容作为一个新图层粘贴到当前图像文件中。
- 【选择性粘贴】命令：其下包括【原位粘贴】、【贴入】和【外部粘贴】命令，运用这些命令可将图像粘贴至原位置、指定的选区内或选区以外。
- 【清除】命令：将选区中的图像删除。

下面灵活运用【复制】和【贴入】命令来制作如图 2-91 所示的大头贴效果。

【操作步骤】

STEP 1 打开素材文件中名为“照片 02.jpg”的图片文件，如图 2-92 所示。

STEP 2 执行【选择】/【全部】命令（或按 Ctrl+A 组合键），将打开的图像选择，即沿图像的边缘添加选区。

STEP 3 执行【编辑】/【拷贝】命令（或按 Ctrl+C 组合键），将选区中的图像复制。

STEP 4 打开素材文件中名为“贴图.jpg”的图片文件，选择魔棒工具，在图像的黄色区域单击，添加如图 2-93 所示的选区。

图2-91 制作的大头贴效果

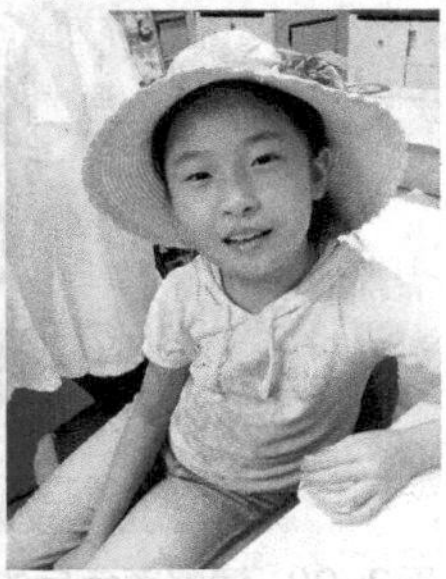

图2-92 打开的图像文件

图2-93 创建的选区

> 知识提示
>
> 此处在利用魔棒工具创建选区时，要注意属性栏中的【连续】选项不要被勾选，否则会选择米老鼠图像中的黄色。

STEP 5 执行【编辑】/【选择性粘贴】/【贴入】命令（或按 Alt+Shift+Ctrl+V 组

合键），将复制的图像贴入到选区中，此时的画面效果及【图层】面板如图 2-94 所示。

STEP 6 利用[移动工具]工具对人物图像的位置进行调整，使其头部显示在选区位置，如图 2-95 所示，即可完成大头贴的制作。

图2-94 贴入图像效果

图2-95 制作的大头贴效果

STEP 7 按 Shift+Ctrl+S 组合键，将此文件命名为“贴入练习.psd”另存。

项目拓展二 对齐与分布功能应用

对齐与分布功能可使选取的图像快速的以某个边缘对齐，或在指定的范围内平均分布。在实际工作过程中，可大大提高作图效率，下面来具体讲解。

（1） 对齐操作：在【图层】面板中选择两个或两个以上的图层时，在【图层】/【对齐】子菜单中选择相应的命令，或单击【移动】工具属性栏中相应的对齐按钮，即可将选择的图层进行顶对齐、垂直居中对齐、底对齐、左对齐、水平居中对齐或右对齐，如图 2–96 所示。

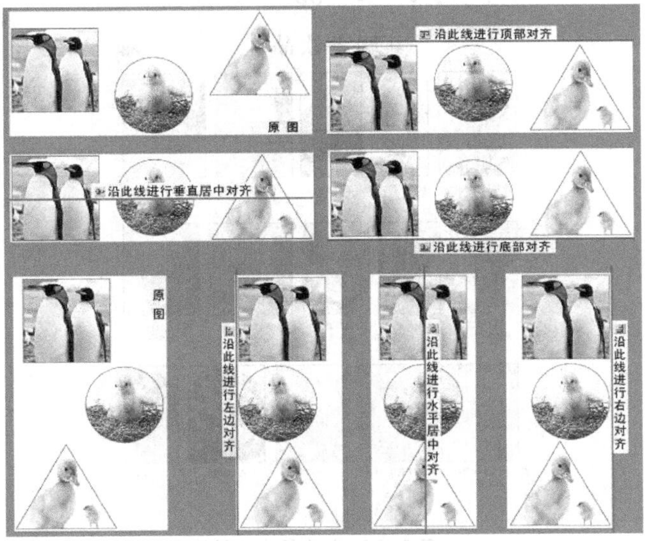

图2-96 选择图层执行各种对齐命令后的形状

> **知识提示**
>
> 如果选择的图层中包含背景层，其他图层中的内容将以背景层为依据进行对齐。

（2） 分布操作：在【图层】面板中选择 3 个或 3 个以上的图层时（不含背景层），在【图层】/【分布】子菜单中选择相应的命令，或单击【移动】工具属性栏中相应的分布按钮，即可将选择的图层在垂直方向上按顶端、垂直中心或底部平均分布，或者在水平方向上按左边、水平居中和右边平均分布，如图 2-97 所示。

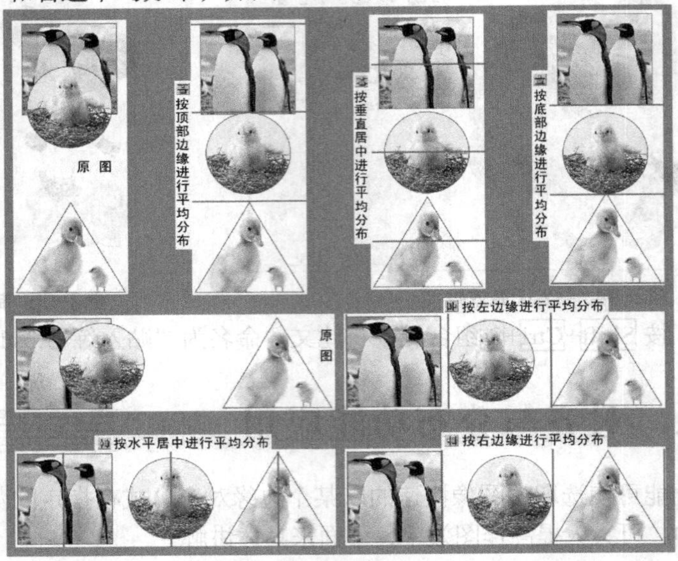

图2-97 选择图层执行各种分布命令后的形状

灵活运用对齐与分布功能，制作出如图 2-98 所示的宣传单效果。

图2-98 制作的宣传单

【操作步骤】

STEP 1 打开素材文件中名为“奶茶背景.jpg”及“饮料.psd”的图片文件，如图 2-99 所示。

图2-99 打开的图片

STEP 2 单击“饮料”文件的“图层 1”将其设置为工作层，然后按住 Shift 键单击“图层 5”，将“图层 1”～“图层 5”同时选中，如图 2-100 所示。

STEP 3 将选择的图像移动复制到“奶茶背景”文件中，然后按 Ctrl+T 组合键为其添加自由变换框，再将其调整至如图 2-101 所示的大小。

STEP 4 按 Enter 键确认图片的大小调整，然后在【图层】面板中单击“图层 1”将其设置为工作层，再利用工具将“图层 1”中的图像向左移动位置。

STEP 5 在【图层】面板中单击“图层 5”将其设置为工作层，然后利用工具将“图层 5”中的图像向右移动位置，此时各图像位置如图 2-102 所示。

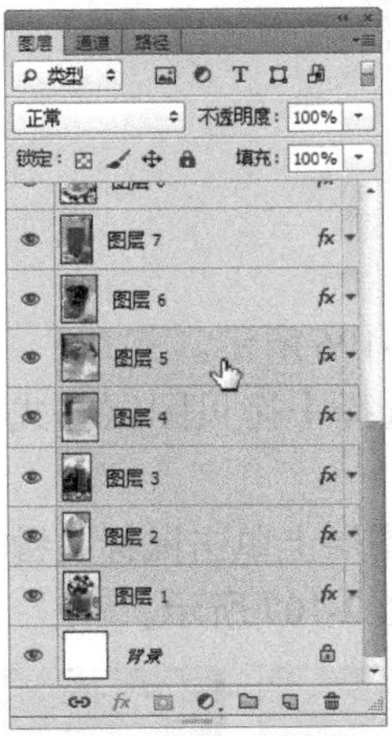

图2-100 选择多个图层状态

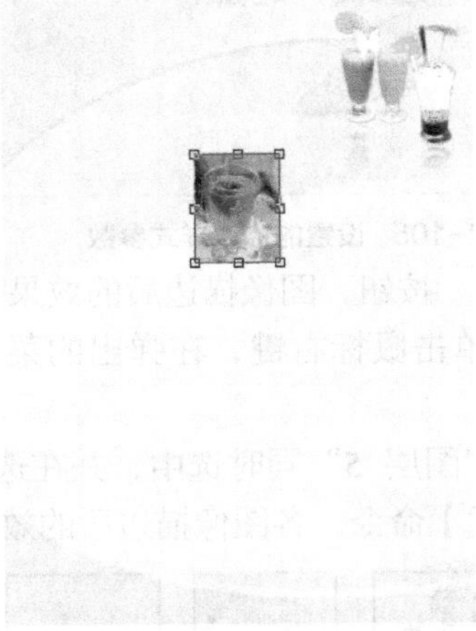

图2-101 图像调整后的大小

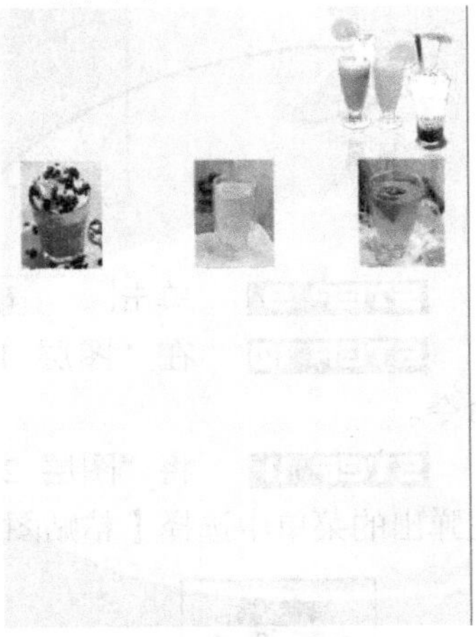

图2-102 图像调整后的位置

STEP 6 在【图层】面板中，将“图层 1”～“图层 5”同时选中，然后单击工具属性栏中的和按钮，将各图层中的图像分别以垂直中心对齐并按水平居中均匀分布，效果如图 2-103 所示。

STEP 7 在【图层】面板中，将“图层 3”～“图层 4”同时选中，然后按键盘中的向左方向键，将其在水平方向上向左移动位置，使每个图像之间的间距看起来相同，如图 2-104 所示。

图2-103 对齐与分布后的效果

图2-104 调整后的效果

STEP 8 单击“图层 1”将其设置为工作层，然后执行【图层】/【图层样式】/【描边】命令，在弹出的【图层样式】对话框中单击右侧的色块，将颜色设置为深红色（R:83），再设置其他选项参数，如图 2-105 所示。

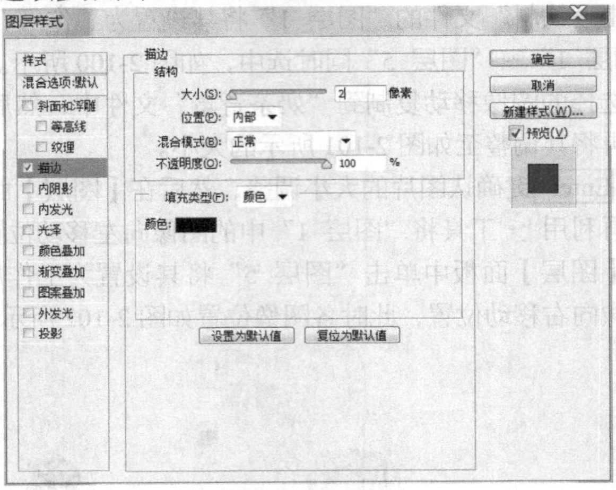

图2-105 设置的描边样式参数

STEP 9 单击【确定】按钮，图像描边后的效果如图 2-106 所示。

STEP 10 在“图层 1”上单击鼠标右键，在弹出的菜单中选择【拷贝图层样式】命令。

STEP 11 将“图层 2”～“图层 5”同时选中，并在选择的图层上单击鼠标右键，在弹出的菜单中选择【粘贴图层样式】命令，各图像描边后的效果如图 2-107 所示。

图2-106 描边后的效果

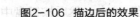

图2-107 各图像描边后的效果

此时的【图层】面板如图 2–108 所示。

STEP 12 用与以上相同的操作方法，将“饮料.psd”文件中的其他饮料移动复制到“奶茶背景.jpg”文件中，并调整至图 2-109 所示的大小及位置。

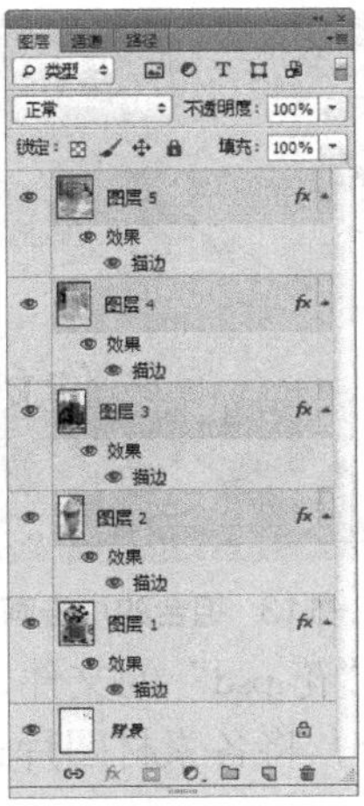

图2-108 【图层】面板

图2-109 各图像调整后的大小及位置

STEP 13 用与以上相同的方法，分别在各图像下方输入图 2-110 所示的文字。

STEP 14 继续利用 T 工具，在图像上方输入文字，即可完成宣传单的制作，如图 2-111 所示。

图2-110 输入的文字

图2-111 制作的宣传单效果

STEP 15 按 Shift+Ctrl+S 组合键，将此文件另命名为“宣传单.psd”保存。

习题

1. 在素材文件中打开名为“背景.psd”“冰激凌.psd”“冰激凌 01.jpg”“冰激凌 02.jpg”“冰激凌 03.jpg”“艺术字 01.jpg”和“艺术字 02.jpg”的图片文件，如图 2-112 所示。然后灵活运用各种选区工具，将需要的图像在素材图片中选取，并组合出图 2-113 所示的广告画面。

图2-112 用到的素材图片

图2-113 组合的广告画面

2. 在素材文件中打开名为“音乐.jpg”“蝴蝶.jpg”和“花.psd”的文件，如图 2-114 所示。然后灵活运用移动复制和【编辑】/【自由变换】命令，将各素材图片进行组合，制作出图 2-115 所示的海报效果。

图2-114 用到的素材图片

图2-115 制作的海报效果

3. 在素材文件中打开名为“炫光背景.jpg”和“书籍封面.jpg”的图片文件，如图 2-116 所示。用本项目介绍的图像变形操作，制作出图 2-117 所示的书籍装帧立体效果。

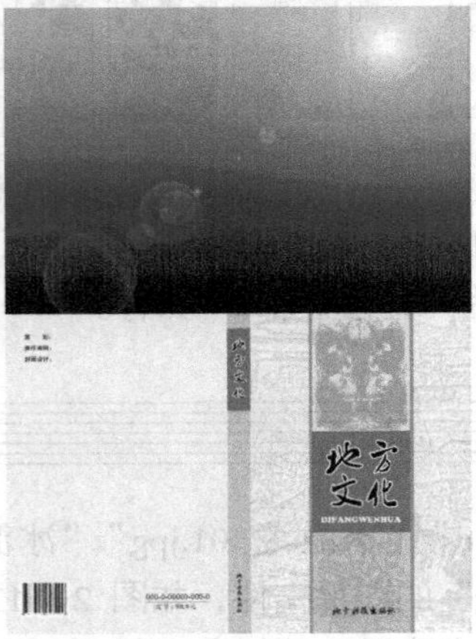

图2-116 用到的素材图片

图2-117 书籍装帧立体效果图

PART 3

项目三 渐变、绘画和修复工具的应用

工具箱中的渐变、绘画和编辑工具是绘制图形和处理图像的主要工具，渐变工具用于为图像或选区填充渐变颜色；绘画工具可以用不同样式的笔头进行绘制；编辑工具可以对照片中的人物、场景等进行美化或修复。这些工具都是在图像处理过程中经常用到的，下面就来详细介绍各种工具的功能及使用方法。

知识技能目标

- 学会【渐变】和【油漆桶】工具的应用。
- 学会【画笔】和【铅笔】工具的应用。
- 了解【模糊】、【锐化】和【涂抹】工具的应用。
- 了解【减淡】、【加深】和【海绵】工具的应用。
- 学会【修复画笔】和【修补】工具的应用。
- 学会【仿制图章】和【图案图章】工具的应用。
- 学会【历史记录画笔】和【历史记录艺术画笔】工具的应用。

任务一　渐变工具应用

【知识准备】

- 【渐变】工具：使用此工具可以在图像中创建渐变效果。根据其产生的不同效果，可以分为线性渐变、径向渐变、角度渐变、对称渐变和菱形渐变 5 种渐变方式。
- 【油漆桶】工具：使用此工具，可以在图像中填充颜色或图案，它的填充范围是与单击处像素相同或相近的像素点。
- 【3D 材质拖放】工具：使用此工具，可以对 3D 文字和 3D 模型填充纹理效果。

1. 【渐变】工具的属性栏

合理地设置【渐变】工具属性栏中的渐变选项，可以达到根据要求填充的渐变颜色效果，【渐变】工具的属性栏如图 3-1 所示。

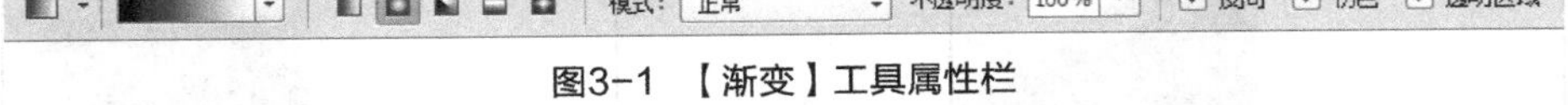

图3-1 【渐变】工具属性栏

- 【点按可编辑渐变】按钮：单击颜色条部分，将弹出【渐变编辑器】窗口，用于编辑渐变色；单击右侧的按钮，将会弹出【渐变选项】面板，用于选择已有的渐变选项。

- 【模式】选项：用来设置填充颜色与原图像所产生的混合效果。
- 【不透明度】选项：用来设置填充颜色的不透明度。
- 【反向】选项：勾选此复选框，在填充渐变色时将颠倒设置的渐变颜色排列顺序。
- 【仿色】选项：勾选此复选框，可以使渐变颜色之间的过渡更加柔和。
- 【透明区域】选项：勾选此复选框，【渐变编辑器】窗口中渐变选项的不透明度才会生效，否则，将不支持渐变选项中的透明效果。

2. 选择渐变样式

单击属性栏中 右侧的 按钮，弹出如图 3-2 所示的【渐变样式】面板。在该面板中显示了许多渐变样式的缩略图，在缩略图上单击即可将该渐变样式选择。

单击【渐变样式】面板右上角的 按钮，弹出菜单列表。该菜单中下面的部分命令是系统预设的一些渐变样式，选择相应命令后，在弹出的询问面板中单击 追加(A) 按钮，即可将选择的渐变样式载入到【渐变样式】面板中，如图 3-3 所示。

图3-2 【渐变样式】面板

图3-3 载入的渐变样式

3. 设置渐变方式

【渐变】工具的属性栏中包括【线性渐变】、【径向渐变】、【角度渐变】、【对称渐变】和【菱形渐变】5 种渐变方式，当选择不同的渐变方式时，填充的渐变效果也各不相同。

- 【线性渐变】按钮 ：可以在画面中填充鼠标光标拖曳距离的起点到终点的线性渐变效果，如图 3-4 所示。
- 【径向渐变】按钮 ：可以在画面中填充以鼠标光标的起点为中心，鼠标光标拖曳距离为半径的环形渐变效果，如图 3-5 所示。

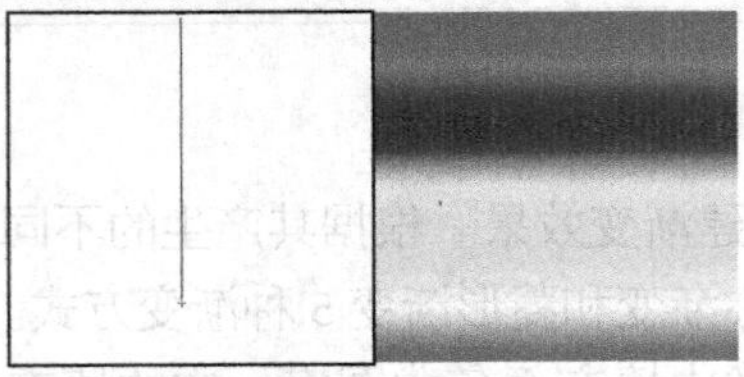

图3-4 线性渐变的效果

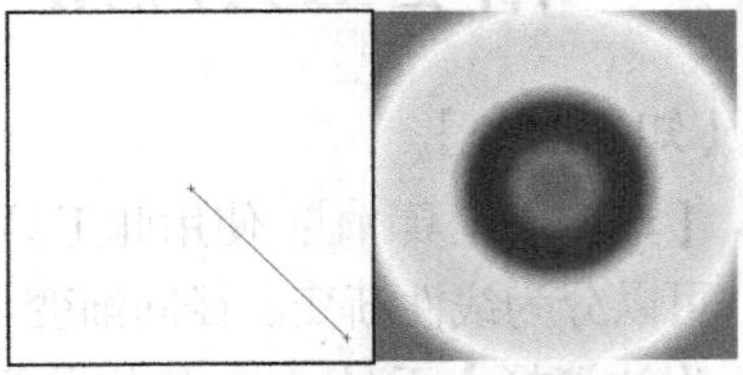

图3-5 径向渐变的效果

- 【角度渐变】按钮 ：可以在画面中填充以鼠标光标起点为中心，自鼠标光标拖曳方向起旋转一周的锥形渐变效果，如图 3-6 所示。
- 【对称渐变】按钮 ：可以产生以经过鼠标光标起点与拖曳方向垂直的直线为对称轴的轴对称直线渐变效果，如图 3-7 所示。

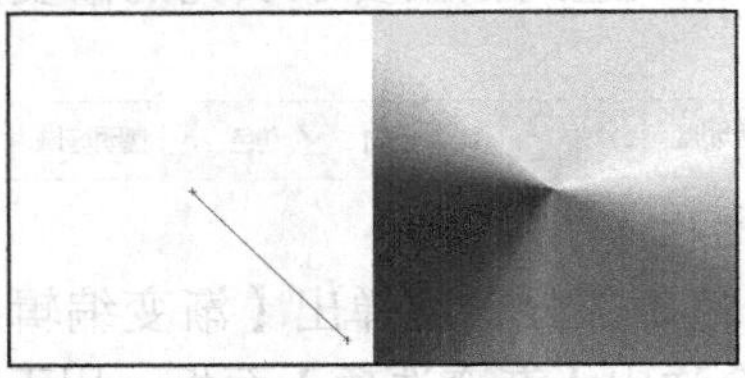

图3-6 角度渐变的效果

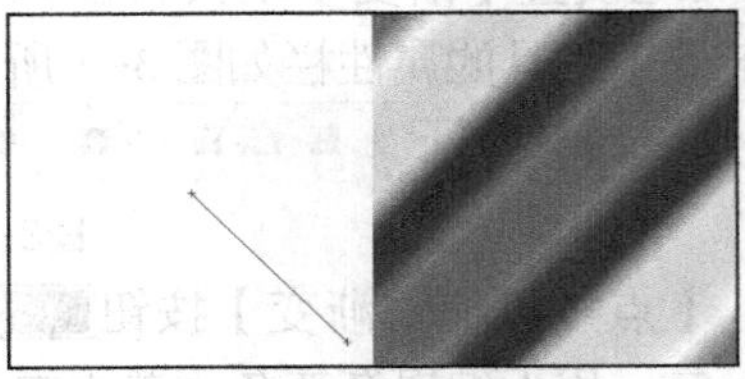

图3-7 对称渐变的效果

- 【菱形渐变】按钮：可以在画面中填充以鼠标光标的起点为中心，鼠标光标拖曳的距离为半径的菱形渐变效果，如图 3-8 所示。

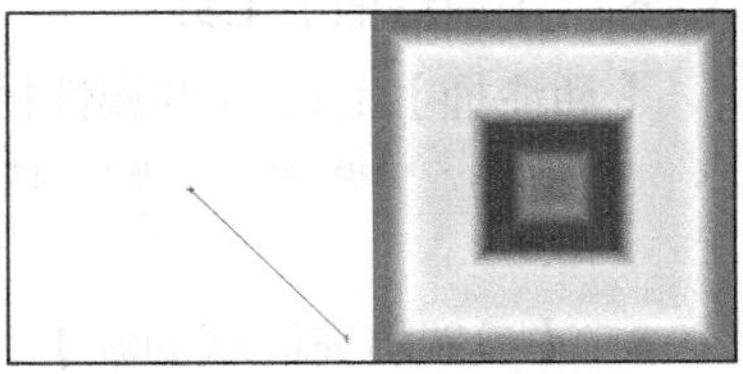

图3-8 菱形渐变的效果

4. **【渐变编辑器】窗口**

在【渐变】工具属性栏中单击【点按可编辑渐变】按钮的颜色条部分，将会弹出图 3-9 所示的【渐变编辑器】窗口。

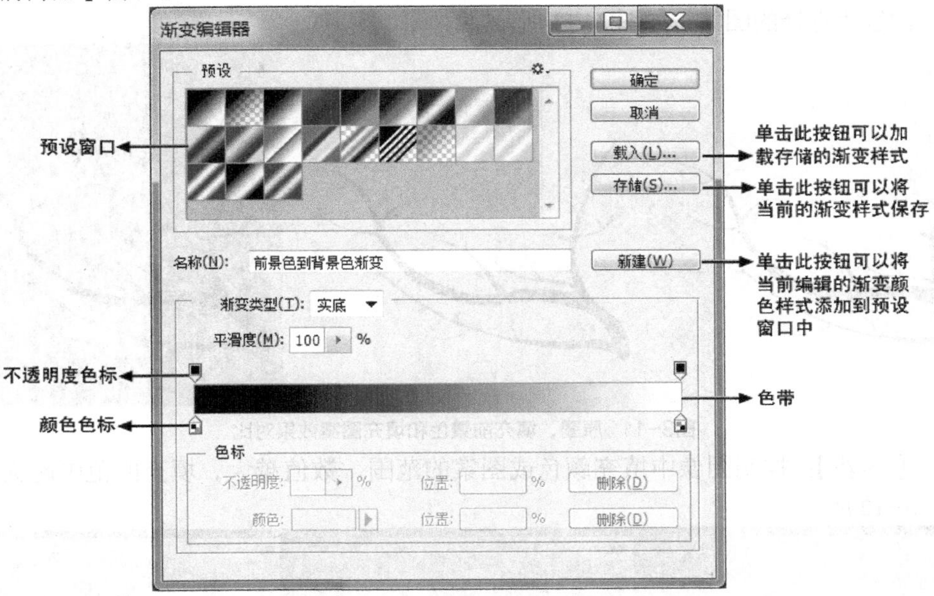

图3-9 【渐变编辑器】窗口

- 【预设窗口】：在预设窗口中提供了多种渐变样式，单击缩略图即可选择该渐变样式。
- 【渐变类型】：在此下拉列表中提供了“实底”和“杂色”两种渐变类型。
- 【平滑度】：此选项用于设置渐变颜色过渡的平滑程度。
- 【不透明度】色标：色带上方的色标称为不透明度色标，它可以根据色带上该位置的透明效果显示相应的灰色。当色带完全不透明时，不透明度色标显示为黑色；色带完全透明时，不透明度色标显示为白色。
- 【颜色】色标：左侧的色标，表示该色标使用前景色；右侧的色标，表示该色标使用背景色；当色标显示为状态时，则表示使用的是自定义的颜色。
- 【不透明度】：当选择一个不透明度色标后，下方的【不透明度】选项可以设置该色标所在位置的不透明度，【位置】用于控制该色标在整个色带上的百分比位置。
- 【颜色】：当选择一个颜色色标后，【颜色】色块显示的是当前使用的颜色，单击该颜色块或在色标上双击，可在弹出的【拾色器】对话框中设置色标的颜色；单击【颜色】色块右侧的按钮，可以在弹出的菜单中将色标设置为前景色、背景色或用户颜色。
- 【位置】：可以设置色标在整个色带上的百分比位置；单击 删除(D) 按钮，可以删除当前选择的色标。在需要删除的【颜色】色标上按下鼠标左键，然后向上或向下拖曳，可以快速地删除【颜色】色标。

5. 【油漆桶】工具

【油漆桶】工具的属性栏如图 3-10 所示。

图3-10 【油漆桶】工具的属性栏

- 【设置填充区域的源】前景：用于设置向画面或选区中填充的内容，包括【前景】和【图案】两个选项。选择【前景】选项，向画面中填充的内容为工具箱中的前景色；选择【图案】选项，并在右侧的图案窗口中选择一种图案后，向画面中填充的内容为选择的图案，如图 3-11 所示。

图3-11 原图、填充前景色和填充图案效果对比

- 【容差】：控制图像中填充颜色或图案的范围，数值越大，填充的范围越大，如图 3-12 所示。

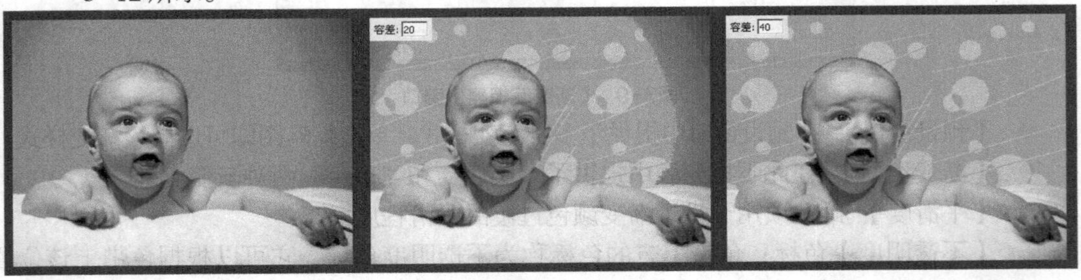

图3-12 设置不同【容差】值时的填充效果对比

- 【连续的】：勾选此复选框，利用【油漆桶】工具填充时，只能填充与单击处颜色相近且相连的区域；若不勾选此复选框，则可以填充与单击处颜色相近的所有区域，如图 3-13 所示。

图3-13 勾选【连续的】复选框前后的填充效果对比

● 【所有图层】：勾选此复选框，填充的范围是图像文件中的所有图层。

下面通过绘制小球图形来学习【渐变】工具的灵活运用，绘制的小球图形如图 3-14 所示。

图3-14 绘制的小球图形

【操作步骤】

STEP 1 按 Ctrl+N 组合键，新建一个【宽度】为“10 厘米”；【高度】为“10 厘米”；【分辨率】为“200 像素/英寸”的新文件。

STEP 2 单击前景色块，在弹出的【拾色器（前景色）】对话框中，将颜色设置为灰绿色（R:165,G:180,B:175），单击 确定 按钮。

STEP 3 单击背景色块，在弹出的【拾色器（背景色）】对话框中，将颜色设置为深灰色（R:45,G:50,B:50），单击 确定 按钮。

STEP 4 选择工具，并单击属性栏中右侧的倒三角按钮，在弹出的面板中选择如图 3-15 所示的渐变样式。

STEP 5 将鼠标光标移动到文件中，按住 Shift 键，自下向上拖曳鼠标，为画面添加如图 3-16 所示的渐变颜色。

图3-15 范例结果

图3-16 设置的渐变颜色

STEP 6 单击【图层】面板底部的按钮，在【图层】面板中新建一图层“图层 1”。

STEP 7 选择工具，按住 Shift 键，在文件中拖曳鼠标，绘制出如图 3-17 所示的圆形选区。

STEP 8 将前景色设置为白色，背景色设置为绿色（R:150,G:190,B:10），选择工具，并激活属性栏中的【径向渐变】按钮。

STEP 9 将鼠标光标移动到圆形选区中的左下方部分，按下鼠标左键并向右上方拖曳，状态如图 3-18 所示，释放鼠标左键后，填充的渐变颜色如图 3-19 所示。

图3-17 绘制的圆形选区

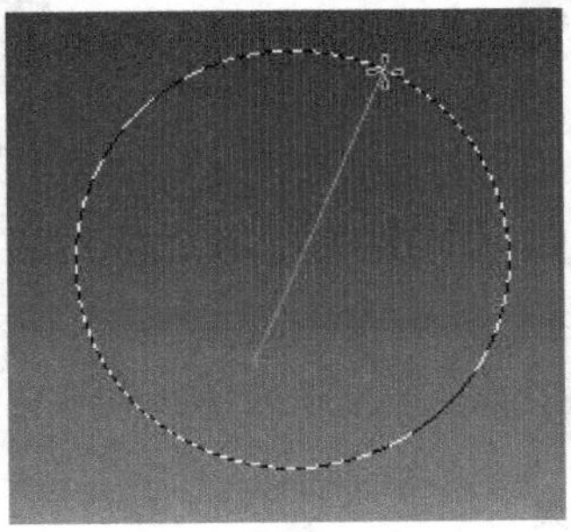

图3-18 拖曳鼠标状态

图3-19 填充的渐变颜色

STEP 10 再次单击属性栏中右侧的倒三角按钮，在弹出的面板中选择“前景色到透明渐变”的渐变样式，然后激活【线性渐变】按钮。

STEP 11 单击【图层】面板底部的按钮，新建一图层“图层 2”，然后在选区的右上角位置按下鼠标左键自右上方向左下方拖曳，状态如图 3-20 所示。

STEP 12 释放鼠标左键后，按 Ctrl+D 组合键去除选区，填充的渐变色如图 3-21 所示。

图3-20 拖曳鼠标状态

图3-21 填充渐变色后的效果

STEP 13 新建“图层 3”，利用工具绘制出如图 3-22 所示的椭圆形选区，然后为其自上向下填充由黑色到透明的线性渐变。

STEP 14 按 Ctrl+D 组合键去除选区，然后执行【滤镜】/【模糊】/【高斯模糊】命令，在弹出的【高斯模糊】对话框中，设置参数如图 3-23 所示。

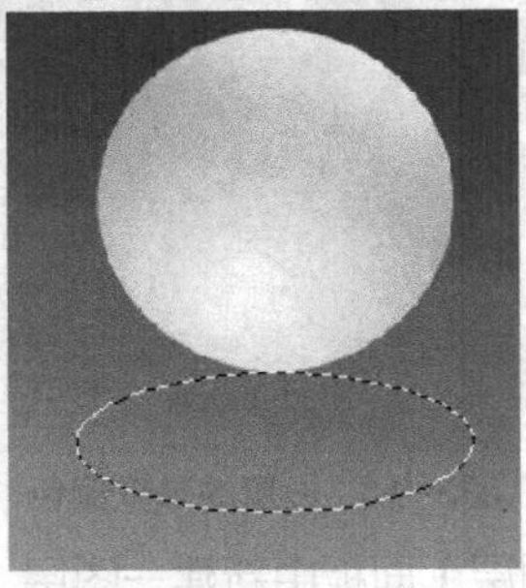

图3-22 绘制的选区

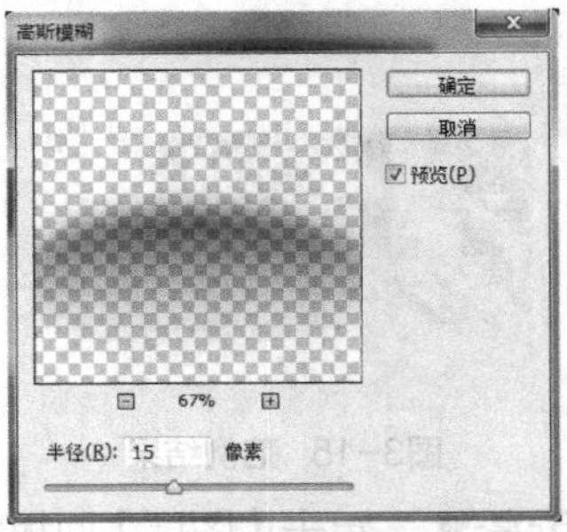

图3-23 设置的模糊参数

STEP 15 单击 确定 按钮，图形模糊后的效果如图 3-24 所示。

STEP 16 依次执行【图层】/【排列】/【向后一层】命令，将“图层 3”调整至“图层 1”的下方。

至此，小球绘制完成，整体效果如图 3-25 所示。

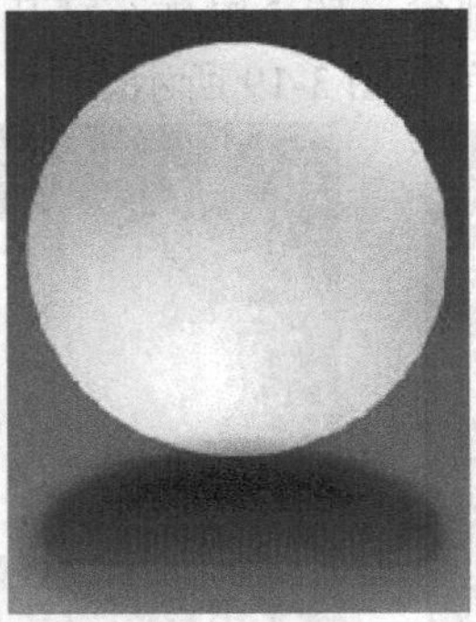

图3-24 制作的阴影效果

图3-25 绘制的小球及阴影

STEP 17 按 Ctrl+S 组合键，将此文件命名为“小球绘制.psd”保存。

任务二 画笔工具应用

绘画工具最主要的功能是绘制图像。灵活运用绘画工具，可以绘制出各种各样的图像效果，使设计者的思想最大限度地表现出来。

【知识准备】

1. 画笔工具组

画笔工具组中包括【画笔】工具、【铅笔】工具、【颜色替换】工具和【混合器画笔】工具。这 4 个工具的主要功能是用来绘制图形和修改图像颜色，灵活运用好绘画工具，可以绘制出各种各样的图像效果，使设计者的思想被最大限度地表现出来。

- 【画笔】工具：选择此工具，先在工具箱中设置前景色的颜色，即画笔的颜色，并在【画笔】对话框中选择合适的笔头，然后将鼠标光标移动到新建或打开的图像文件中单击并拖曳，即可绘制不同形状的图形或线条。
- 【铅笔】工具：此工具与【画笔】工具类似，也可以在图像文件中绘制不同形状的图形及线条，只是在属性栏中多了一个【自动抹掉】选项，这是【铅笔】工具所具有的特殊功能。
- 【颜色替换】工具：此工具可以对图像中的特定颜色进行替换。其使用方法是，在工具箱中选择工具，设置为图像要替换的颜色，在属性栏中设置【画笔】笔头、【模式】、【取样】、【限制】、【容差】等各选项，在图像中要替换颜色的位置按住鼠标左键并拖曳，即可用设置的前景色替换鼠标光标拖曳位置的颜色。
- 【混合器画笔】工具：此工具可以借助混色器画笔和毛刷笔尖，创建逼真、带纹理的笔触，轻松地将图像转变为绘图或创建独特的艺术效果。

（1）【画笔】工具属性栏。选择工具，其属性栏如图 3-26 所示。

图3-26 【画笔】工具的属性栏

- 【画笔】选项：用来设置画笔笔头的形状及大小，单击右侧的按钮，会弹出如图 3-27 所示的【画笔】设置面板。
- 【切换画笔调板】按钮：单击此按钮，可弹出【画笔】面板。
- 【模式】选项：可以设置绘制的图形与原图像的混合模式。
- 【不透明度】选项：用来设置画笔绘画时的不透明度，可以直接输入数值，也可以通过单击此选项右侧的按钮，再拖动弹出的滑块来调节。使用不同的数值绘制出的颜色效果如图 3-28 所示。

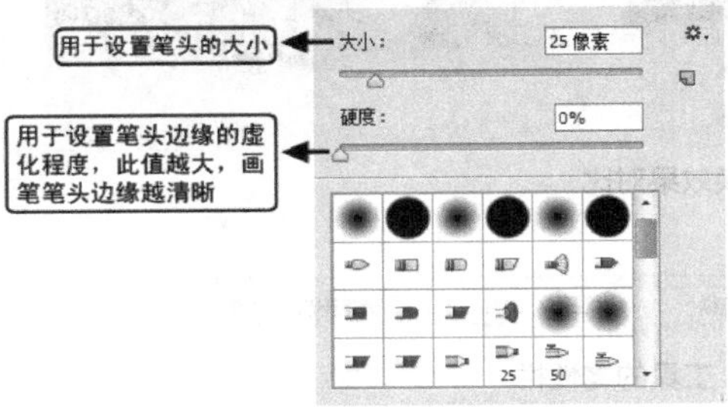

图3-27 【画笔】设置面板

图3-28 不同【不透明度】值绘制的颜色效果

- 【流量】选项：决定画笔在绘画时的压力大小，数值越大画出的颜色越深。

- 【喷枪】按钮：激活此按钮，使用画笔绘画时，绘制的颜色会因鼠标光标的停留而向外扩展，画笔笔头的硬度越小，效果越明显。

（2）【画笔】面板。按 F5 键或单击属性栏中的按钮，打开图 3-29 所示的【画笔】面板。该面板由 3 部分组成，左侧部分主要用于选择画笔的属性，右侧部分用于设置画笔的具体参数，最下面部分是画笔的预览区域。先选择不同的画笔属性，然后在其右侧的参数设置区中设置相应的参数，可以将画笔设置为不同的形状。

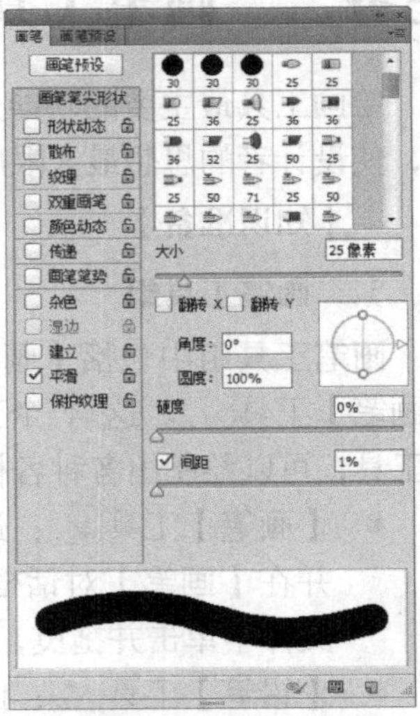

图3-29 【画笔】面板

（3）【铅笔】工具属性栏。【铅笔】工具的属性栏中有一个【自动抹掉】选项，这是【铅笔】工具所具有的特殊功能。如果勾选了此选项，在图像内与工具箱中的前景色相同的颜色区域绘画时，铅笔会自动擦除此处的颜色而显示背景色；如在与前景色不同的颜色区绘画时，将以前景色的颜色显示，如图 3-30 所示。

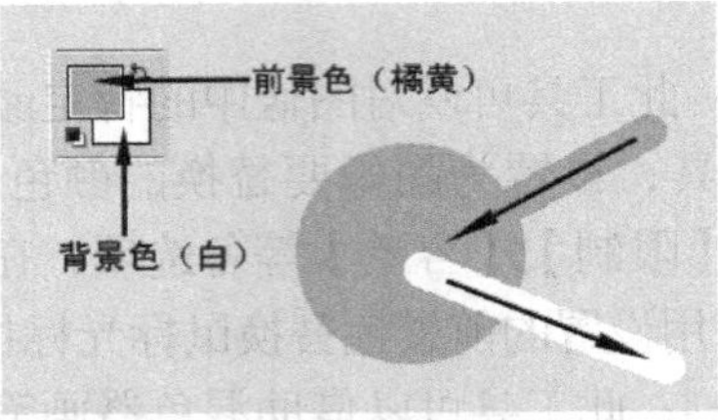

图3-30 勾选【自动抹掉】选项时用【铅笔】工具绘制的图形

（4）利用【颜色替换】工具可以对特定的颜色进行快速替换，同时保留图像原有的纹理。颜色替换后的图像颜色与工具箱中当前的前景色有关，所以在使用该工具时，首先要在工具箱中设定需要的前景色，或按住 Alt 键，在图像中直接设置色样，然后在属性栏中设置合适的选项后，在图像中拖曳鼠标光标，即可改变图像的色彩效果，如图 3-31 所示。

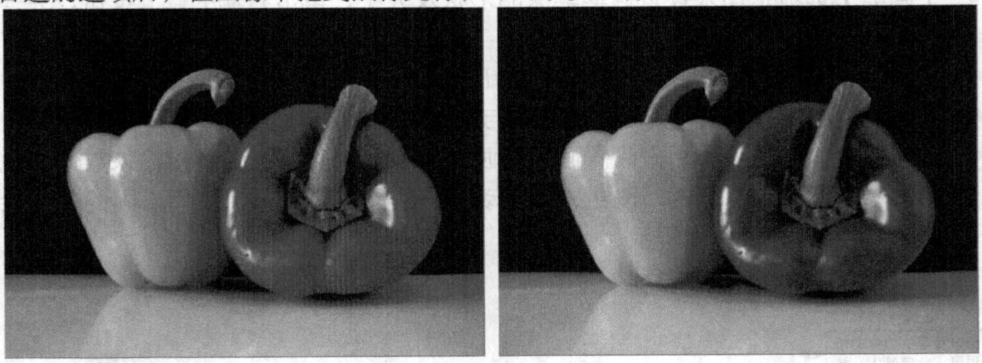

图3-31 颜色替换效果对比

【颜色替换】工具的属性栏如图 3-32 所示。

图3-32 【颜色替换】工具的属性栏

- 【取样】按钮：用于指定替换颜色取样区域的大小。激活【连续】按钮，将连续取样来对拖曳鼠标光标经过的位置替换颜色；激活【一次】按钮，只替换第一次单击取样区域的颜色；激活【背景色板】按钮，只替换画面中包含有背景色的图像区域。

- 【限制】：用于限制替换颜色的范围。选择【不连续】选项，将替换出现在鼠标光标下任何位置的颜色；选择【连续】选项，将替换与紧挨鼠标光标下的颜色邻近的颜色；选择【查找边缘】选项，将替换包含取样颜色的连接区域，同时更好地保留图像边缘的锐化程度。
- 【容差】：指定替换颜色的精确度，此值越大替换的颜色范围越大。
- 【消除锯齿】：可以为替换颜色的区域指定平滑的边缘。

（5）【混合器画笔】工具的使用方法非常简单：选择工具，设置合适的笔头大小，并在属性栏中设置好各选项及参数后，在画面中拖动鼠标光标，即可将照片涂抹成油画或水粉画等效果。原图片及利用【混合器画笔】工具进行处理后的绘画效果如图 3-33 所示。

图3-33 原图片及处理后的绘画效果

【混合器画笔】工具的属性栏如图 3-34 所示。

图3-34 【混合器画笔】工具的属性栏

- 【当前画笔载入】按钮：可重新载入画笔、清除画笔或载入需要的颜色，让它和涂抹的颜色进行混合。具体的混合结果可通过后面的设置值进行调整。
- 【每次描边后载入画笔】按钮和【每次描边后清理画笔】按钮：控制每一笔涂抹结束后对画笔是否更新和清理。类似于在绘画时，一笔过后是否将画笔在水中清洗。
- 自定：单击此窗口将弹出下拉列表，可以选择预先设置好的混合选项。当选择某一种选项时，右边的四个选项设置值会自动调节为预设值。
- 【潮湿】选项：设置从画布拾取的油彩量。
- 【载入】选项：设置画笔上的油彩量。
- 【混合】选项：设置颜色混合的比例。
- 【流量】选项：设置描边的流动速率。

2. 其他编辑工具

（1）【模糊】、【锐化】和【涂抹】工具。

利用【模糊】工具可以降低图像色彩反差来对图像进行模糊处理，从而使图像边缘变得模糊；【锐化】工具恰好相反，它是通过增大图像色彩反差来锐化图像，从而使图像色彩对比更强烈；【涂抹】工具主要用于涂抹图像，使图像产生类似于在未干的画面上用手指涂抹的效果。原图像和经过模糊、锐化、涂抹后的效果，如图 3-35 所示。

图3-35 原图像和经过模糊、锐化、涂抹后的效果

这 3 个工具的属性栏基本相同，只是【涂抹】工具的属性栏中多了一个【手指绘画】选项，如图 3-36 所示。

图3-36 【涂抹】工具的属性栏

- 【模式】：用于设置色彩的混合方式。
- 【强度】：此选项中的参数用于调节对图像进行涂抹的程度。
- 【对所有图层取样】：若不勾选此复选框，只在当前图层取样；若勾选此复选框，则可以在所有图层取样。
- 【手指绘画】：不勾选此复选框，对图像进行涂抹只是使图像中的像素和色彩进行移动；勾选此复选框，则相当于用手指蘸着前景色在图像中进行涂抹。

这几个工具的使用方法都非常简单，选择相应工具，在属性栏中选择适当的笔头大小及形状，然后将鼠标光标移动到图像文件中按下鼠标左键并拖曳，即可处理图像。

（2） 【减淡】和【加深】工具。

利用【减淡】工具可以对图像的阴影、中间色和高光部分进行提亮和加光处理，从而使图像变亮；【加深】工具则可以对图像的阴影、中间色和高光部分进行遮光变暗处理。

这两个工具的属性栏完全相同，如图 3-37 所示。

图3-37 【减淡】和【加深】工具的属性栏

- 【范围】：包括【阴影】、【中间调】和【高光】3 个选项。选择【阴影】选项时，主要对图像暗部区域减淡或加深；选择【高光】选项，主要对图像亮部区域减淡或加深；选择【中间调】选项，主要对图像中间的灰色调区域减淡或加深。
- 【曝光度】：设置对图像减淡或加深处理时的曝光强度，数值越大，减淡或加深效果越明显。

（3） 【海绵】工具。

【海绵】工具可以对图像进行变灰或提纯处理，从而改变图像的饱和度。该工具的属性栏如图 3-38 所示。

图3-38 【海绵】工具的属性栏

- 【模式】：主要用于控制【海绵】工具的作用模式，包括【降低饱和度】和【饱和】两个选项。选择【降低饱和度】选项，【海绵】工具将对图像进行变灰处理以降低图像的饱和度；选择【饱和】选项，【海绵】工具将对图像进行加色以增加图像的饱和度。
- 【流量】：控制去色或加色处理时的强度，数值越大，效果越明显。

图像减淡、加深、去色和加色处理后的效果如图 3-39 所示。

图3-39 原图像和减淡、加深、去色、加色后的效果

本节通过一个简单的儿童画绘制，来练习【画笔】和【渐变】工具的使用方法。绘制的儿童画如图 3-40 所示。

【操作步骤】

STEP 1 执行【文件】/【新建】命令，在弹出的【新建】对话框中将【宽度】选项的参数设置为“15 厘米”,【高度】选项的参数设置为“13.5 厘米”,【分辨率】选项设置为“100 像素/英寸”，然后单击 确定 按钮。

STEP 2 单击【图层】面板底部的【创建新图层】按钮，在【图层】面板中新建一图层“图层 1”。

STEP 3 将前景色设置为天蓝色（R:86,G:144,B:189），选择工具，在属性栏中按钮处单击，在弹出的【渐变编辑器】对话框中选择如图 3-41 所示的“前景色到透明渐变”样式，然后单击 确定 按钮。

图3-40 绘制的儿童画

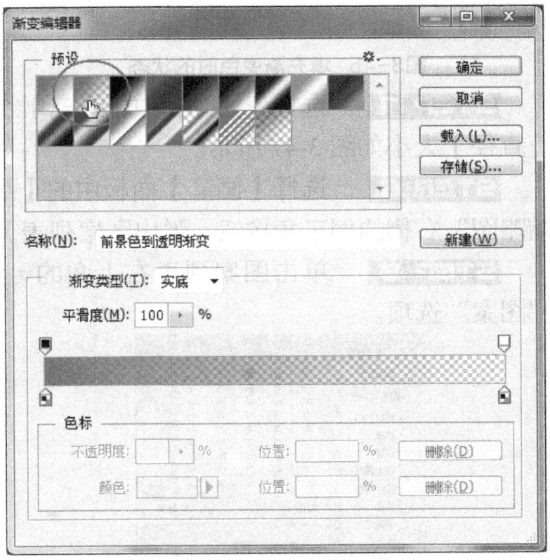

图3-41 【渐变编辑器】对话框

STEP 4 设置属性栏中其他选项及参数如图 3-42 所示。

图3-42 【渐变工具】的属性栏

STEP 5 按住 Shift 键，在画面中按住鼠标左键由上向下拖曳鼠标填充渐变色，状态如图 3-43 所示。填充渐变色后的画面效果如图 3-44 所示。

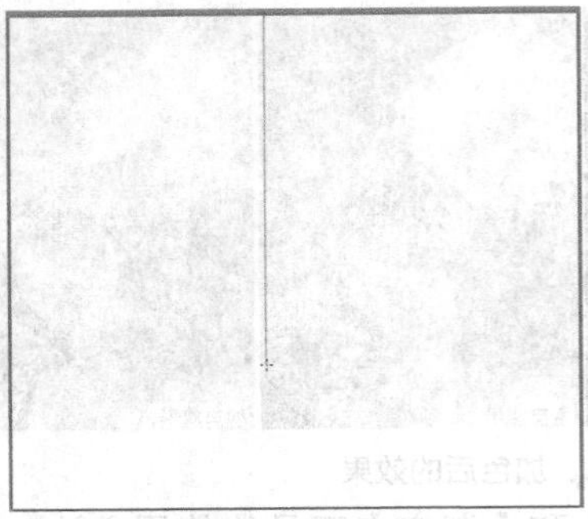

图3-43　填充渐变色时的状态

图3-44　填充渐变色后的画面效果

STEP 6　在属性栏中将不透明度：30%选项的参数值设置为“30%”，然后按住Shift键，在画面中由下向上拖曳鼠标光标填充渐变色，状态如图 3-45 所示。填充渐变色后的画面效果如图 3-46 所示。

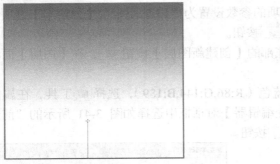

图3-45　填充渐变色时的状态

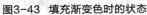

图3-46　填充渐变色后的画面效果

STEP 7　选择工具，并单击属性栏中的按钮，弹出【画笔】面板，设置画笔【直径】大小如图 3-47 所示。

STEP 8　选择【画笔】面板中的【纹理】选项，然后单击右侧参数设置区中“图案缩略图”右侧的倒三角按钮，弹出图案列表。

STEP 9　单击图案列表右上角的按钮，在弹出的菜单中选择如图 3-48 所示的“图案”选项。

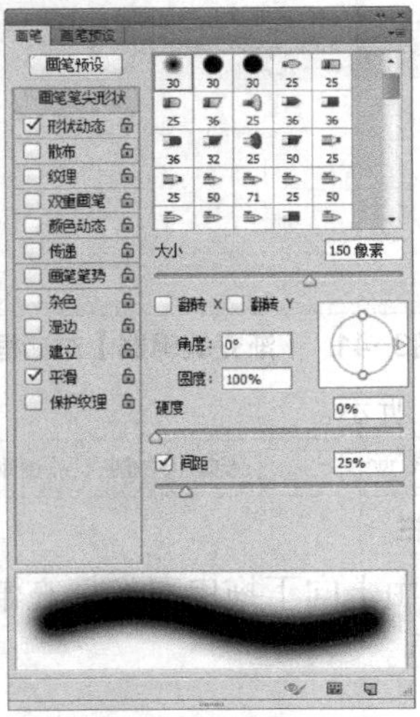

图3-47　设置的笔头大小

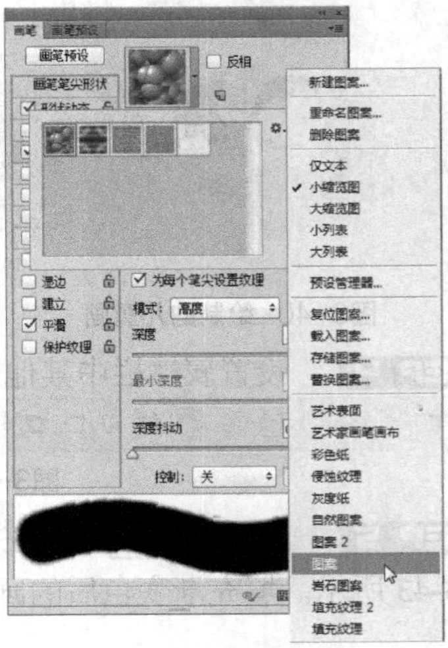

图3-48　选择的选项

STEP 10 在弹出图 3-49 所示的询问面板中单击 确定 按钮，用选择的图案替换当前图案列表中的图案，然后在图案列表中选择图 3-50 所示的“云彩”图案。

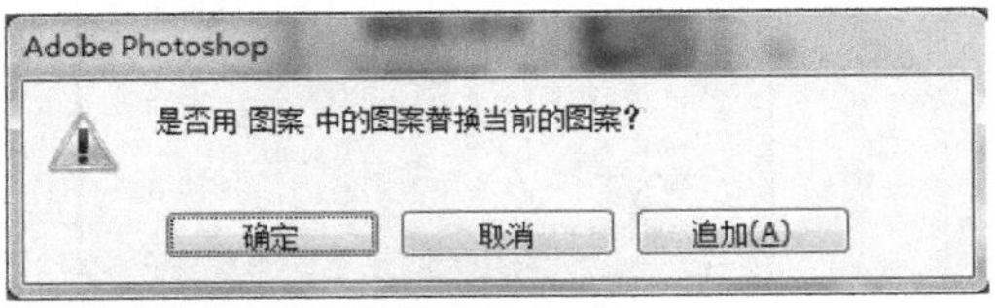

图3-49 弹出的询问面板

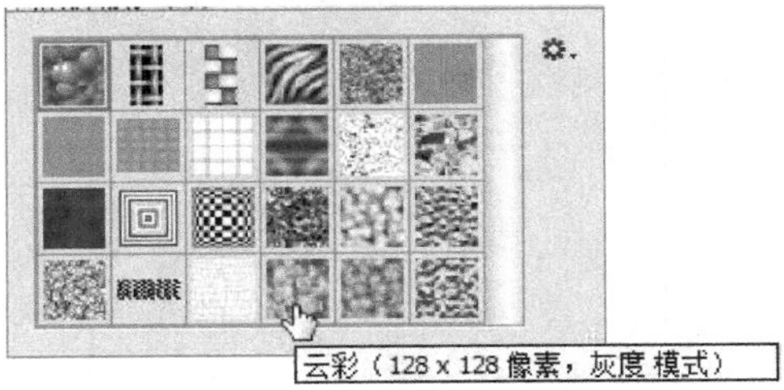

图3-50 选择的图案

STEP 11 设置【画笔】面板中“纹理”的选项及参数如图 3-51 所示，然后单击面板右上角的 × 按钮，关闭【画笔】面板。

STEP 12 设置属性栏中 不透明度: 70% 选项的参数为“70%”，然后在【图层】面板中新建一个图层“图层 2”，并将工具箱中的前景色设置为白色。

STEP 13 在画面中按下鼠标左键并拖曳鼠标绘制白云效果，状态如图 3-52 所示。

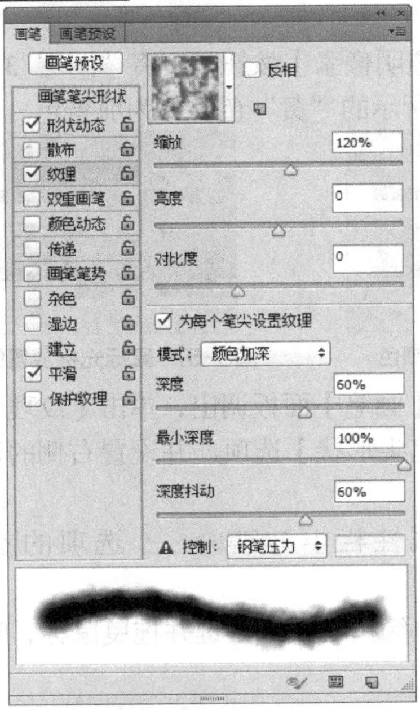

图3-51 设置的选项参数

图3-52 绘制白云时的状态

STEP 14 设置不同大小的笔头及不透明度，在画面中依次拖曳鼠标光标，绘制出图 3-53 所示的白云效果。

> **知识提示** 在使用【画笔】工具绘画时，按[键，可以快速地减小笔头的大小；按]键，可以快速地增大笔头的大小；按 Shift+[组合键或 Shift+]组合键，可以快速地减小或增大笔头的硬度。

STEP 15 在【图层】面板中新建一图层“图层 3”，然后选择 工具，并在画面中绘制出图 3-54 所示的选区，作为绘制草地的区域。

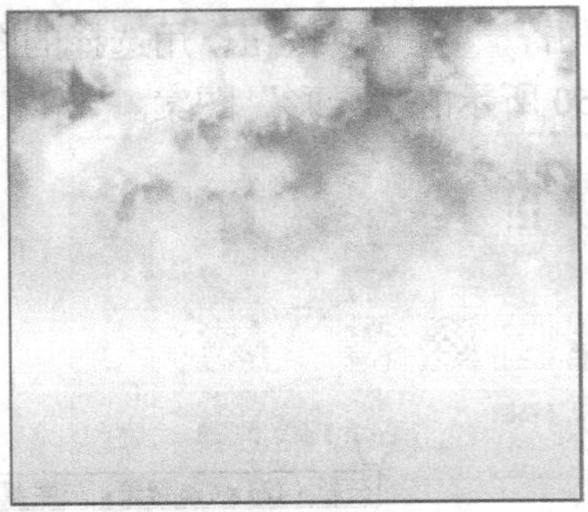

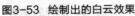

图3-53 绘制出的白云效果

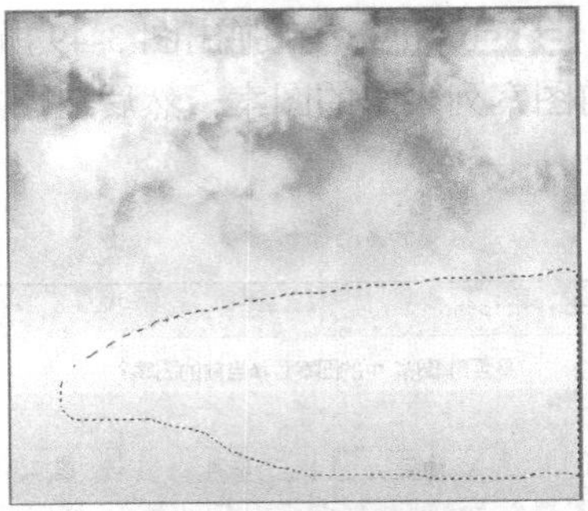

图3-54 绘制出的选区

STEP 16 按 Shift+F6 组合键，弹出【羽化选区】对话框，设置参数如图 3-55 所示，然后单击 确定 按钮。

STEP 17 执行【窗口】/【色板】命令，将【色板】设置为当前工作状态，然后将鼠标光标移动到如图 3-56 所示的“绿色”色块上单击，设置前景色为选择的颜色。

STEP 18 按 Alt+Delete 组合键，为“图层 3”中的选区填充设置的颜色，然后按 Ctrl+D 组合键，去除选区。

STEP 19 单击【图层】面板左上角的【锁定透明像素】按钮，将“图层 3”中的透明像素锁定，然后在【色板】面板中选择如图 3-57 所示的“黄”色，作为前景色。

图3-55 【羽化选区】对话框

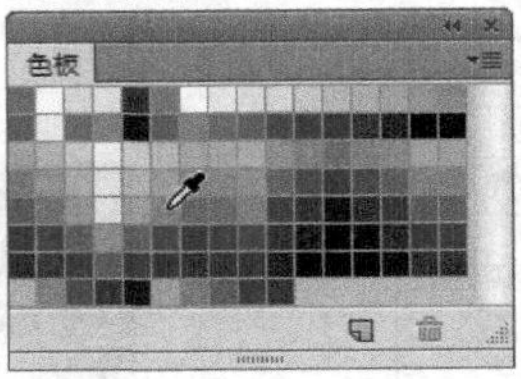

图3-56 选择的颜色

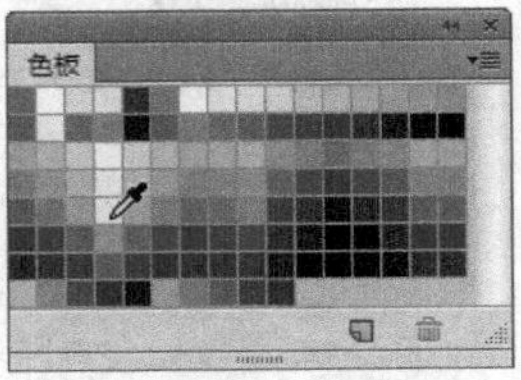

图3-57 鼠标光标放置的位置

STEP 20 再次选择工具，并按 F5 键，将【画笔】面板调出，单击【纹理】选项前面的勾选图标去除该功能的启用，然后单击【画笔笔尖形状】选项，并设置右侧的选项及参数如图 3-58 所示。

STEP 21 关闭【画笔】面板，然后设置属性栏中 不透明度: 20% 选项的参数为“20%”。

STEP 22 将鼠标光标移动到画面中，沿草地边缘按下鼠标左键并拖曳鼠标，喷绘出图 3-59 所示的黄色边缘，作为浅绿色草地效果。

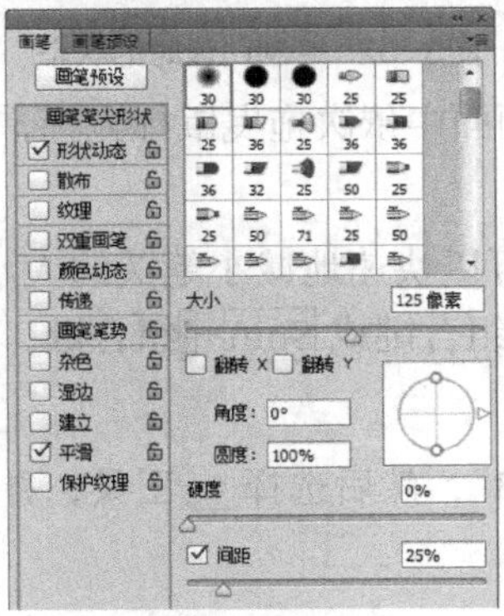

图3-58 设置的笔头大小

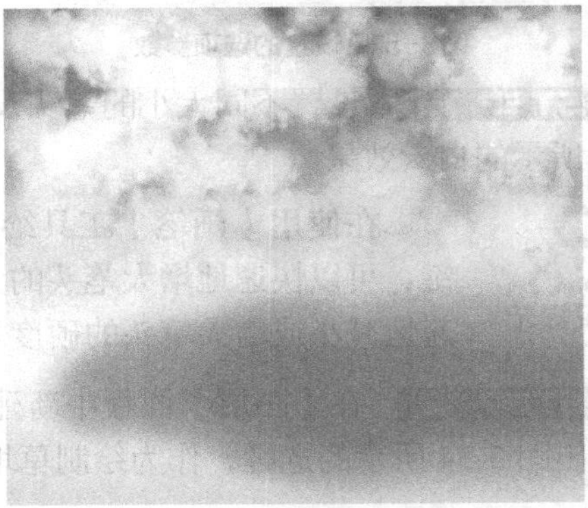

图3-59 绘制出的浅绿色草地效果

接下来，利用【画笔】工具来绘制草地上的小草图形。

STEP 23 按 F5 键，将【画笔】面板调出，然后拖曳"画笔笔头列表窗口"右侧的滑块，选择"小草"形状的笔头，并设置选项参数，如图 3-60 所示。

STEP 24 单击【画笔】面板左侧的【散布】选项，然后设置右侧的选项及参数，如图 3-61 所示。

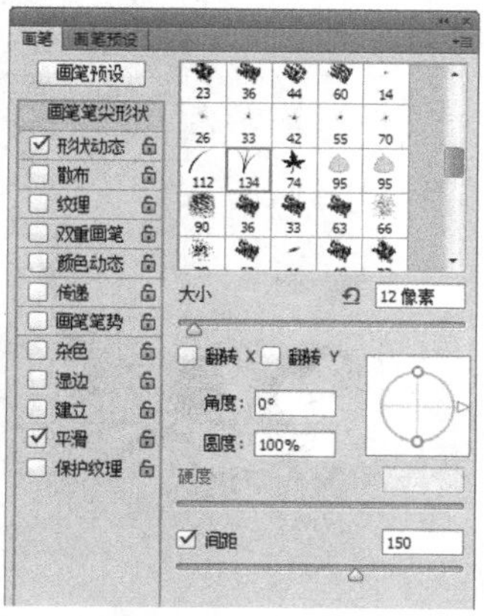

图3-60 选择的"小草"形状笔头

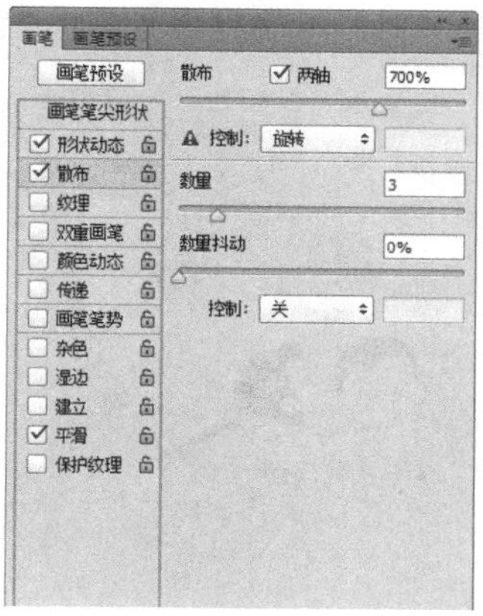

图3-61 设置的选项

STEP 25 在【图层】面板中新建"图层 4"，然后将前景色设置为深绿色。

STEP 26 将鼠标光标移动到画面中的草地上拖曳，绘制出图 3-62 所示的小草效果。

图3-62 绘制出的小草图形

STEP 27 打开素材文件中名为"树.jpg"、"卡通人物.jpg"和"飞机.jpg"的图片文件，如图 3-63 所示。

图3-63 打开的文件

STEP 28 利用工具分别将"树"和"卡通人物"选取，然后利用工具依次移动复制到绘制的儿童画场景中，再利用【自由变换】命令，将其分别调整至图 3-64 所示的大小及位置。

STEP 29 在【图层】面板中单击“图层 3”，将其设置为当前工作状态，然后选择【加深】工具，并将属性栏中 曝光度: 20% 的参数设置为“20%”。

STEP 30 将鼠标光标移动到“树”图形下方的草地上，按下鼠标左键并拖曳，绘制出树的阴影效果，如图 3-65 所示。

图3-64 移动复制入的图片放置的位置

图3-65 绘制的阴影效果

STEP 31 利用工具和工具，将“飞机”图形选取并移动复制到儿童画场景中，并调整至图 3-66 所示的大小及位置。

STEP 32 执行【编辑】/【变换】/【水平翻转】命令，将图形在水平方向上翻转，然后依次执行【图层】/【排列】/【后移一层】命令，将“飞机”图形调整至“云彩”的下面，如图 3-67 所示。

图3-66 飞机图形放置的位置

图3-67 调整图层堆叠顺序后的效果

至此，儿童画绘制完成。

STEP 33 按 Ctrl+S 组合键，将此文件命名为“儿童画.psd”保存。

任务三 修复工具应用

修复工具主要包括【污点修复画笔】工具、【修复画笔】工具、【修补】工具、【内容感知移动】工具和【红眼】工具。

【知识准备】

- 【污点修复画笔】工具：可以快速删除照片中的污点，尤其是对人物面部的疤痕、雀斑等小面积内的缺陷修复最为有效，其修复原理是在所修饰图像位置的周围自动取样，然后将其与所修复位置的图像融合，得到理想的颜色匹配效果。其使用方法非常简单，选择工具，在属性栏中设置合适的画笔大小和选项后，在图像的污点位置单击即可删除污点。
- 【修复画笔】工具：该工具与【污点修复画笔】工具的修复原理基本相似，都是将没有缺陷的图像部分与被修复位置有缺陷的图像进行融合后得到理想的匹配效果。但使用【修复画笔】工具时需要先设置取样点，即按住 Alt 键在取样点位置单击（单击的位置为复制图像的取样点），松开 Alt 键，然后在需要修复的图像位置按住鼠标左键拖曳，即可对图像中的缺陷进行修复，并使修复后的图像与取样点位置图像的纹理、光照、阴影和透明度相匹配，从而使修复后的图像不留痕迹地融入到图像中。
- 【修补】工具：可以用图像中相似的区域或图案来修复有缺陷的部位或制作合成效果。与【修复画笔】工具一样，【修补】工具会将设定的样本纹理、光照和阴影与被修复图像区域进行混合以得到理想的效果。
- 【内容感知移动】工具：利用此工具移动选择的图像，释放鼠标后，系统会自动进行合成，生成完美的移动效果。
- 【红眼】工具：在夜晚或光线较暗的房间里拍摄人物照片时，由于视网膜的反光作用，往往会出现红眼效果。利用【红眼】工具可以迅速地修复这种红眼效果。其使用方法非常简单，选择工具，在属性栏中设置合适的【瞳孔大小】和【变暗量】参数后，在人物的红眼位置单击即可校正红眼。

（1）　【污点修复画笔】工具的属性栏如图 3-68 所示。

图3-68　【污点修复画笔】工具的属性栏

- 【类型】：点选【近似匹配】单选项，将自动选择相匹配的颜色来修复图像的缺陷；点选【创建纹理】单选项，在修复图像缺陷后会自动生成一层纹理。
- 【对所有图层取样】：勾选此复选框，可以在所有可见图层中取样；不勾选此项，则只能在当前图层中取样。

（2）　【修复画笔】工具的属性栏如图 3-69 所示。

图3-69　【修复画笔】工具的属性栏

- 【源】：点选【取样】单选项，然后按住 Alt 键在适当的位置单击，可以将该位置的图像定义为取样点，以便用定义的样本来修复图像；点选【图案】单选项，可以单击其右侧的图案按钮，然后在打开的图案列表中选择一种图案来与图像混合，得到图案混合的修复效果。
- 【对齐】：勾选此复选框，将进行规则图像的复制，即多次单击或拖曳鼠标光标，最终将复制出一个完整的图像，若想再复制一个相同的图像，必须重新取样；若不勾选此项，则可进行不规则复制，即多次单击或拖曳鼠标光标，每次都会在相应位置复制一个新图像。

- 【样本】：设置从指定的图层中取样。选择【当前图层】选项时，是在当前图层中取样；选择【当前和下方图层】选项时，是从当前图层及其下方图层中的所有可见图层中取样；选择【所有图层】选项时，是从所有可见图层中取样；如激活右侧的【忽略调整图层】按钮，将从调整图层以外的可见图层中取样。选择【当前图层】选项时此按钮不可用。

（3）【修补】工具的属性栏如图 3-70 所示。

图3-70 【修补】工具的属性栏

- 【修补】：点选【源】单选项，将用图像中指定位置的图像来修复选区内的图像，即将鼠标光标放置在选区内，将其拖曳到用来修复图像的指定区域，释放鼠标左键后会自动用指定区域的图像来修复选区内的图像；点选【目标】单选项，将用选区内的图像修复图像中的其他区域，即将鼠标光标放置在选区内，将其拖曳到需要修补的位置，释放鼠标左键后会自动用选区内的图像来修复鼠标释放处的图像。
- 【透明】：勾选此复选框，在复制图像时，复制的图像将产生透明效果；不勾选此项，复制的图像将覆盖原来的图像。
- 使用图案 按钮：创建选区后，在右侧的图案列表中选择一种图案类型，然后单击此按钮，可以用指定的图案修补源图像。

（4）【内容感知移动】工具的属性栏如图 3-71 所示。

图3-71 【内容感知移动】工具的属性栏

- 【模式】：用于设置图像在移动过程中是移动还是复制。
- 【适应】：用于设置图像合成的完美程度，包括【非常严格】、【严格】、【中】、【松散】和【非常松散】选项。

（5）【红眼】工具的属性栏如图 3-72 所示。

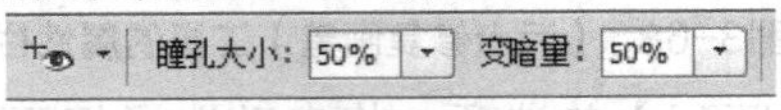

图3-72 【红眼】工具的属性栏

- 【瞳孔大小】：用于设置增大或减小受红眼工具影响的区域。
- 【变暗量】：用于设置校正的暗度。

利用【修补】工具和【修复画笔】工具来删除照片中的路灯和多余的人物，然后利用【内容感知移动】工具将人物图像移动到照片的中央位置。原照片与处理后的效果对比如图 3-73 所示。

图3-73 原照片与处理后的效果对比

【操作步骤】

STEP 1 打开素材文件中名为“母子.jpg”的图片文件，如图 3-74 所示。

STEP 2 选择【修补】工具，点选属性栏中的源单选项，然后在照片背景中的路灯上方位置拖曳鼠标光标绘制选区，如图 3-75 所示。

图3-74 打开的图片

图3-75 绘制的选区

STEP 3 在选区内按住鼠标左键向左侧位置拖曳，状态如图 3-76 所示，释放鼠标左键，即可利用选区移动到位置的背景图像覆盖路灯杆位置。删除选区后的效果如图 3-77 所示。

图3-76 修复图像时的状态

图3-77 修复后的图像效果

STEP 4 用相同的方法将下方的路灯杆选中，然后用其左侧的背景图像覆盖，效果如图 3-78 所示。

STEP 5 选择【缩放】工具，将多余人物的区域放大显示，然后选择【多边形套索】工具，并根据多余人物的轮廓绘制出图 3-79 所示的选区，注意与另一人物相交处的选区绘制。

图3-78 删除路灯杆后的效果

图3-79 绘制的选区

STEP 6 选择【修补】工具，将鼠标光标放置到选区中按下鼠标左键并向右移动，状态如图 3-80 所示，释放鼠标左键后，选区的图像即被替换，效果如图 3-81 所示。

图3-80 移动选区状态

图3-81 替换图像后的效果

由于利用【修补】工具得到的修复图像是利用目标图像来覆盖被修复的图像，且经过颜色重新匹配混合后得到的混合效果，因此有时会出现不能一次覆盖得到理想的效果的情况，这时可重复修复几次或利用其他工具进行弥补。

如图 3-81 所示，在人物衣服处，经过混合相邻的像素，出现了发白的效果。下面利用【修复画笔】工具来进行处理。

STEP 7 选择【修复画笔】工具，设置合适的笔头大小后，按住 Alt 键将鼠标光标移动到图 3-82 所示的位置并单击，拾取此处的像素。

STEP 8 将鼠标光标移动到选区内发白的位置，按下鼠标左键并拖曳，状态如图 3-83 所示，释放鼠标左键，即可修复。

图3-82 吸取像素的位置

图3-83 修复图像状态

STEP 9 用与步骤 7～8 相同的方法对膝盖边缘处的像素进行修复，然后按 Ctrl+D 组合键去除选区。

STEP 10 选择【内容感知移动】工具，在画面中根据人物的边缘拖曳鼠标，绘制出图 3-84 所示的选区。

STEP 11 按住 Shift 键，将鼠标光标移动到选区中，按下鼠标左键并向左拖曳，状态如图 3-85 所示。

图3-84 绘制的选区

图3-85 移动图像状态

STEP 12 释放鼠标左键后，系统即可自动检测图像，生成图 3-73 右图所示的图像效果。

STEP 13 按 Shift+Ctrl+S 组合键，将此文件另命名为“修复图像.jpg”保存。

任务四 图章工具应用

图章工具包括【仿制图章】工具和【图案图章】工具。

【知识准备】

- 【仿制图章】工具：此工具的功能是复制和修复图像，它通过在图像中按照设定的取样点来覆盖原图像或应用到其他图像中来完成图像的复制操作。【仿制图章】工具的使用方法为，选择工具后，先按住 Alt 键在图像中的取样点位置单击（单击的位置为复制图像的取样点），然后松开 Alt 键，将鼠标光标移动到需要修复的图像位置拖曳，即可对图像进行修复。如要在两个文件之间复制图像，两个图像文件的颜色模式必须相同，否则将不能执行复制操作。
- 【图案图章】工具：此工具的功能是快速地复制图案，使用的图案素材可以从属性栏中的【图案】选项面板中选择，用户也可以将自己喜欢的图像定义为图案后再使用。【图案图章】工具的使用方法为，选择工具后，根据用户需要在属性栏中设置【画笔】、【模式】、【不透明度】、【流量】、【图案】、【对齐】和【印象派效果】等选项和参数，然后在图像中拖曳鼠标光标即可。

（1） 【仿制图章】工具的属性栏如图 3-86 所示。

图3-86 【仿制图章】工具的属性栏

该工具的属性栏与【修复画笔】工具的属性栏相同，在此不再赘述。

（2） 【图案图章】工具的属性栏如图 3-87 所示。

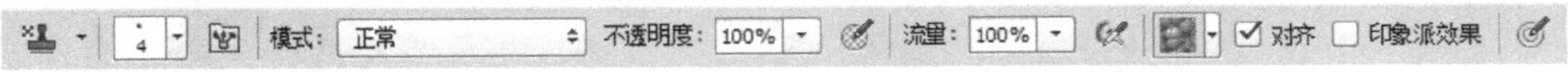

图3-87 【图案图章】工具的属性栏

- 【图案】图标：单击此图标，弹出【图案】选项面板，在此面板中可选择用于复制的图案。
- 【印象派效果】：勾选此复选框，可以绘制随机产生的印象色块效果。

（3） 定义图案。定义图案的具体操作为：在图像上使用【矩形选框】工具选择要作为图案的区域，执行【编辑】/【定义图案】命令，在弹出的【图案名称】对话框中输入图案的名称，单击 确定 按钮，即可将选区内的图像定义为图案。此时，在【图案】面板中即可显示定义的新图案。

> **知识提示**
>
> 在定义图案之前，也可以不绘制矩形选区直接将图像定义为图案，这样定义的图案是包含图像中所有图层内容的图案。另外，在利用【矩形选框】工具选择图像时，必须将属性栏中的【羽化】值设置为“0 px”，如果具有羽化值，则【定义图案】命令不可用。

1. **【仿制图章】工具应用**

利用【仿制图章】工具来处理图像，将横向照片制作为如图 3-88 所示竖向效果。

图3-88 原图及处理后的效果

【操作步骤】

STEP 1 打开素材文件中名为“小朋友.jpg”的图片文件。

STEP 2 选择【仿制图章】工具，按住 Alt 键，将鼠标光标移动到如图 3-89 所示的人物脸上单击设置取样点，然后将笔头大小设置为“90 像素”，并勾选【对齐】选项。

STEP 3 将鼠标光标水平向左移动到大约和取样点相同高度的位置，按下鼠标左键并拖曳，此时将按照设定的取样点来复制人物图像，状态如图 3-90 所示。

图3-89 设置取样点的位置

图3-90 复制图像时的状态

STEP 4 继续拖曳鼠标光标复制出人物的全部图像，效果如图 3-91 所示。

STEP 5 利用【矩形选框】工具创建如图 3-92 所示的矩形选区，然后执行【图像】/【裁剪】命令，将选区以外的图像裁剪掉。

图3-91 复制出的全部图像

图3-92 绘制的选区

STEP 6 按 Ctrl+D 组合键去除选区，即可完成图像的处理。

STEP 7 按Shift+Ctrl+S组合键，将此文件另命名为“处理图像.jpg”保存。

2. 【图案图章】工具应用

利用【图案图章】工具来制作图3-93所示的图案效果。

【操作步骤】

STEP 1 打开素材文件中名为“花纹.psd”的花卉图片，如图3-94所示。

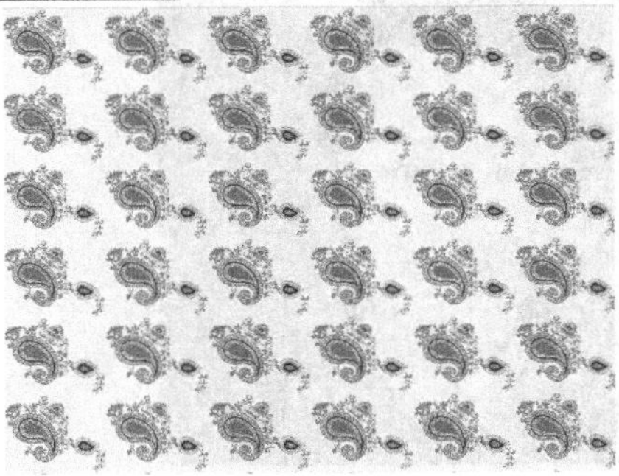

图3-93 复制出的图案效果

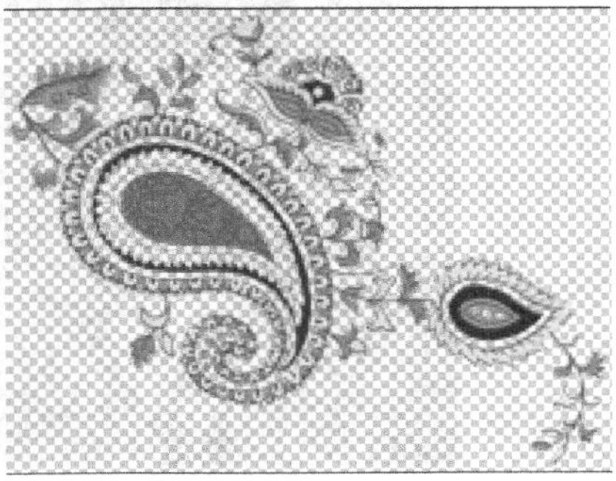

图3-94 选择的图案

STEP 2 执行【编辑】/【定义图案】命令，在弹出图3-95所示的【图案名称】对话框中单击确定按钮，将该图片定义为图案。

STEP 3 选择【图案图章】工具，单击属性栏中的按钮，在弹出的【图案选项】面板中选择图3-96所示的图案，然后勾选属性栏中的☑对齐复选框。

图3-95 【图案名称】对话框

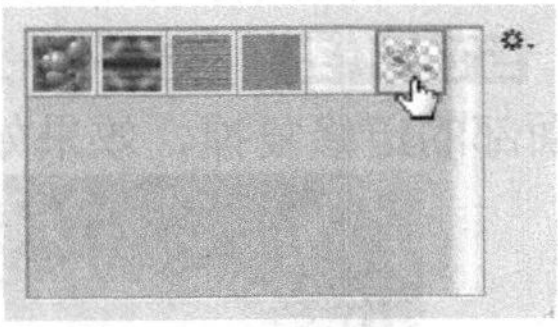

图3-96 选择的图案

STEP 4 新建一个【宽度】为“25 厘米”，【高度】为“20 厘米”，【分辨率】为“120像素/英寸”，【颜色模式】为“RGB颜色”，【背景内容】为“白色”的文件。

STEP 5 新建“图层 1”，在【图案图章】工具属性栏中设置好合适的画笔直径后在画面中按下鼠标左键并拖曳鼠标光标复制图案，复制出的图案如图3-97所示。

STEP 6 将“背景”层设置为当前层，并为其填充上淡黄色（R:255,G:238,B:212），效果如图3-98所示。

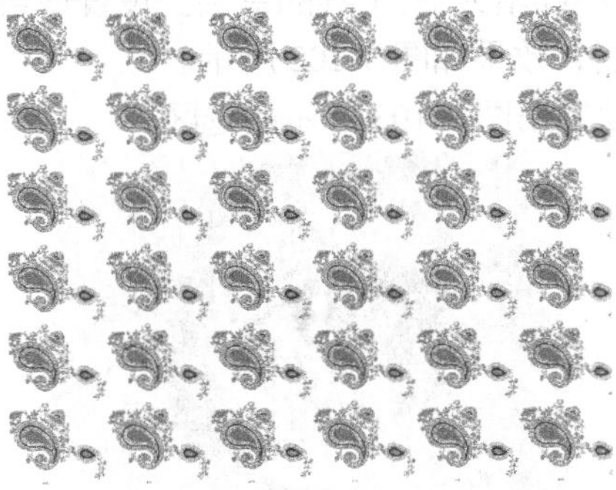

图3-97 复制出的图案

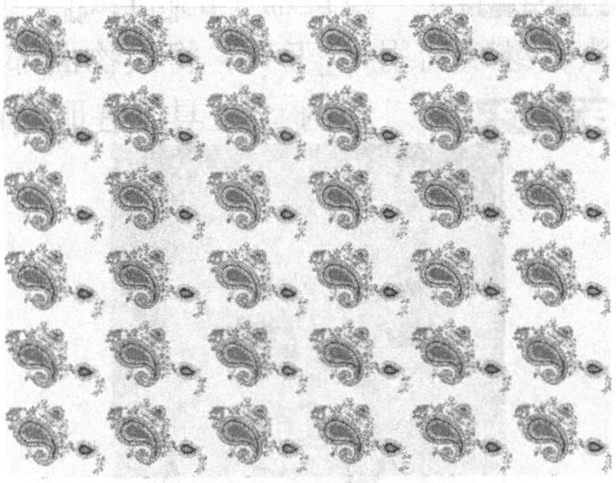

图3-98 填充颜色后的效果

STEP 7 按Ctrl+S组合键，将此文件命名为“复制图案.jpg”保存。

项目实训 面部美容

下面灵活运用各种修复工具对人物的面部进行美容。原图片及处理后的效果对比如图3-99所示。

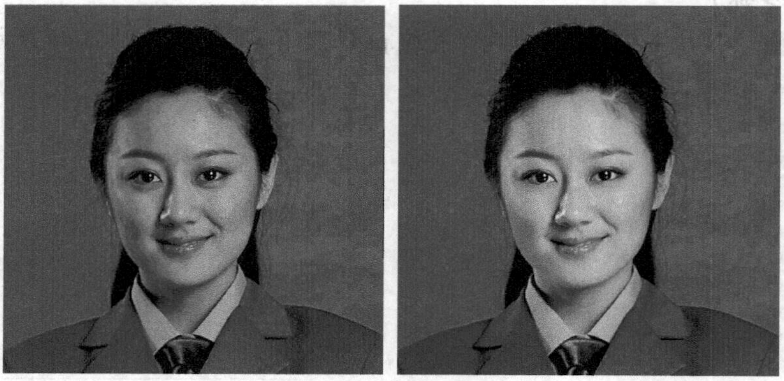

图3-99 原图片及处理后的效果对比

【操作步骤】

STEP 1 打开素材文件中名为“人物01.jpg”的图片文件。

STEP 2 选择工具，在人物面部的左上角位置按下鼠标左键并向右下方拖曳，将人物面部的图像局部放大显示。

STEP 3 选择工具，将鼠标光标移动到面部如图3-100所示的痘位置单击左键，将面部的痘修复掉，效果如图3-101所示。

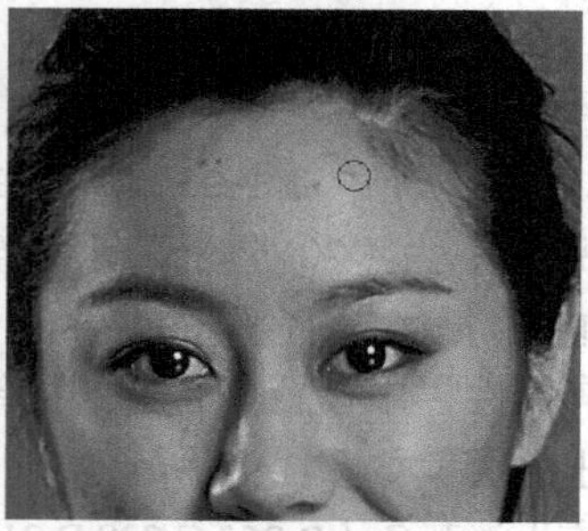

图3-100 单击的位置

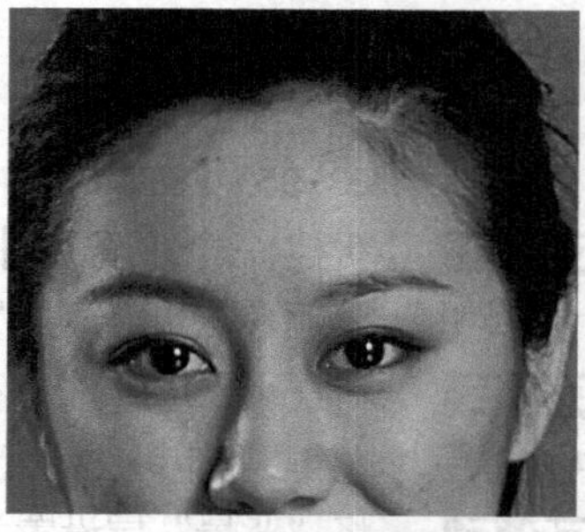

图3-101 修复后的效果

STEP 4 按键盘中的[键或]键可以快速地减小或增大工具的笔头。设置适当大小的笔头，继续利用工具，将人物面部中的痘痘修复，效果如图3-102所示。

STEP 5 利用工具，在眼睛的下方位置绘制出图3-103所示的选区。

图3-102 修复后的效果

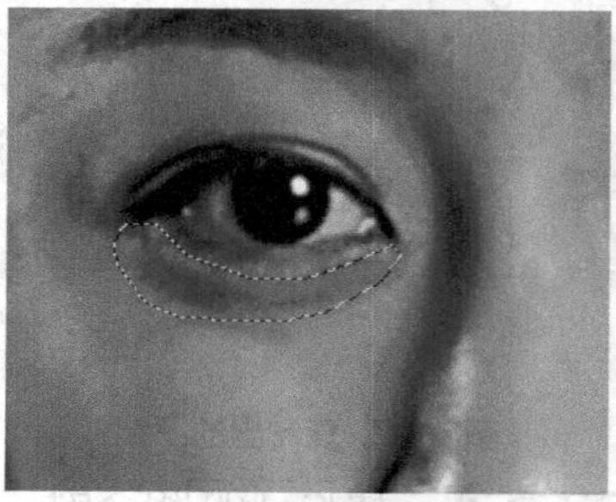

图3-103 绘制的选区

STEP 6 选择工具，确认选项栏中点选【源】选项，将鼠标光标移动到选取内，按住鼠标左键向下拖动，此时即可用右边的图像替换选区内的图像，状态如图 3-104 所示。

STEP 7 目标位置图像覆盖选取的图像，效果如图 3-105 所示，然后按 Ctrl+D 组合键，将选区去除。

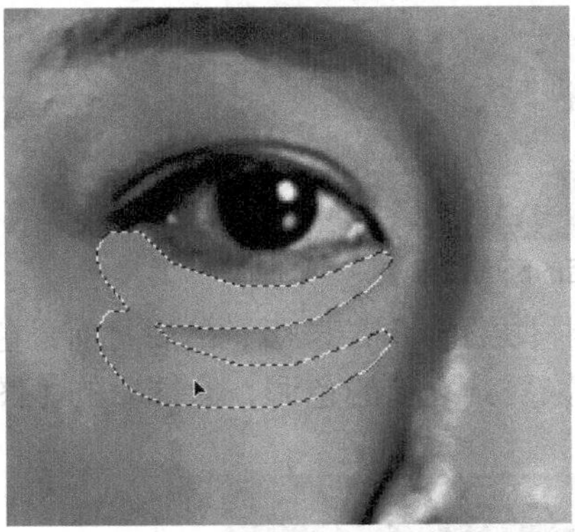

图3-104 移动选区时的状态

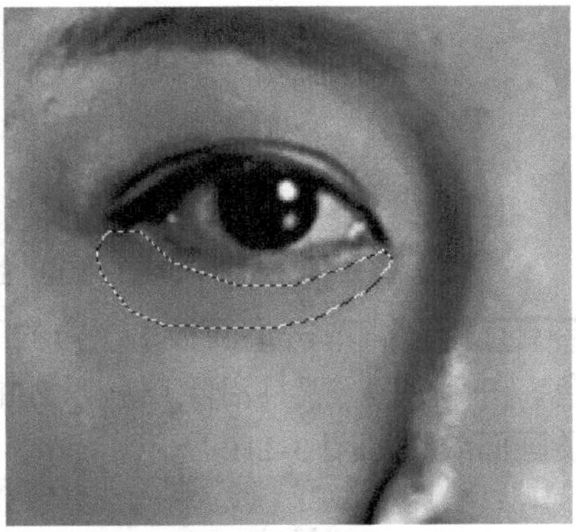

图3-105 修复后的效果

STEP 8 选择工具，在属性栏中点选 取样 单选项，然后按住 Alt 键，将鼠标光标移动到如图 3-106 所示的图像位置单击，设置取样点。

STEP 9 释放 Alt 键，在眼睛下方位置按下鼠标左键并拖曳，修复眼袋，修复状态及修复后的效果如图 3-107 所示。

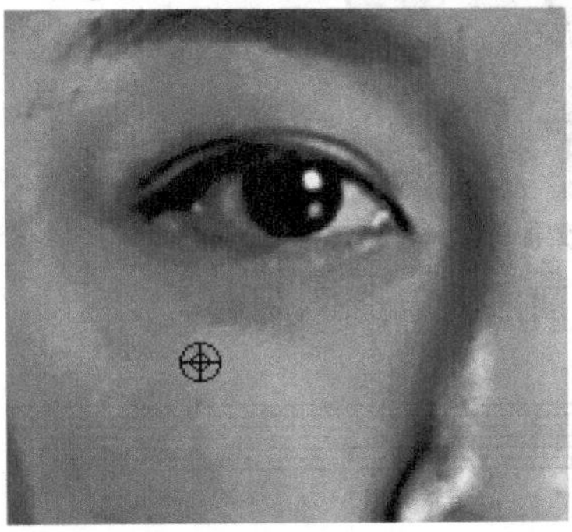

图3-106 鼠标光标单击的位置

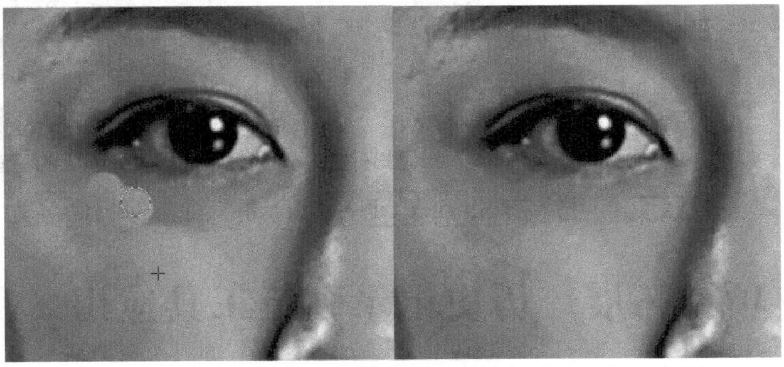

图3-107 修复眼袋时的状态及效果

STEP 10 用与步骤 5～9 相同的方法，继续利用工具，对人物右侧眼袋进行修复，在修复过程中根据需要随时设置取样点，修复后的效果如图 3-108 所示。

至此，面部美容已操作完成，下面对人物的皮肤进行调亮处理。

STEP 11 在【图层】面板中单击下方的按钮，在弹出的列表中选择【曲线】命令，在再次弹出的【属性】控制面板中，将鼠标光标移动到曲线显示框中曲线的中间位置按下并稍微向上拖曳，即可对图像进行调整，曲线形态及调亮后的画面效果如图 3-109 所示。

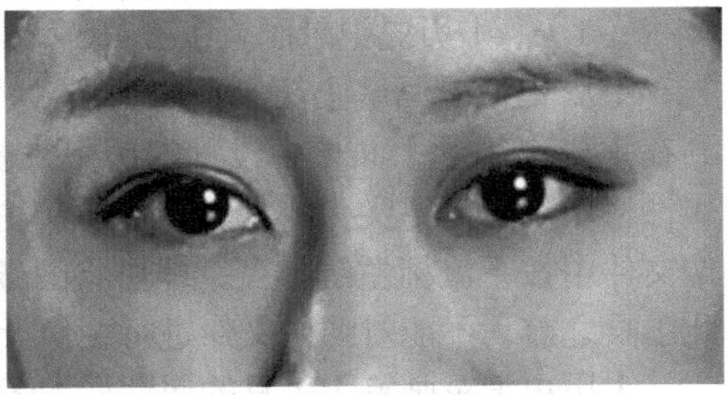

图3-108 修复后的效果

图3-109　曲线形态及调亮后的画面效果

STEP 12 单击【面板】下方的 按钮，为调整层添加图层蒙版，然后将前景色设置为黑色，并利用 工具沿除皮肤以外的图像拖曳，恢复其之前的色调，涂抹后的【图层】面板及画面效果如图 3-110 所示。

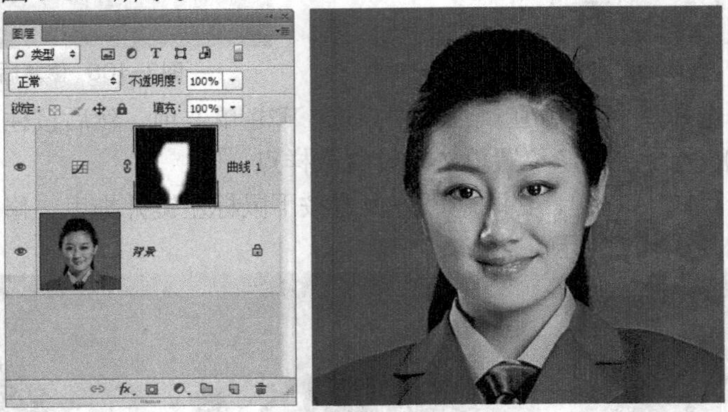

图3-110　【图层】面板及处理后的画面效果

STEP 13 按 Shift+Ctrl+S 组合键，将文件另命名为"面部美容.psd"保存。

项目拓展　历史记录画笔工具应用

历史记录画笔工具包括【历史记录画笔】工具 和【历史记录艺术画笔】工具 。【历史记录画笔】工具的主要功能是恢复图像。【历史记录艺术画笔】工具的主要功能是用不同的色彩和艺术风格模拟绘画的纹理对图像进行处理。

（1）　【历史记录画笔】工具。

【历史记录画笔】工具 是一个恢复图像历史记录的工具，可以将编辑后的图像恢复到在【历史记录】面板中设置的历史恢复点位置。当图像文件被编辑后，选择 工具，在属性栏中设置好笔尖大小、形状和【历史记录】面板中的历史恢复点，将鼠标光标移动到图像文件中按下鼠标左键拖曳，即可将图像恢复至历史恢复点所在位置时的状态。注意，使用此工具之前，不能对图像文件进行图像大小的调整。

【历史记录画笔】工具的属性栏如图 3-111 所示。这些选项在前面介绍其他工具时已经全部讲过了，此处不再重复。

图3-111 【历史记录画笔】工具属性栏

（2）【历史记录艺术画笔】工具。

利用【历史记录艺术画笔】工具可以给图像加入绘画风格的艺术效果，表现出一种画笔的笔触质感。选择此工具，在图像上拖曳鼠标光标即可完成非常漂亮的艺术图像制作。

【历史记录艺术画笔】工具的属性栏如图 3-112 所示。

图3-112 【历史记录艺术画笔】工具属性栏

- 【样式】选项：设置【历史记录艺术画笔】工具的艺术风格。选择各种艺术风格选项，绘制的图像效果如图 3-113 所示。
- 【区域】选项：指应用【历史记录艺术画笔】工具所产生艺术效果的感应区域。数值越大，产生艺术效果的区域越大；反之，区域越小。
- 【容差】选项：限定原图像色彩的保留程度。数值越大图像色彩与原图越接近。

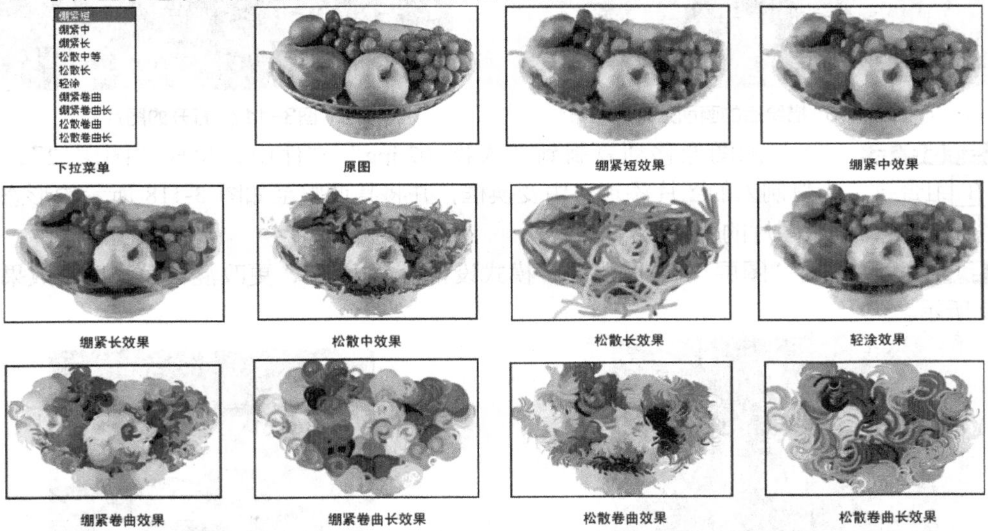

图3-113 选择不同的样式产生的不同效果

下面灵活运用【历史记录艺术画笔】工具来将图像制作成油画效果，原图像及制作的油画效果如图 3-114 所示。

图3-114 原图像及制作的油画效果

【操作步骤】

STEP 1 打开素材文件中名为“人物 02.jpg”的图片文件。

STEP 2 按 Ctrl+J 组合键，将“背景”层通过复制生成“图层 1”，然后选择工具，并设置属性栏中的选项及参数如图 3-115 所示。

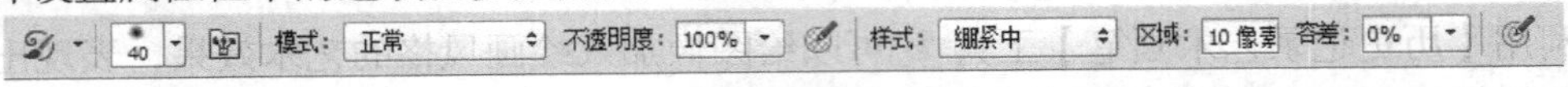

图3-115 【历史记录艺术画笔】工具的属性栏

STEP 3 在画面中按住鼠标左键拖曳，将画面描绘成如图 3-116 所示的效果。

STEP 4 打开素材文件中名为“笔触.jpg”的图片文件，如图 3-117 所示。

图3-116 描绘后的画面效果

图3-117 打开的图片

STEP 5 将笔触图像移动复制到“人物 02.jpg”文件中，生成“图层 2”，再按 Ctrl+T 组合键，为复制入的图片添加自由变换框，并将其调整至如图 3-118 所示的形态，然后按 Enter 键，确认图片的变换操作。

STEP 6 将“图层 ”的图层混合模式设置为“柔光”，更改混合模式后的效果如图 3-119 所示。

图3-118 调整后的图片形态

图3-119 更改混合模式后的效果

STEP 7 按 Ctrl+U 组合键，在弹出的【色相/饱和度】对话框中设置参数如图 3-120 所示，然后单击 确定 按钮，调整后的图像效果如图 3-121 所示。

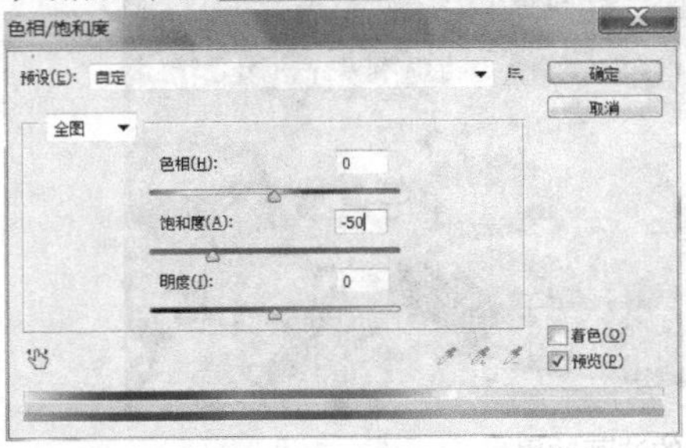

图3-120 【色相/饱和度】对话框

图3-121 调整后的图像效果

STEP 8 按 Shift+Ctrl+S 组合键，将文件另命名为“制作油画效果.psd”保存。

习题

1. 打开素材图片“绿色背景.jpg”和“黄花.jpg”文件，然后灵活运用选区工具及本项目学习的【渐变】工具和【画笔】工具，制作出如图 3–122 所示的漂亮壁纸。

图3–122 制作的漂亮壁纸

2. 打开素材图片“老照片.jpg”文件，用本项目介绍的修复工具对其进行修复，原图与修复后的效果如图 3–123 所示。

图3–123 图片素材与删除污点后的效果

项目四 路径和矢量图形工具的应用

PART 4

由于使用路径和矢量图形工具可以绘制较为精确的图形，且易于操作，因此在实际工作中它们被广泛应用。路径的功能非常强大，特别是在特殊图像的选择与复杂图案的绘制方面，路径工具具有较强的灵活性。本项目将介绍有关路径和矢量图形工具，以及各种编辑路径工具。

知识技能目标

- 掌握路径的构成。
- 掌握【钢笔】工具的应用。
- 掌握【自由钢笔】工具的应用。
- 掌握【添加锚点】工具和【删除锚点】工具的应用。
- 掌握【转换点】工具的应用。
- 掌握【路径选择】工具的应用。
- 掌握【直接选择】工具的应用。
- 掌握【路径】面板的使用。
- 掌握各种矢量图形工具的应用。

任务一　选择背景中的人物

路径工具是一种矢量绘图工具，主要包括【钢笔】、【自由钢笔】、【添加锚点】、【删除锚点】、【转换点】、【路径选择】和【直接选择】工具，利用这些工具可以精确地绘制直线或光滑的曲线路径，并可以对它们进行精确的调整。

【知识准备】

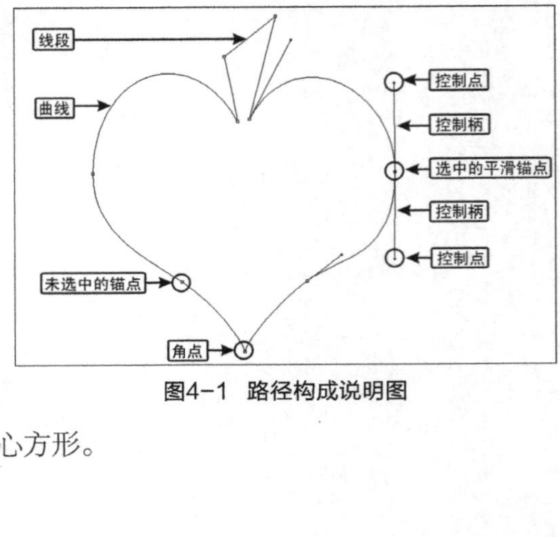

图4-1　路径构成说明图

路径是由一条或多条线段、曲线组成的，每一段都有锚点标记，通过编辑路径的锚点，可以很方便地改变路径的形状。路径的构成说明图如图 4-1 所示。其中角点和平滑点都属于路径的锚点，选中的锚点显示为实心方形，而未选中的锚点显示为空心方形。

在曲线路径上，每个选中的锚点将显示一条或两条调节柄，调节柄以控制点结束。调节柄和控制点的位置决定曲线的大小和形状，移动这些元素将改变路径中曲线的形状。

知识提示 **路径不是图像中的真实像素，而只是一种矢量绘图工具绘制的线形或图形，对图像进行放大或缩小调整时，路径不会产生影响。**

1. 命令简介

- 【钢笔】工具：利用此工具在图像文件中依次单击，可以创建直线路径；拖曳鼠标光标可以创建平滑流畅的曲线路径；将鼠标光标移动到第一个锚点上，当笔尖旁出现小圆圈时单击可创建闭合路径；在未闭合路径之前按住 Ctrl 键在路径外单击，可完成开放路径的绘制。在绘制直线路径时，按住 Shift 键，可以限制在 45° 角的倍数方向绘制路径；在绘制曲线路径时，确定锚点后，按住 Alt 键拖曳鼠标光标可以调整控制点。释放 Alt 键和鼠标左键，重新移动鼠标光标至合适的位置拖曳，可创建锐角的曲线路径。
- 【自由钢笔】工具：选择此工具后，在图像文件中按下鼠标左键并拖曳，沿着鼠标光标的移动轨迹将自动添加锚点生成路径。当鼠标光标回到起始位置时，右下角会出现一个小圆圈，此时释放鼠标左键即可创建闭合钢笔路径。鼠标光标回到起始位置之前，在任意位置释放鼠标左键可以绘制一条开放路径；按住 Ctrl 键释放鼠标左键，可以在当前位置和起点之间生成一条线段，从而闭合路径。另外，在绘制路径的过程中，按住 Alt 键单击，可以绘制直线路径；拖曳鼠标光标可以绘制自由路径。
- 【添加锚点】工具：选择此工具后，将鼠标光标移动到要添加锚点的路径上，当鼠标光标显示为符号时单击，即可在路径的单击处添加锚点，此时不会更改路径的形状。如在单击的同时拖曳鼠标光标，可在路径的单击处添加锚点，并可以更改路径的形状。
- 【删除锚点】工具：选择此工具后，将鼠标光标移动到要删除的锚点上，当鼠标光标显示为符号时单击，即可将路径上单击的锚点删除，此时路径的形状将重新调整以适合其余的锚点。在路径的锚点上单击后并拖曳鼠标光标，可重新调整路径的形状。
- 【转换点】工具：可以使锚点在角点和平滑点之间切换，并可以调整调节柄的长度和方向，以确定路径的形状。将鼠标光标放置到角点位置按下鼠标左键并拖曳，可将角点转换为平滑点；将鼠标光标放置到平滑点上单击，可将平滑点转换为角点。另外，利用【转换点】工具调整带调节柄平滑点一侧的控制点，可以调整锚点一侧的曲线路径形状；按住 Ctrl 键调整，可以同时调整平滑点两侧的路径形状；按住 Ctrl 键在锚点上拖曳鼠标光标，可以移动该锚点的位置。
- 【路径选择】工具：主要用于编辑整个路径，包括选择、移动、复制、变换、组合以及对齐和分布等。在使用其他路径工具时，按住 Ctrl 键并将鼠标光标移动到路径上，可暂时切换为【直接选择】工具。利用工具单击路径，路径上的锚点将显示为黑色，表示该路径被选择；若要选择多个路径，可以按住 Shift 键依次单击路径，即可将多个路径同时选择。另外，按住鼠标左键拖曳鼠标光标，可以将选择框接触到的路径全部选择。在选择的路径上按下鼠标左键并拖曳，路径将随鼠标光标而移动，释放鼠标左键后即可将其移动到一个新位置；移动路径时，如按住 Alt 键，鼠标光标右下角会出现一个“+”符号，此时拖曳鼠标光标，即可复制路径。利用【路径选择】工具将路径拖曳到另一幅图像文件中，待鼠标光标显示为形状时释放鼠标左键，即可将该路径复制到其他文件中。

- 【直接选择】工具：用于编辑路径中的锚点和线段。利用工具在路径中的锚点上单击，可将其选择，锚点被选择后将显示为黑色；按住 Shift 键依次单击其他锚点，可以同时选择多个锚点。按住 Alt 键在路径上单击，可以选择整条路径。另外，在要选择的锚点周围拖曳鼠标光标，可以将选择框包含的锚点选中；利用工具选择锚点，然后按住鼠标左键并拖曳，即可将锚点移动到新的位置。利用工具拖曳两个锚点之间的路径，可改变路径的形状。

2. 使用路径工具

使用路径工具，可以轻松绘制出各种形式的矢量图形和路径，具体绘制图形还是路径，取决于属性栏中左侧的选项。

- 形状：选择此选项，可以创建用前景色填充的图形，同时在【图层】面板中自动生成包括图层缩览图和矢量蒙版缩览图的形状层，并在【路径】面板中生成矢量蒙版。双击图层缩览图可以修改形状的填充颜色。当路径的形状调整后，填充的颜色及添加的效果会跟随一起发生变化。
- 路径：选择此选项，可以创建普通的工作路径，此时【图层】面板中不会生成新图层，仅在【路径】面板中生成工作路径。
- 像素：选择此选项，可以绘制用前景色填充的图形，但不在【图层】面板中生成新图层，也不在【路径】面板中生成工作路径。注意，使用【钢笔】工具时此选项显示为灰色，只有在使用【矢量形状】工具时才可用。

3. 属性栏

（1）【钢笔】工具的属性栏。

在属性栏中选择不同的绘制类型时，其属性栏也各不相同。当选择 路径 选项时，其属性栏如图 4-2 所示。

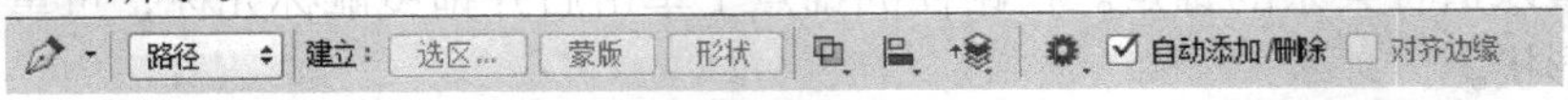

图4-2 【钢笔】工具的属性栏

- 【建立】选项：是 Photoshop CS6 新增加的选项，可以使路径与选区、蒙版和形状间的转换更加方便、快捷。绘制完路径后，右侧的按钮才变得可用。单击 选区... 按钮，可将当前绘制的路径转换为选区；单击 蒙版 按钮，可创建图层蒙版；单击 形状 按钮，可将绘制的路径转换为形状图形，并以当前的前景色填充。

> 知识提示
>
> 注意 蒙版 按钮只有在普通层上绘制路径后才可用，如在背景层或形状层上绘制路径，该选项显示为灰色。

- 运算方式：单击此按钮，在弹出的下拉列表中选择选项，可对路径进行相加、相减、相交或反交运算，该按钮的功能与选区运算相同。
- 路径对齐方式：可以设置路径的对齐方式，当有两条以上的路径被选择时才可用。
- 路径排列方式：设置路径的排列方式。

- 【选项】按钮，单击此按钮，将弹出【橡皮带】选项，勾选此复选框，在创建路径的过程中，移动鼠标光标时，会显示路径轨迹的预览效果。
- 【自动添加/删除】选项：在使用【钢笔】工具绘制图形或路径时，勾选此复选框，【钢笔】工具将具有【添加锚点】工具和【删除锚点】工具的功能。
- 【对齐边缘】选项：将矢量形状边缘与像素网格对齐，只有选择形状时该选项才可用。

（2）【自由钢笔】工具属性栏。

【自由钢笔】工具的属性栏与【钢笔】工具的属性栏基本相同，只是将【自动添加/删除】选项变成了【磁性的】选项。勾选此复选框，【自由钢笔】工具将具有磁性功能，可以像【磁性套索】工具一样自动查找不同颜色的边缘。

单击按钮，将弹出【自由钢笔选项】面板，如图 4-3 所示。在该面板中可以定义路径对齐图像边缘的范围和灵敏度以及所绘路径的复杂程度。

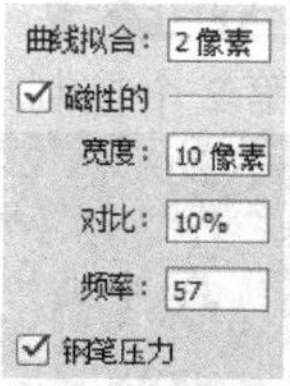

图4-3 【自由钢笔选项】面板

- 【曲线拟合】：用于控制生成的路径与鼠标光标移动轨迹的相似程度。数值越小，路径上产生的锚点越多，路径形状越接近鼠标光标的移动轨迹。
- 【磁性的】：其下的【宽度】、【对比】和【频率】分别用于控制产生磁性的宽度范围、查找颜色边缘的灵敏度和路径上产生锚点的密度。
- 【钢笔压力】：如果计算机连接了外接绘图板绘画工具，勾选此复选框，将应用绘图板的压力更改钢笔的宽度，从而决定自由钢笔绘制路径的精确程度。

（3）【路径选择】工具属性栏。

【路径选择】工具的属性栏如图 4-4 所示。

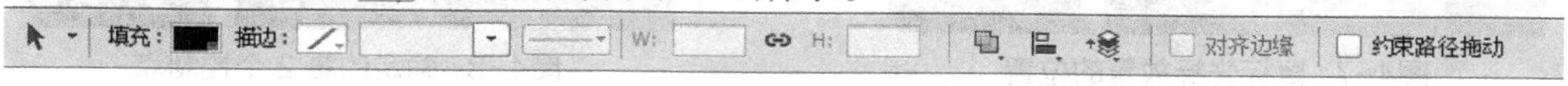

图4-4 【路径选择】工具的属性栏

- 当选择形状图形时，【填充】和【描边】选项才可用，用于对选择形状图形的填充颜色和描边颜色进行修改，同时还可设置描边的宽度及线形。
- 【W】和【H】选项：用于设置选择形状的宽度及高度，激活按钮，将保持长宽比例。
- 【约束路径拖动】选项：默认情况下，利用工具调整路径的形态时，锚点相邻的边也会做整体调整；当勾选此复选框后，将只能对两个锚点之间的线段做调整。

利用【钢笔】工具选择背景中的人物图像，然后将其移动到另一个场景中，合成如图 4-5 所示的效果。

【操作步骤】

STEP 1 打开素材文件中名为"人物.jpg"的图片文件。

在使用工具选择图像或去除图像的背景时，为了操作更加快捷和方便，选择的图像更加精确，可以先将图像窗口设置为全屏模式显示。

STEP 2 按两次 F 键，将窗口切换成全屏模式显示，将鼠标光标移动到工作界面左侧，此时将弹出工具箱。

STEP 3 选择【缩放】工具，将人物头部区域放大显示，然后利用【抓手】工具，在画面中按下鼠标左键并拖曳，将画面调整至如图 4-6 所示的显示状态。

图4-5 合成后的图像效果

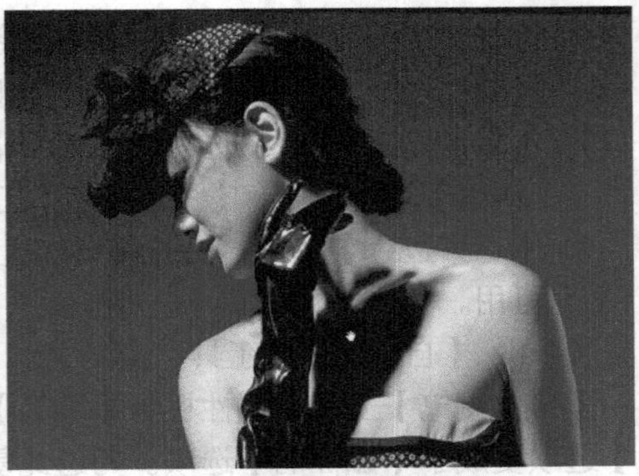

图4-6 调整后的图像显示状态

STEP 4 选择【钢笔】工具，在属性栏中选择 路径 选项，再将鼠标光标移动到如图 4-7 所示的位置。

STEP 5 单击确定起始点的位置，然后移动鼠标光标，在图像边缘的转折处单击，确定第 2 个控制点的位置，如图 4-8 所示。

图4-7 鼠标光标放置的位置

图4-8 确定的第 2 个控制点

STEP 6 用相同的方法，根据人物图像的边缘依次添加控制点。

> **知识提示**
>
> 由于画面放大显示了，所以只能看到画面中的部分图像，在添加路径控制点时，当绘制到窗口的边缘位置后就无法再继续添加了，如图 4-9 所示。此时可以按住空格键，将当前工具暂时切换成【抓手】工具，平移图像后再进行路径的绘制。

STEP 7 按住空格键，此时鼠标光标变为抓手形状，按住鼠标左键向上拖曳，平移图像在窗口中的显示位置，如图 4-10 所示。

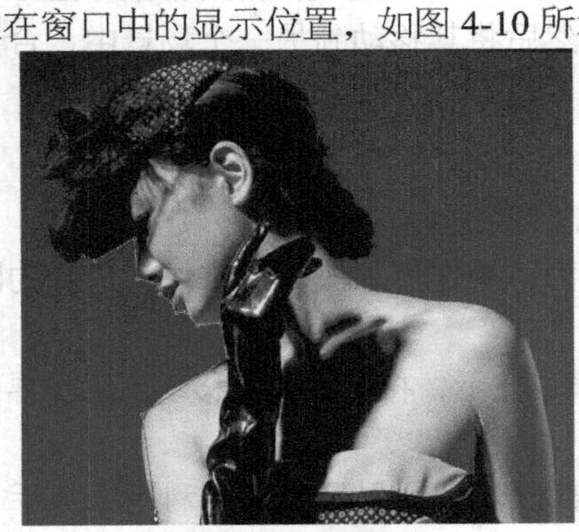

图4-9 添加的控制点

图4-10 平移图像时的状态

STEP 8 释放空格键，鼠标光标变为钢笔形状，继续单击进行路径的绘制。

STEP 9 当绘制路径的终点与起点重合时，在鼠标光标的右下角将出现一个圆圈，如图 4-11 所示，此时单击即可将路径闭合，闭合后的路径如图 4-12 所示。

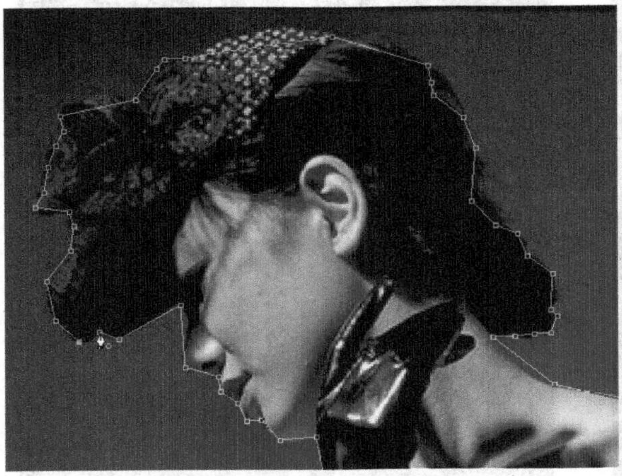

图4-11 显示的小圆圈

图4-12 绘制的路径

接下来利用[N]工具对绘制的路径进行圆滑调整。

STEP 10 选择【转换点】工具[N]，将鼠标光标放置在路径的控制点上，按住鼠标左键并拖曳，此时出现两条控制柄，如图 4-13 所示。

STEP 11 调整控制柄使路径平滑后释放鼠标左键。此时，如将鼠标光标放置在其中一个控制柄上再进行拖曳调整，另外一个控制柄会被锁定。

> **知识提示** 如果控制点添加的位置没有紧贴于图像轮廓上，可以按住 Ctrl 键，将鼠标光标放置在控制点上拖曳，调整其位置。

STEP 12 用同样的方法，利用[N]工具对路径上的其他控制点进行调整，调整控制点时同样会出现两个对称的控制柄，如图 4-14 所示。

图4-13 出现的两条控制柄

图4-14 调整控制点时的状态

STEP 13 利用工具对控制点依次进行调整，使路径紧贴人物的轮廓边缘，如图 4-15 所示。

STEP 14 打开【路径】面板，单击路径面板底部的按钮，将路径转换为选区，如图 4-16 所示。

图4-15 路径调整的最终效果

图4-16 生成的选区

STEP 15 打开素材文件中名为“背景.jpg”的图片文件，如图 4-17 所示。

STEP 16 将“人物.jpg”文件设置为工作状态，然后利用工具将选区中的“人物”移动复制到“背景.jpg”文件中，并调整至如图 4-18 所示的大小及位置。

图4-17 打开的背景图片

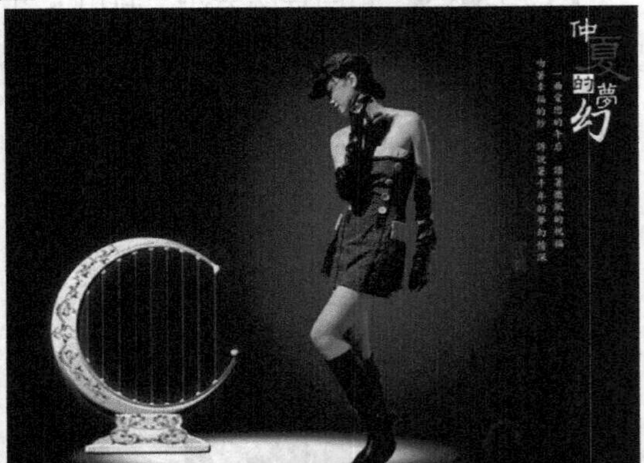

图4-18 图像调整后的大小及位置

STEP 17 按 Shift+Ctrl+S 组合键，将此文件命名为“选取图像.psd”进行另存。

任务二 炫光效果制作

【路径】面板主要用于显示绘图过程中存储的路径、工作路径和当前矢量蒙版的名称及缩略图，并可以快速地在路径和选区之间进行转换、用设置的颜色为路径描边或在路径中填充前景色等。【路径】面板如图 4-19 所示。

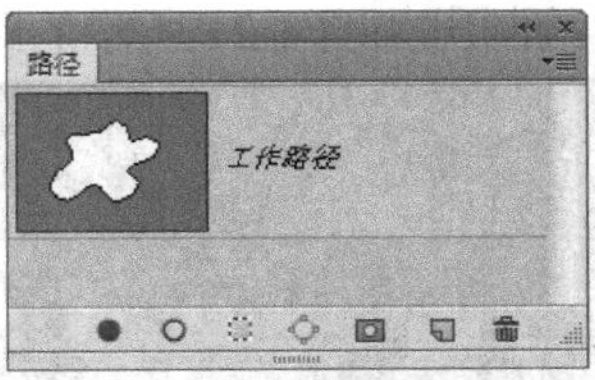

图4-19 【路径】面板

【知识准备】

下面介绍【路径】面板中各按钮的功能。

- 【用前景色填充路径】按钮：单击此按钮，将以前景色填充创建的路径。
- 【用画笔描边路径】按钮：单击此按钮，将以前景色为创建的路径进行描边，其描边宽度为一个像素。
- 【将路径作为选区载入】按钮：单击此按钮，可以将创建的路径转换为选区。
- 【从选区生成工作路径】按钮：确认图形文件中有选区，单击此按钮，可以将选区转换为路径。
- 【添加蒙版】按钮：当页面中有路径的情况下单击此按钮，可为当前层添加图层蒙版，如当前层为背景层，将直接转换为普通层。当页面中有选区的情况下单击此按钮，将以选区的形式添加图层蒙版，选区以外的图像会被隐藏。
- 【新建新路径】按钮：单击此按钮，可在【路径】面板中新建一个路径。若【路径】面板中已经有路径存在，将鼠标光标放置到创建的路径名称处，按下鼠标左键向下拖曳至此按钮处释放鼠标，可以完成路径的复制。
- 【删除当前路径】按钮：单击此按钮，可以删除当前选择的路径。

1. 存储工作路径

默认情况下，利用【钢笔】工具或矢量形状工具绘制的路径是以“工作路径”形式存在的。工作路径是临时路径，如果取消其选择状态，当再次绘制路径时，新路径将自动取代原来的工作路径。如果工作路径在后面的绘图过程中还要使用，应该保存路径以免丢失。存储工作路径有以下两种方法。

在【路径】面板中，将鼠标光标放置到“工作路径”上按下鼠标左键并向下拖曳，至按钮释放鼠标左键，即可将其以“路径 1”名称为其命名，且保存路径。

选择要存储的工作路径，然后单击【路径】面板右上角的按钮，在弹出的菜单中选择【存储路径】命令，弹出【存储路径】对话框，将工作路径按指定的名称存储。

多学一招

在绘制路径之前，单击【路径】面板底部的按钮或者按住 Alt 键单击按钮创建一个新路径，然后再利用【钢笔】或矢量形状工具绘制，系统将自动保存路径。

2. 路径的显示和隐藏

在【路径】面板中单击相应的路径名称，可将该路径显示。单击【路径】面板中的灰色区域或在路径没有被选择的情况下按 Esc 键，可将路径隐藏。

利用路径工具绘制路径，然后利用【路径】面板中的按钮，并结合【画笔】工具制作出如图 4-20 所示的炫光效果。

【操作步骤】

STEP 1 将任务一中合成的“选取图像.psd”文件打开，然后利用[钢笔]工具和[箭头]工具绘制出如图 4-21 所示的路径。

图4-20 制作的炫光效果

图4-21 绘制的路径

STEP 2 选择[画笔]工具，然后单击属性栏中的[切换画笔面板]按钮，在弹出的【画笔】面板中依次设置选项及参数，如图 4-22 所示。

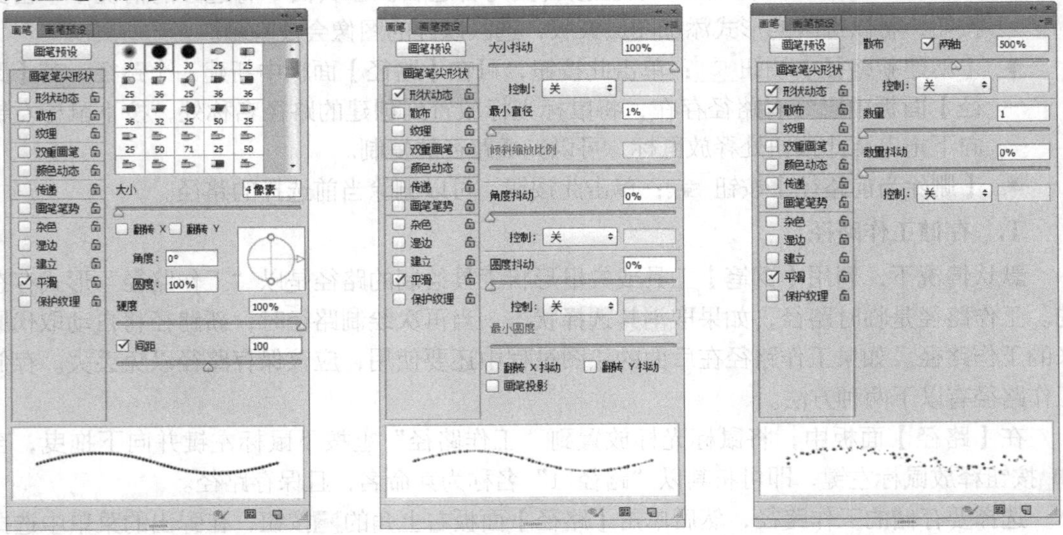

图4-22 设置的画笔参数

STEP 3 新建“图层 2”，然后将前景色设置为白色。

STEP 4 打开【路径】面板，单击下方的[○]按钮，利用设置的画笔笔头描绘路径，效果如图 4-23 所示。

STEP 5 再次将【画笔】面板调出，并单击左侧的【画笔笔尖形状】选项，然后将右侧【大小】的参数设置为“10 像素”；【间距】的参数设置为“500”。

STEP 6 在【路径】面板中，再次单击下方的[○]按钮，用设置好的画笔为路径描绘，描绘后的效果如图 4-24 所示。

图4-23 描绘路径后的效果

图4-24 再次描绘路径后的效果

STEP 7 打开【路径】面板，在面板中的空白处单击，将路径隐藏，然后选择【橡皮擦】工具，设置合适的笔头大小后，擦除应该被身体挡住的光环，效果如图4-25所示。

图4-25 擦除部分光环后的效果

STEP 8 确认“图层 2”为工作层，执行菜单栏中的【图层】/【图层样式】/【外发光】命令，在弹出的【图层样式】对话框中设置参数如图4-26所示。

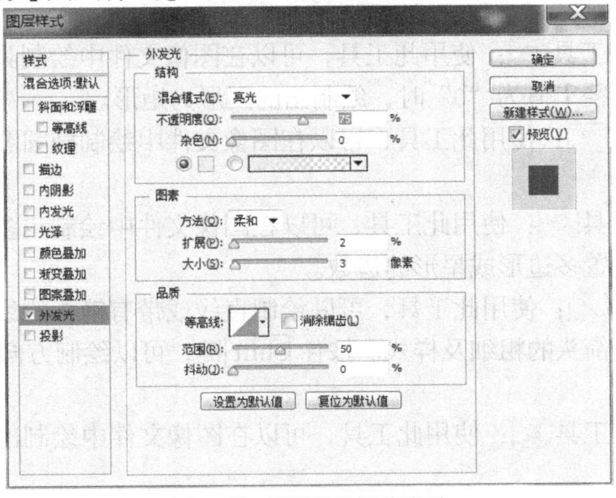

图4-26 设置的外发光参数

STEP 9　单击 确定 按钮，添加外发光后的炫光效果如图 4-27 所示。

图4-27　制作的炫光效果

STEP 10　按 Shift+Ctrl+S 组合键，将此文件命名为“炫光效果.psd”另存。

任务三　矢量图形工具应用

矢量图形工具主要包括【矩形】工具、【圆角矩形】工具、【椭圆】工具、【多边形】工具、【直线】工具和【自定形状】工具。它们的使用方法非常简单，选择相应的工具后，在图像文件中拖曳鼠标光标，即可绘制出需要的矢量图形。

【知识准备】

- 【矩形】工具：使用此工具，可以在图像文件中绘制矩形。按住 Shift 键可以绘制正方形。
- 【圆角矩形】工具：使用此工具，可以在图像文件中绘制具有圆角的矩形。当属性栏中的【半径】值为“0”时，绘制出的图形为矩形。
- 【椭圆】工具：使用此工具，可以在图像文件中绘制椭圆图形。按住 Shift 键，可以绘制圆形。
- 【多边形】工具：使用此工具，可以在图像文件中绘制正多边形或星形。在其属性栏中可以设置多边形或星形的边数。
- 【直线】工具：使用此工具，可以绘制直线或带有箭头的线段。在其属性栏中可以设置直线或箭头的粗细及样式。按住 Shift 键，可以绘制方向为 45° 倍数的直线或箭头。
- 【自定形状】工具：使用此工具，可以在图像文件中绘制出各类不规则的图形和自定义图案。

1.　【矩形】工具

当工具处于激活状态时，单击属性栏中的按钮，系统弹出如图 4-28 所示的【矩形选项】面板。

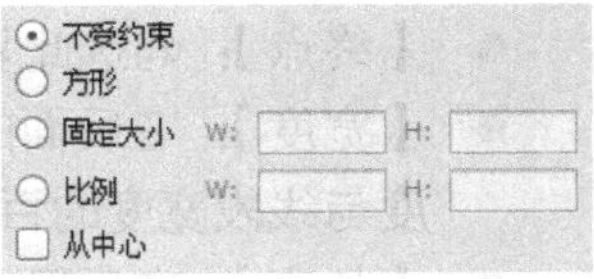

图4-28　【矩形选项】面板

- 【不受约束】：点选此单选项后，在图像文件中拖曳鼠标可以绘制任意大小和任意长宽比例的矩形。
- 【方形】：点选此单选项后，在图像文件中拖曳鼠标可以绘制正方形。
- 【固定大小】：点选此单选项后，在后面的文本框中设置固定的长宽值，再在图像文件中拖曳鼠标，只能绘制固定大小的矩形。
- 【比例】：选择此选项后，在后面的文本框中设置矩形的长宽比例，再在图像文件中拖曳鼠标，只能绘制设置的长宽比例的矩形。
- 【从中心】：勾选此复选框后，在图像文件中以任何方式创建矩形时，鼠标光标的起点都为矩形的中心。

2.　【圆角矩形】工具

【圆角矩形】工具的用法和属性栏都同【矩形】工具相似，只是属性栏中多了一个【半径】选项，此选项主要用于设置圆角矩形的平滑度，数值越大，边角越平滑。

3.　【椭圆】工具

【椭圆】工具的用法及属性栏与【矩形】工具的相同，在此不再赘述。

4.　【多边形】工具

【多边形】工具是绘制正多边形或星形的工具。在默认情况下，激活此按钮后，在图像文件中拖曳鼠标光标可绘制正多边形。【多边形】工具的属性栏也与【矩形】工具的相似，只是多了一个设置多边形或星形边数的【边】选项。单击属性栏中的按钮，系统将弹出如图 4-29 所示的【多边形选项】面板。

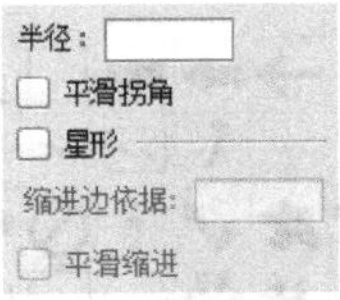

图4-29　【多边形选项】

- 【半径】：用于设置多边形或星形的半径长度。设置相应的参数后，只能绘制固定大小的正多边形或星形。
- 【平滑拐角】：勾选此复选框后，在图像文件中拖曳鼠标光标，可以绘制圆角效果的正多边形或星形。
- 【星形】：勾选此复选框后，在图像文件中拖曳鼠标光标，可以绘制边向中心位置缩进的星形。
- 【缩进边依据】：在右边的文本框中设置相应的参数，可以限定边缩进的程度，取值范围为 1%～99%，数值越大，缩进量越大。只有勾选了【星形】复选框后，此选项才可以设置。
- 【平滑缩进】：此选项可以使多边形的边平滑地向中心缩进。

5.　【直线】工具

【直线】工具的属性栏也与【矩形】工具的相似，只是多了一个设置线段或箭头粗细的【粗细】选项。单击属性栏中的按钮，系统将弹出如图 4-30 所示的【箭头】面板。

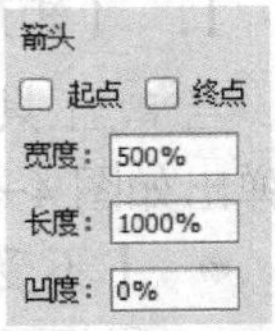

图4-30 【箭头】面

- 【起点】：勾选此复选框后，在绘制线段时起点处带有箭头。
- 【终点】：勾选此复选框后，在绘制线段时终点处带有箭头。
- 【宽度】：在后面的文本框中设置相应的参数，可以确定箭头宽度与线段宽度的百分比。
- 【长度】：在后面的文本框中设置相应的参数，可以确定箭头长度与线段长度的百分比。
- 【凹度】：在后面的文本框中设置相应的参数，可以确定箭头中央凹陷的程度。其值为正值时，箭头尾部向内凹陷；为负值时，箭头尾部向外凸出；为"0"时，箭头尾部平齐，如图 4-31 所示。

图4-31 当【凹度】数值设置为"50"、"-50"和"0"时绘制的箭头图形

6. 【自定形状】工具

【自定形状】工具的属性栏也与【矩形】工具的相似，只是多了一个【形状】选项，单击此选项后面的按钮，系统会弹出如图 4-32 所示的【自定形状选项】面板。

在面板中选择所需要的图形，然后在图像文件中拖曳鼠标光标，即可绘制相应的图形。

单击面板右上角的按钮，在弹出的下拉菜单中选择【全部】命令，在再次弹出的询问面板中单击确定按钮，即可将全部的图形显示，如图 4-33 所示。

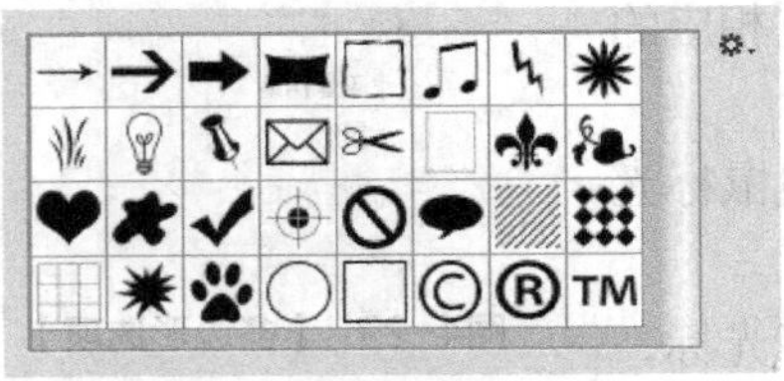

图4-32 【自定形状选项】面板

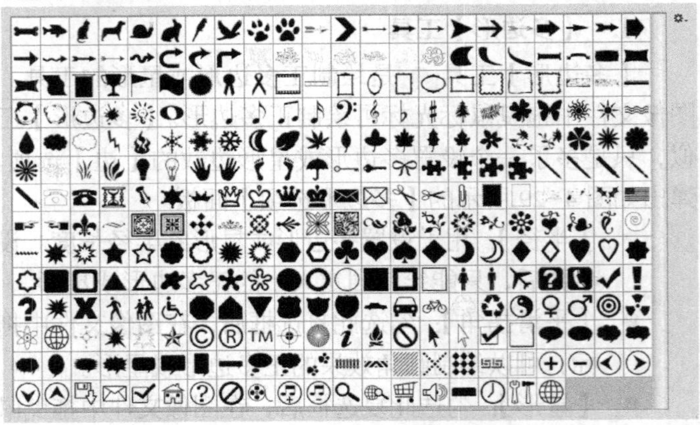

图4-33 全部显示的图形

再次单击按钮，在弹出的下拉菜单中选择【复位形状】命令，在再次弹出的询问面板中单击确定按钮，可恢复默认的图形显示。

下面灵活运用【画笔】工具、【画笔】面板、路径工具及矢量图形工具绘制出如图 4-34 所示的壁纸效果。

【操作步骤】

STEP 1 新建一个【宽度】为"27 厘米"，【高度】为"20 厘米"，【分辨率】为"120 像素/英寸"，【颜色模式】为"RGB 颜色"，【背景内容】为"白色"的文件。

STEP 2 选择工具，并在【渐变编辑器】窗口中设置渐变颜色如图 4-35 所示。

图4-34 绘制的壁纸效果

图4-35 设置的渐变颜色

STEP 3 单击 确定 按钮，然后激活属性栏中的按钮，再将鼠标光标移动到画面的右上角位置按下鼠标左键并向左下方拖曳，为画面添加如图 4-36 所示的渐变背景。

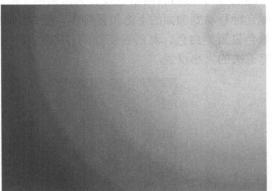

图4-36 填充的渐变色

STEP 4 打开素材文件中名为“鲜花.psd”的文件，如图 4-37 所示。

STEP 5 执行【编辑】/【定义画笔预设】命令，弹出如图 4-38 所示的【图案名称】对话框，单击 确定 按钮，将图像定义为画笔笔头。

图4-37 打开的图片

图4-38 【图案名称】对话框

STEP 6 选择工具，再单击属性栏中的按钮，在弹出的【画笔】面板中分别设置各选项及参数如图 4-39 所示。

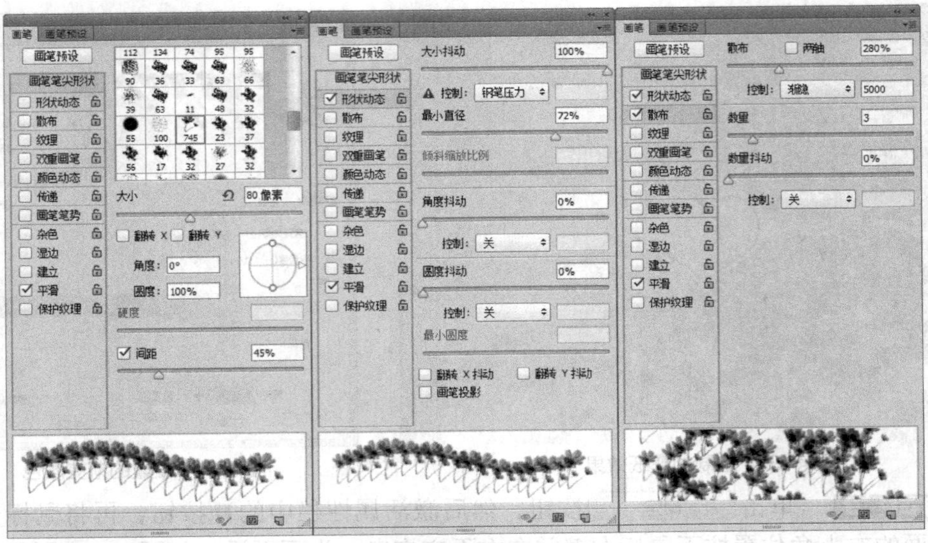

图4-39 设置的选项及参数

STEP 7 新建“图层 1”，然后将前景色设置为蓝紫色（R:190,G:190,B:255）。

STEP 8 将鼠标光标移动到画面的下方位置拖曳，喷绘出如图 4-40 所示的图形。

STEP 9 将前景色设置为白色，然后在新建的“图层 2”中再喷绘出如图 4-41 所示的白色图形，注意画笔笔头的大小设置。

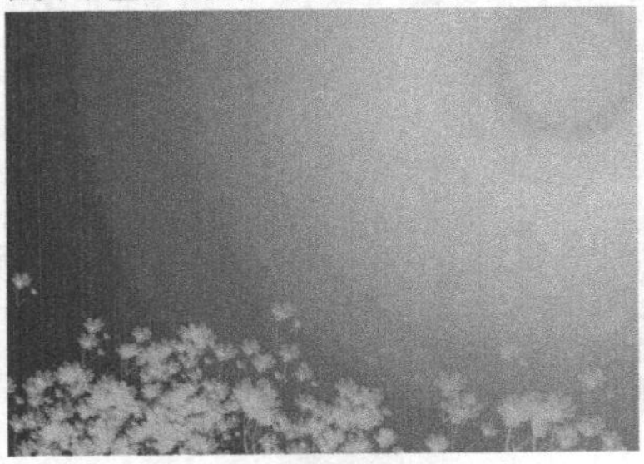

图4-40 喷绘出的图形

图4-41 喷绘出的图形

STEP 10 新建“图层 3”，选择工具，并单击属性栏中【形状】选项右侧的按钮，在弹出的【自定形状选项】面板中选择如图 4-42 所示的形状图形。

STEP 11 在属性栏中选择 像素 选项，然后在画面的中心位置绘制出如图 4-43 所示的心形。

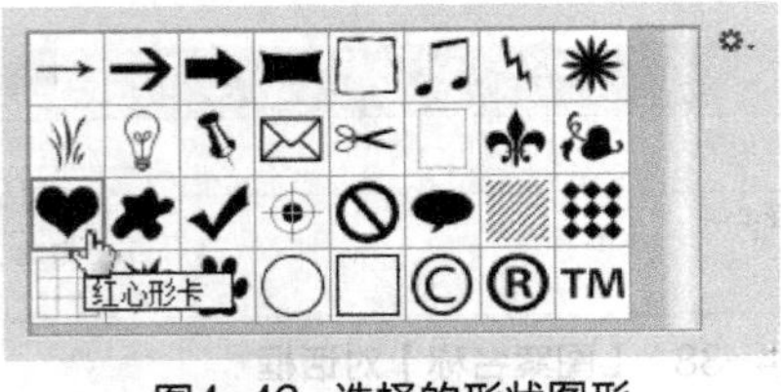

图4-42 选择的形状图形

图4-43 绘制出的心形

STEP 12 在【图层】面板中，将“图层 3”复制为“图层 3 副本”层，然后利用【自由变换】命令将复制出的心形以中心等比例缩小至如图 4-44 所示的形状。

STEP 13 按 Enter 键确认，然后执行【图层】/【图层样式】/【斜面和浮雕】命令，弹出【图层样式】对话框，设置选项及参数，如图 4-45 所示。

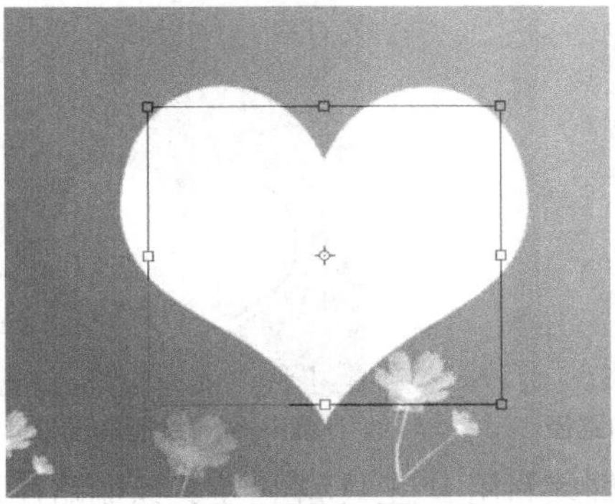

图4-44 复制图形调整后的大小

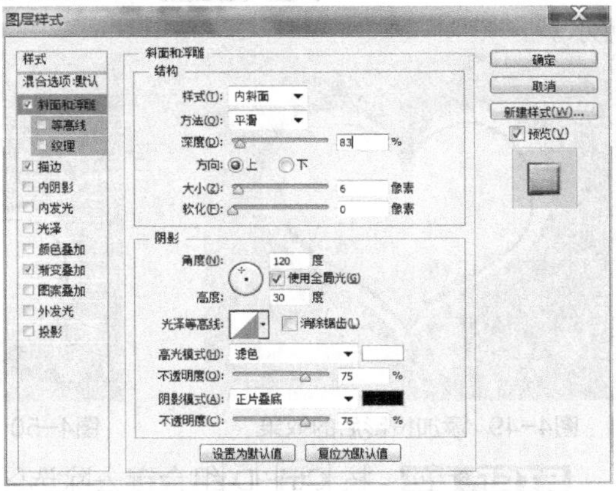

图4-45 斜面和浮雕参数

STEP 14 依次设置【描边】和【渐变叠加】选项的参数如图 4-46 所示。

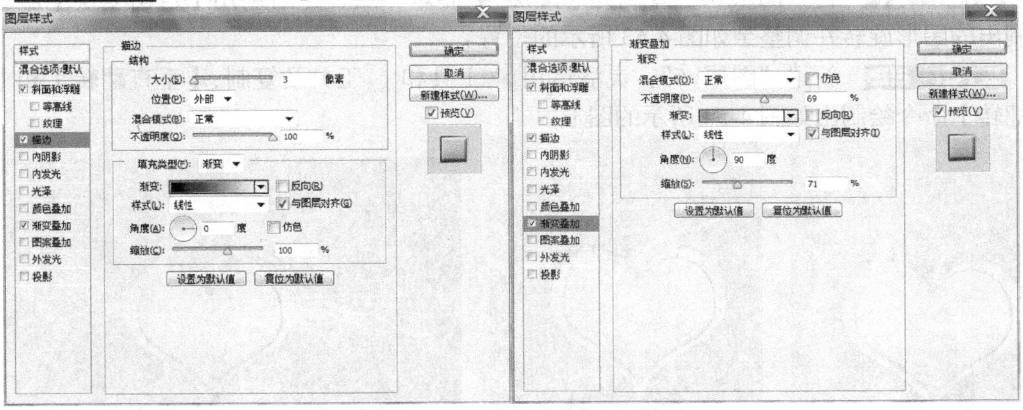

图4-46 设置的选项及参数

STEP 15 单击 确定 按钮，心形添加图层样式后的效果如图 4-47 所示。

STEP 16 将“图层 3”设置为工作层，然后执行【图层】/【图层样式】/【投影】命令，在弹出的【图层样式】对话框中将混合模式选项右侧的颜色设置为深绿色（R:10,G:82），再设置其他选项及参数如图 4-48 所示。

图4-47 添加图层样式后的效果

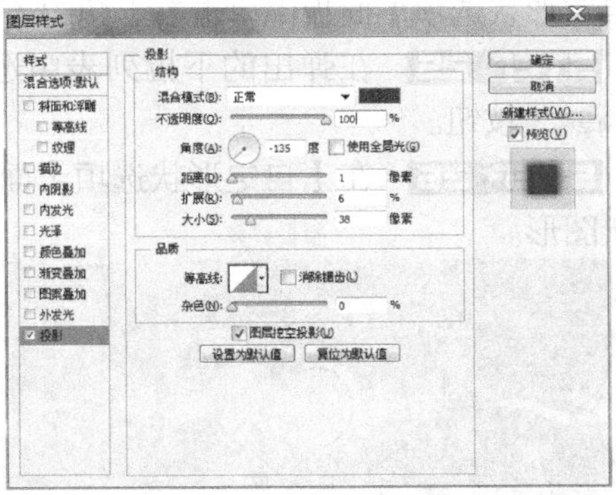

图4-48 【图层样式】对话框参数设置

STEP 17 单击 确定 按钮，下方心形添加投影后的效果如图 4-49 所示。

STEP 18 新建“图层 4”，利用工具和工具绘制出如图 4-50 所示的路径。

STEP 19 按 Ctrl+Enter 组合键将路径转换为选区，然后为其填充白色，如图 4-51 所示。

图4-49 添加投影后的效果

图4-50 绘制出的路径

图4-51 绘制的图形

STEP 20 按 Ctrl+D 组合键去除选区，然后继续利用工具和工具绘制路径，转换为选区后为其填充白色，效果如图 4-52 所示。

STEP 21 将“图层 4”复制为“图层 4 副本”层，然后利用【自由变换】命令将复制出的图形旋转并调整至如图 4-53 所示的位置。

STEP 22 新建“图层 5”，灵活运用工具和工具及复制、【垂直翻转】和【水平翻转】命令绘制出如图 4-54 所示的图形。

图4-52 绘制的图形

图4-53 调整后的图形

图4-54 绘制出的图形

STEP 23 新建“图层 6”，利用工具和工具及复制、【水平翻转】命令，绘制出如图 4-55 所示的图形。

STEP 24 选择工具，并单击属性栏中【形状】选项右侧的按钮，在弹出的【自定形状选项】面板中单击右上角的按钮。

STEP 25 在弹出的下拉列表中选择【全部】命令，然后在弹出的询问面板中单击 确定 按钮。

STEP 26 在【自定形状选项】面板中拖曳右侧的滑块，然后选择如图 4-56 所示的形状图形。

图4-55 绘制的图形

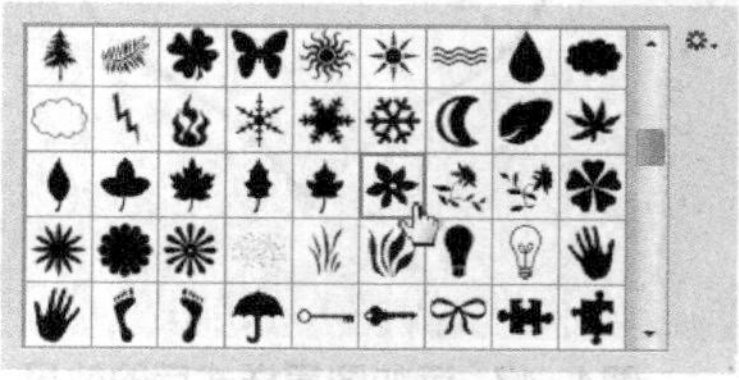

图4-56 选择的形状图形

STEP 27 在属性栏中选择[形状]选项，然后按住Shift键绘制出如图4-57所示的图形。

STEP 28 继续按住Shift键并依次拖曳鼠标光标，绘制出如图4-58所示的花形。

图4-57 绘制的花形

图4-58 依次绘制出的花形

多学一招

在绘制图形时，按住Shift键拖曳，可确保拖曳出的图形在同一形状层中。

STEP 29 释放Shift键后，再按住Shift键依次绘制出如图4-59所示的大花形。

STEP 30 在【图层】面板中，将生成“形状 2”层的【填充】选项参数设置为“30”，再将“形状 2”层调整至“图层 3”层下方，效果如图4-60所示。

图4-59 绘制的大花形

图4-60 调整不透明度及堆叠顺序后的效果

STEP 31 将“形状 1”层设置为工作层，然后在【自定形状】选项面板中选择如图4-61所示的形状图形。

STEP 32 按住Shift键依次在画面中拖曳，绘制出如图4-62所示的星形。

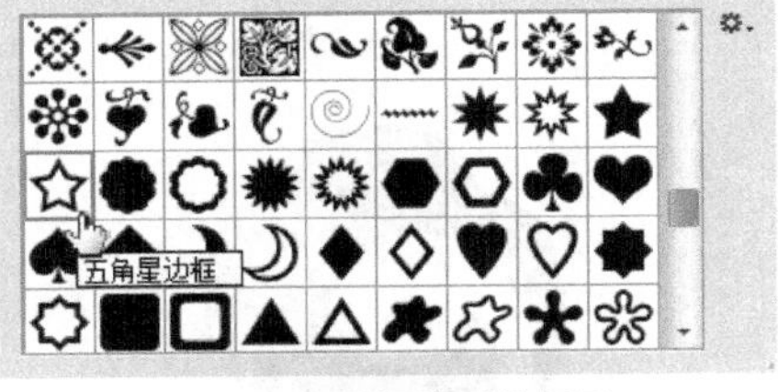

图4-61 选择的形状图形

图4-62 绘制的星形

STEP 33 至此，壁纸效果制作完成，按Ctrl+S组合键，将此文件命名为“壁纸效果.psd”保存。

项目实训　绘制标志图形

利用路径工具绘制出如图 4-63 所示的标志图形。

【操作步骤】

STEP 1 新建一个【宽度】为“20 厘米”,【高度】为“10 厘米”,【分辨率】为“150 像素/英寸”,【颜色模式】为“RGB 颜色”,【背景内容】为“白色”的文件。

STEP 2 新建“图层 1”，选择工具，并在属性栏中选择路径选项，然后在画面中依次单击鼠标绘制出如图 4-64 所示的标志大体形状。

图4-63　绘制的标志图形

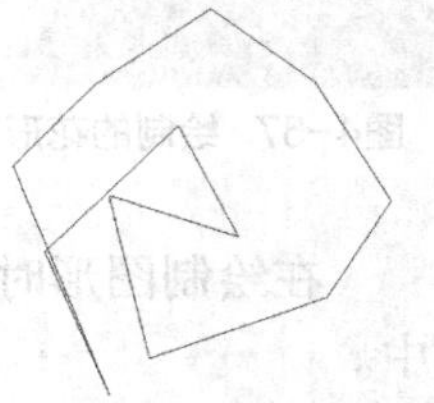

图4-64　绘制的大体形状

STEP 3 选择工具，将鼠标光标放置在路径的控制点上，按下鼠标左键拖曳，此时出现两条控制柄，如图 4-65 所示。

STEP 4 拖曳鼠标光标调整控制柄，将路径调整平滑后释放鼠标左键，然后用相同的方法对路径上的其他控制点进行调整，如图 4-66 所示。

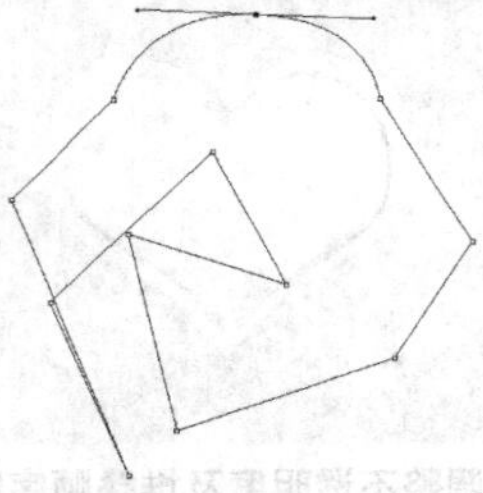

图4-65　出现的控制柄

图4-66　依次调整出理想的形状

STEP 5 执行【窗口】/【路径】命令，弹出【路径】面板，单击【路径】面板底部的按钮，将钢笔路径转换成选区，如图 4-67 所示。

STEP 6 将前景色设置为红色（R:201,G:0,B:0），背景色设置为黄色（R:255,G:231,B:30）。

STEP 7 选择工具，为选区自左向右填充由前景色到背景色的线性渐变色，效果如图 4-68 所示，然后按 Ctrl+D 组合键去除选区。

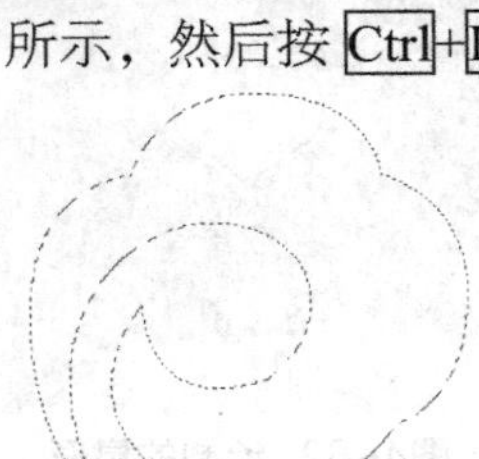

图4-67　将路径转化为选区

图4-68　为选区填充渐变色

STEP 8　新建“图层 2”，利用和工具调整出如图 4-69 所示的“波浪”路径。

STEP 9　按 Ctrl+Enter 组合键将路径转换为选区，然后为其填充深红色（R:206,G:22,B:30），去除选区后的效果如图 4-70 所示。

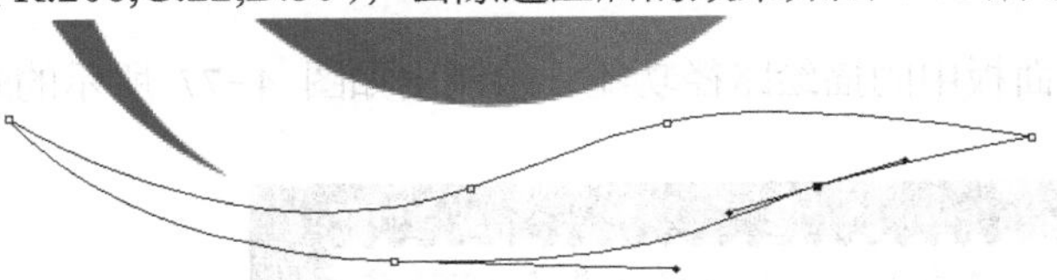

图4-69　绘制波浪路径

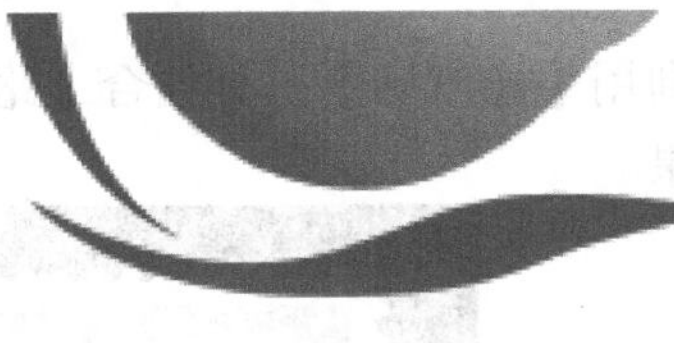

图4-70　填充前景色后的图形效果

STEP 10　新建“图层 3”，用与步骤 8～步骤 9 相同的方法绘制出如图 4-71 所示的红色（R:230,G:0,B:18）图形。

STEP 11　新建“图层 4”，用与步骤 8～步骤 9 相同的方法绘制出如图 4-72 所示的橙色（R:241,G:91,B:0）图形。

图4-71　绘制出第 2 条“波浪”图形

图4-72　绘制出第 3 条“波浪”图形

STEP 12　将前景色设置为黑色，然后选择【文字】工具，并在画面右侧输入如图 4-73 所示的文字效果。

STEP 13　新建“图层 5”，选择按钮，再在属性栏中选择像素选项，并将【粗细】选项的参数设置为“2 px”。

STEP 14　确认前景色为黑色，按住 Shift 键在画面中绘制出如图 4-74 所示的黑色横条。

图4-73　为画面添加文字效果

图4-74　绘制出黑色横条

STEP 15　利用工具框选字母区域，并按 Delete 键去除选区内的黑色横条，如图 4-75 所示。

STEP 16　按 Ctrl+D 组合键去除选区，即可完成标志的设计，如图 4-76 所示。

图4-75　去除选区内的黑色横条

图4-76　设计完成的标志

STEP 17　按 Ctrl+S 组合键，将文件命名为“景山标志.psd”保存。

项目拓展　邮票效果制作

利用【橡皮擦】工具结合【路径】面板中的描绘路径功能，绘制出如图 4-77 所示的邮票效果。

图4-77　绘制的邮票效果

【操作步骤】

STEP 1　新建【宽度】为“20 厘米”，【高度】为“13 厘米”，【分辨率】为“100 像素/英寸”的白色文件。

STEP 2　选择工具，按 D 键，将工具箱中的前景色和背景色设置为默认的黑色和白色。

STEP 3　确认属性栏中选择的“从前景到背景”渐变样式，激活的按钮，按住 Shift 键，为画面自上向下填充如图 4-78 所示的线性渐变色。

STEP 4　选择工具，确认属性栏中选择的 路径 选项，在画面中绘制如图 4-79 所示的路径。

图4-78　填充渐变色后的效果

图4-79　绘制的路径

STEP 5　按 Ctrl+Enter 组合键将路径转换为选区，然后新建“图层 1”，并为选区填充白色，效果如图 4-80 所示。

> **知识提示**　此处利用【矩形】工具绘制白色图形，而没有选择最常用的【矩形选框】工具，是因为接下来还要用到路径。

STEP 6 按 Ctrl+D 组合键去除选区，然后在【路径】面板中单击路径，将其在画面中显示。

STEP 7 选择工具，再单击选项栏中的按钮，在弹出的【画笔】面板中设置参数如图 4-81 所示。

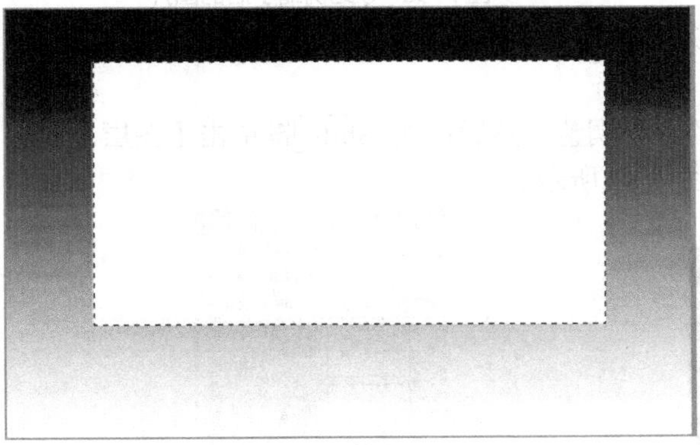

图4-80 填充白色

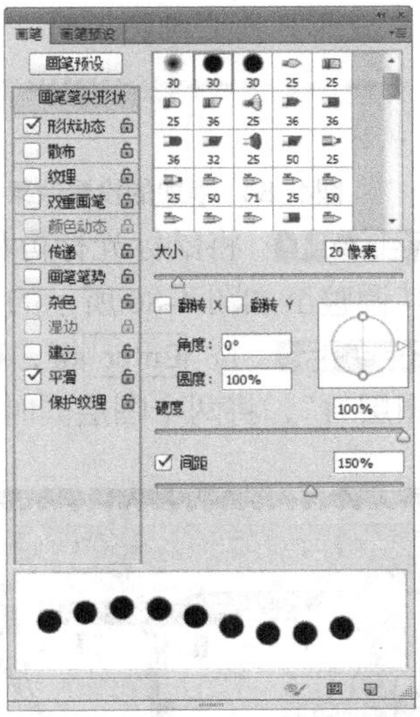

图4-81 设置橡皮擦工具

STEP 8 单击【路径】面板下方的 ○ 按钮，利用橡皮擦擦除得到如图 4-82 所示的邮票边缘锯齿效果。

STEP 9 单击【路径】面板中的空白处，将路径隐藏。

STEP 10 执行【图层】/【图层样式】/【投影】命令，在弹出的【图层样式】对话框中设置参数如图 4-83 所示。

图4-82 锯齿效果

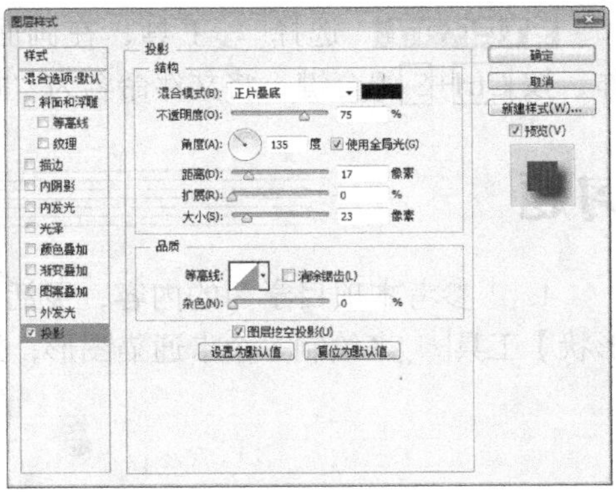

图4-83 设置的【图层样式】参数

STEP 11 单击 确定 按钮，添加的投影效果如图 4-84 所示。

STEP 12 打开素材文件中名为“江南风景.jpg”的文件，然后将其移动复制到新建文件中，生成“图层 2”。

STEP 13 按 Ctrl+T 组合键，为图片添加自由变换框，然后将其等比例缩小调整到如图 4-85 所示的形态。

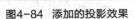

图4-84 添加的投影效果

图4-85 等比例缩小后的图片

STEP 14 将鼠标光标再移动到变形框下方中间的控制点上，按下鼠标左键并向上拖曳，将其调整至如图 4-86 所示的大小。

STEP 15 按 Enter 键，确认图片的大小调整，然后按住 Shift 键单击【图层】面板中的“图层 1”，将两个图层同时选中，如图 4-87 所示。

图4-86 调整图片状态

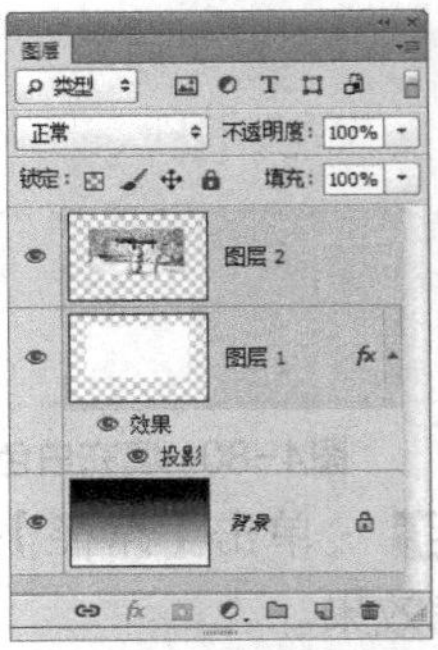

图4-87 选择的图层

STEP 16 依次单击工具属性栏中的和按钮，将两个图层中的图像以中心对齐。

STEP 17 选择工具，在画面的左下方输入黑色文字，即可完成邮票效果的制作，按 Ctrl+S 组合键，将文件命名为“邮票.psd”保存。

习题

1. 参考本项目学习的内容，灵活运用【钢笔】工具、【转换点】工具及【自定形状】工具来绘制一个卡通猫图形，效果如图 4-88 所示。

图4-88 绘制的卡通猫图形

2. 打开素材文件中名为“建筑.jpg”的图片文件，如图 4-89 所示。利用介绍的路径描绘功能在建筑物上制作霓虹灯效果以及店铺效果，如图 4-90 所示。

图4-89 打开图片

图4-90 制作的霓虹灯效果

项目五 文字工具

PART 5

文字是平面设计中非常重要的一部分，一件完整的作品都需要有文字内容来说明主题或通过特殊编排的文字来衬托整个画面。好的作品不但表现在创意、图形的构成等方面，文字的编辑和应用也非常重要，而且大多数作品都离不开文字的应用。在 Photoshop 中，文字可分为点文字和段落文字两种类型。点文字适合于编排文字应用较少或需要制作特殊效果的画面，而段落文字适合于编排文字应用较多的画面。

知识技能目标

- 熟悉文字工具的类型。
- 学会文字的输入与编辑方法。
- 学会文字的变形方法。
- 学会文字的跟随路径输入。
- 学会文字的各种转换操作。
- 学会文字与其他工具的综合运用。

任务一　文字的输入与编辑

【知识准备】

文字工具组中共有 4 种文字工具，包括【横排文字】工具 T、【直排文字】工具 ↓T、【横排文字蒙版】工具 T 和【直排文字蒙版】工具 ↓T。

利用文字工具可以在文件中输入点文字或段落文字。点文字适合在文字内容较少的画面中使用，例如标题或需要制作特殊效果的文字；当作品中需要输入大量的说明性文字内容时，利用段落文字输入就非常适合。以点文字输入的标题和以段落文字输入的内容如图 5-1 所示。

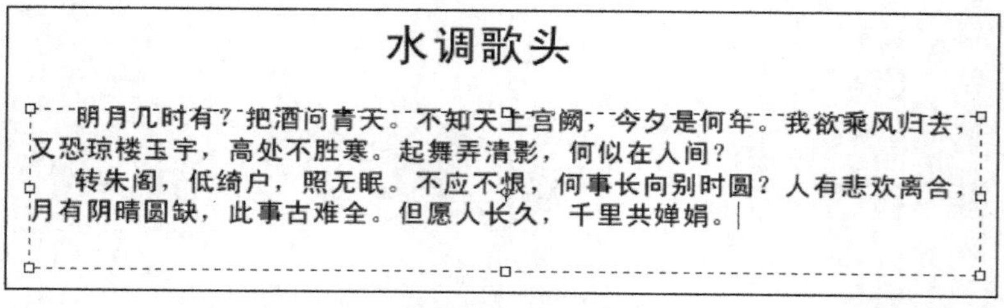
水调歌头
明月几时有？把酒问青天。不知天上宫阙，今夕是何年。我欲乘风归去，又恐琼楼玉宇，高处不胜寒。起舞弄清影，何似在人间？
转朱阁，低绮户，照无眠。不应有恨，何事长向别时圆？人有悲欢离合，月有阴晴圆缺，此事古难全。但愿人长久，千里共婵娟。

图5-1　输入的文字

- 输入点文字：利用文字工具输入点文字时，每行文字都是独立的，行的长度随着文字的输入不断增加，无论输入多少文字都是在一行内，只有按 Enter 键才能切换到下一行输入文字。输入点文字的操作方法为，在文字工具组中选择 T 或 IT 工具，鼠标光标将显示为文字输入光标或形态，在文件中单击，指定输入文字的起点，然后在属性栏或【字符】面板中设置相应的文字选项，再输入需要的文字即可。按 Enter 键可使文字切换到下一行；单击属性栏中的 ✓ 按钮，可完成点文字的输入。
- 输入段落文字：在输入段落文字之前，先利用文字工具绘制一个矩形定界框，以限定段落文字的范围，在输入文字时，系统将根据定界框的宽度自动换行。输入段落文字的操作方法为，在文字工具组中选择 T 或 IT 工具，然后在文件中拖曳鼠标光标绘制一个定界框，并在属性栏、【字符】面板或【段落】面板中设置相应的选项，即可在定界框中输入需要的文字。文字输入到定界框的右侧时将自动切换到下一行。输入完一段文字后，按 Enter 键可以切换到下一段文字。如果输入的文字太多以致定界框中无法全部容纳，定界框右下角将出现溢出标记符号⊞，此时可以通过拖曳定界框四周的控制点，以调整定界框的大小来显示全部的文字内容。文字输入完成后，单击属性栏中的 ✓ 按钮，即可完成段落文字的输入。

> **知识提示**
> **在绘制定界框之前，按住 Alt 键单击或拖曳鼠标光标，将会弹出【段落文字大小】对话框，在对话框中设置定界框的宽度和高度，然后单击 确定 按钮，可以按照指定的大小绘制定界框。**

- 创建文字选区：使用【横排文字蒙版】工具 T 和【直排文字蒙版】工具 IT 可以创建文字选区，文字选区具有与其他选区相同的性质。创建文字选区的操作方法为，选择图层，然后选择文字工具组中的 T 或 IT 工具，并设置文字选项，再在文件中单击，此时会出现一个红色的蒙版，即可开始输入需要的文字，单击属性栏中的 ✓ 按钮，即完成文字选区的创建。

（1） 文字工具组中各文字工具的属性栏是相同的，如图 5-2 所示。

图5-2 文字工具的属性栏

- 【更改文本方向】按钮：单击此按钮，可以将水平方向的文本更改为垂直方向，或者将垂直方向的文本更改为水平方向。
- 【设置字体系列】 Arial ：此下拉列表中的字体用于设置输入文字的字体，也可以将输入的文字选择后再在字体列表中重新设置字体。
- 【设置字体样式】 Regular ：在此下拉列表中可以设置文字的字体样式，包括 Regular（规则）、Italic（斜体）、Bold（粗体）和 Bold Italic（粗斜体）4 种字型。注意，当在字体列表中选择英文字体时，此列表中的选项才可用。
- 【设置字体大小】 24点 ：用于设置文字的大小。
- 【设置消除锯齿的方法】 犀利 ：决定文字边缘消除锯齿的方式，包括【无】、【锐利】、【犀利】、【浑厚】和【平滑】5 种方式。
- 【对齐方式】按钮：在使用【横排文字】工具输入水平文字时，对齐方式按钮显示为，分别为“左对齐”“水平居中对齐”和“右对齐”；当使用【直排文字】工具输入垂直文字时，对齐方式按钮显示为，分别为“顶对齐”“垂直居中对齐”和“底对齐”。

- 【设置文本颜色】色块■：单击此色块，在弹出的【拾色器】对话框中可以设置文字的颜色。
- 【创建文字变形】按钮：单击此按钮，将弹出【变形文字】对话框，用于设置文字的变形效果。
- 【取消所有当前编辑】按钮：单击此按钮，则取消文本的输入或编辑操作。
- 【提交所有当前编辑】按钮：单击此按钮，确认文本的输入或编辑操作。

（2）【字符】面板。

执行【窗口】/【字符】命令，或单击文字工具属性栏中的按钮，都将弹出【字符】面板，如图 5-3 所示。

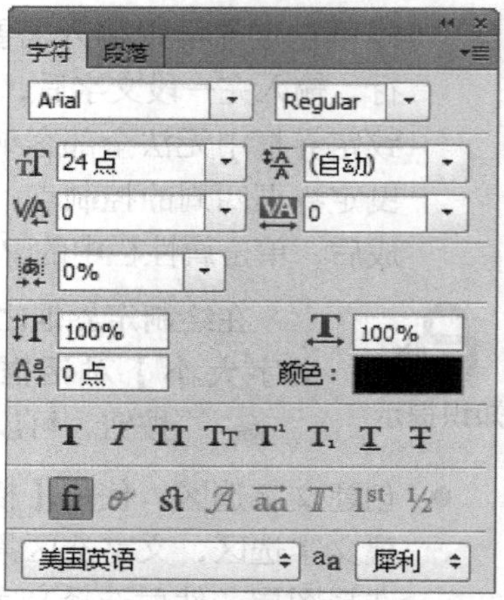

图5-3 【字符】面板

在【字符】面板中设置字体、字号、字型和颜色的方法与在属性栏中设置相同，在此不再赘述。下面介绍设置字间距、行间距和基线偏移等选项的功能。

- 【设置行距】(自动)：设置文本中每行文字之间的距离。
- 【设置字距微调】0：设置相邻两个字符之间的距离。在设置此选项时不需要选择字符，只需在字符之间单击以指定插入点，然后设置相应的参数即可。
- 【设置字距】0：用于设置文本中相邻两个文字之间的距离。
- 【设置所选字符的比例间距】0%：设置所选字符的间距缩放比例。可以在此下拉列表中选择 0%～100%的缩放数值。
- 【垂直缩放】100%和【水平缩放】100%：设置文字在垂直方向和水平方向的缩放比例。
- 【基线偏移】0 点：设置文字由基线位置向上或向下偏移的高度。在文本框中输入正值，可使横排文字向上偏移，直排文字向右偏移；输入负值，可使横排文字向下偏移，直排文字向左偏移，效果如图 5-4 所示。

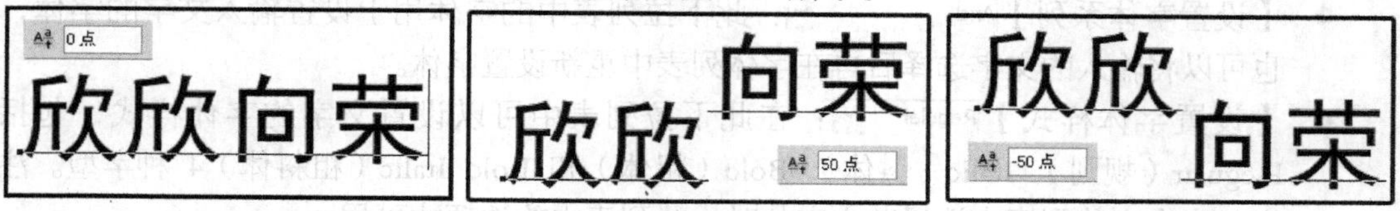

图5-4 文字偏移效果

- 【语言设置】：在此下拉列表中可选择不同国家的语言，主要包括美国、英国、法国及德国等。

【字符】面板中各按钮的含义分述如下，激活不同按钮时文字效果如图 5-5 所示。

图5-5 文字效果

- 【仿粗体】按钮：可以将当前选择的文字加粗显示。
- 【仿斜体】按钮：可以将当前选择的文字倾斜显示。
- 【全部大写字母】按钮：可以将当前选择的小写字母变为大写字母显示。
- 【小型大写字母】按钮：可以将当前选择的字母变为小型大写字母显示。
- 【上标】按钮：可以将当前选择的文字变为上标显示。
- 【下标】按钮：可以将当前选择的文字变为下标显示。
- 【下画线】按钮：可以在当前选择的文字下方添加下画线。
- 【删除线】按钮：可以在当前选择的文字中间添加删除线。

（3）【段落】面板。

【段落】面板的主要功能是设置文字对齐方式以及缩进量。当选择横向的文本时，【段落】面板如图 5-6 所示。

- 按钮：这 3 个按钮的功能是设置横向文本的对齐方式，分别为左对齐、居中对齐和右对齐。
- 按钮：只有在图像文件中选择段落文本时这 4 个按钮才可用。它们的功能是调整段落中最后一行的对齐方式，分别为左对齐、居中对齐、右对齐和两端对齐。

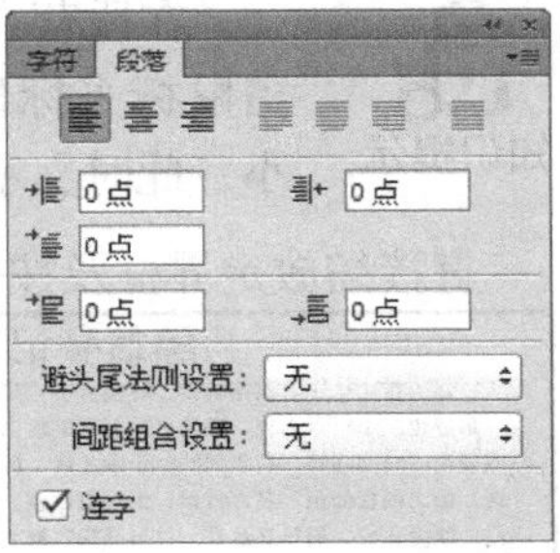

图5-6 【段落】面板

当选择竖向的文本时，【段落】面板最上面一行各按钮的功能分述如下。

- 按钮：这 3 个按钮的功能是设置竖向文本的对齐方式，分别为顶对齐、居中对齐和底对齐。
- 按钮：只有在图像文件中选择段落文本时，这 4 个按钮才可用。它们的功能是调整段落中最后一列的对齐方式，分别为顶对齐、居中对齐、底对齐和两端对齐。
- 【左缩进】：用于设置段落左侧的缩进量。
- 【右缩进】：用于设置段落右侧的缩进量。
- 【首行缩进】：用于设置段落第一行的缩进量。
- 【段前添加空格】：用于设置每段文本与前一段之间的距离。
- 【段后添加空格】：用于设置每段文本与后一段之间的距离。
- 【避头尾法则设置】和【间距组合设置】：用于编排日语字符。
- 【连字】：勾选此复选框，允许使用连字符连接单词。

（4） 选择文字。

在文字输入完成后若想更改个别文字的格式，必须先选择这些文字。选择文字的具体操作如下。

- 在要选择字符的起点位置按下鼠标左键，然后向前或向后拖曳鼠标。
- 在要选择字符的起点位置单击，然后按住 Shift 键或 Ctrl+Shift 组合键不放，再按键盘中的→或←键。
- 在要选择字符的起点位置单击，然后按住 Shift 键并在选择字符的终点位置再次单击，可以选择某个范围内的全部字符。
- 选择【选择】/【全部】命令（或按 Ctrl+A 组合键），可选择该图层中的所有字符。
- 在文本中的任意位置双击鼠标，可以选择该位置的一句文字；快速地单击鼠标 3 次，可以选择整行文字；快速地单击鼠标 5 次，可以选择该图层中的所有字符。

（5） 调整段落文字。

在编辑模式下，通过调整文字定界框可以调整段落文字的位置、大小和形态，具体操作为按住 Ctrl 键并执行下列的某一种操作。

- 将鼠标光标移动到定界框内，当鼠标光标显示为 ▸ 移动符号时按住左键拖曳鼠标，可调整文字的位置。

将鼠标光标移动到定界框各角的控制点上，当鼠标光标显示为 ⤡ 双向箭头时按住左键拖曳，可调整文字的大小，在不释放 Ctrl 键的同时再按住 Shift 键进行拖曳，可保持文字的缩放比例。

知识提示

在段落文字的编辑模式下，将鼠标光标放置在定界框任意的控制点上，当鼠标光标显示为双向箭头时按住左键拖曳鼠标，可直接调整定界框的大小，此时文字的大小不会发生变化，只会在调整后的定界框内重新排列。

直接缩放定界框及按住 Ctrl 键缩放定界框的段落文字效果分别如图 5-7 所示。

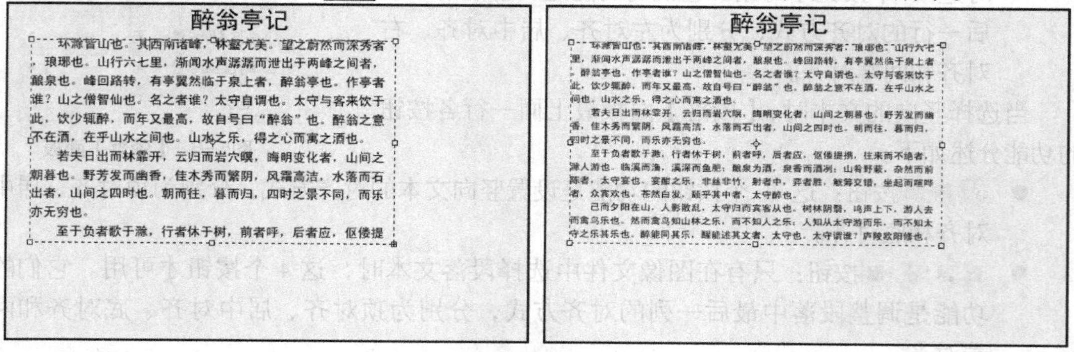

图5-7 缩放前后的段落文字效果对比

将鼠标光标移动到定界框外的任意位置，当鼠标光标显示为 ↻ 旋转符号时按住鼠标左键拖曳，可以使文字旋转。在不释放 Ctrl 键的同时再按住 Shift 键进行拖曳，可将旋转限制为按 15° 角的增量进行调整，如图 5-8 所示。

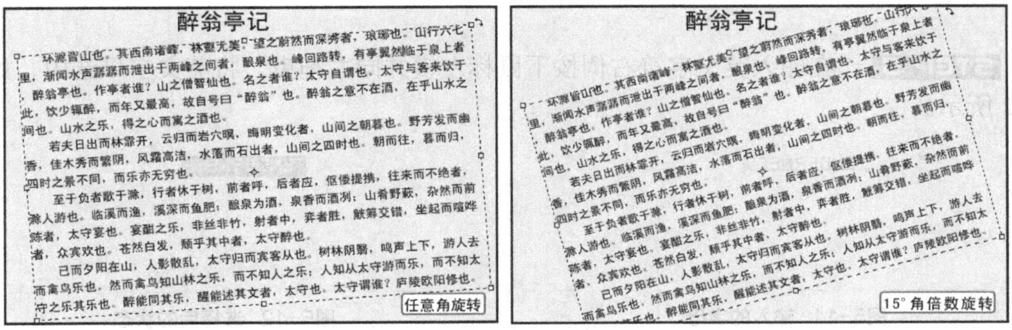

图5-8 使用定界框旋转文字的图示

多学一招 在按住 Ctrl 键的同时将鼠标光标移动到定界框的中心位置，当鼠标光标显示为 符号时按住鼠标左键拖曳，可调整旋转中心的位置。

- 按住 Ctrl 键将鼠标光标移动到定界框的任意控制点上，当鼠标光标显示为 倾斜符号时按住鼠标左键拖曳，可以使文字倾斜。如图 5-9 所示。

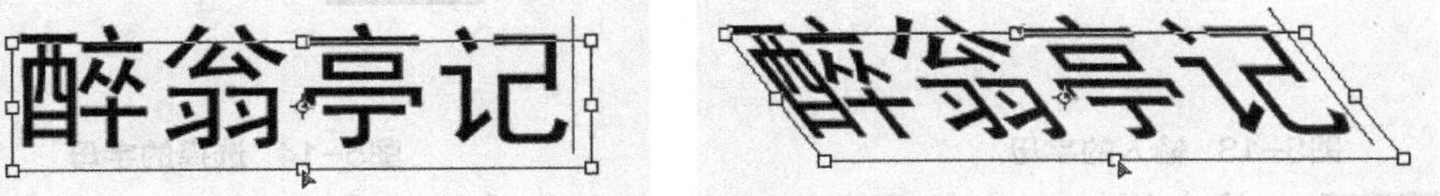

图5-9 使用定界框斜切文字的图示

知识提示 对文字进行变形操作除利用定界框外，还可利用【编辑】/【变换】菜单中的命令，但不能执行【扭曲】和【透视】变形，只有将文字层转换为普通层后才可用。

下面灵活运用文字的输入与编辑操作，来制作如图 5-10 所示的文字效果。

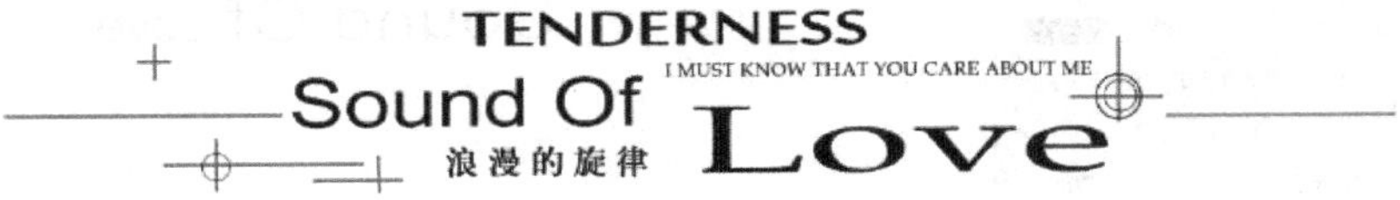

图5-10 制作的文字效果

【操作步骤】

STEP 1 新建一个【宽度】为“26 厘米”,【高度】为“6 厘米”,【分辨率】为“200 像素/英寸”,【颜色模式】为“RGB 颜色”,【背景内容】为“白色”的文件。

STEP 2 将前景色设置为黑色，然后选择 T 工具，将鼠标光标移动到文件中，鼠标光标会显示为 图标。

STEP 3 至合适位置单击，此时单击位置将显示文字输入符号 。

STEP 4 按 Caps Lock 键开启键盘大写功能，然后依次输入如图 5-11 所示的英文字母。

多学一招 在输入文本时，依次按 Ctrl+Shift 组合键可在各输入法之间进行切换。在输入英文字母之前按 Caps Lock 键可确保输入的字母为大写，再次按 Caps Lock 键可还原输入小写字母。

STEP 5 在输入英文字符右侧按下鼠标左键并向左拖曳，将英文字母选中，如图5-12所示。

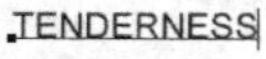

图5-11 输入的字母

图5-12 选择后的状态

STEP 6 单击属性栏中的 24点 选项，在弹出的列表中选择“30 点”，然后单击✓按钮，确认文字的大小调整。

STEP 7 继续利用T工具，输入如图5-13所示的英文字母，然后将如图5-14所示的字母选中。

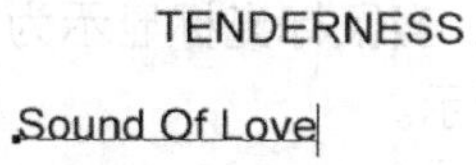

图5-13 输入的字母

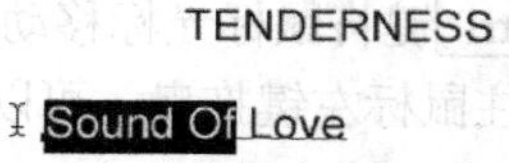

图5-14 选择的字母

STEP 8 单击属性栏中的▤按钮，在弹出的【字符】面板中设置各项参数如图5-15所示。

STEP 9 单击✓按钮，字母调整后的效果如图5-16所示。

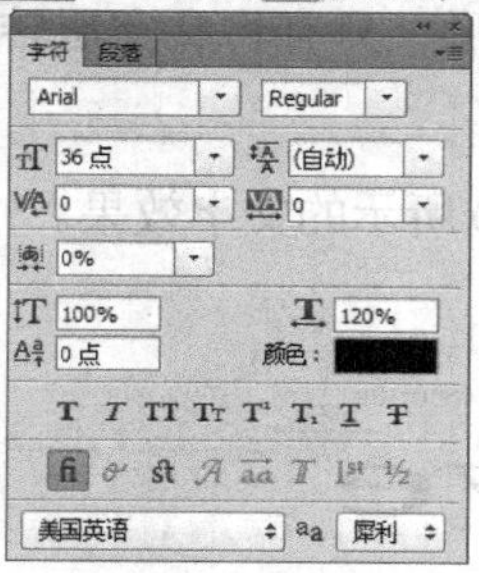

图5-15 设置的字号及水平缩放参数

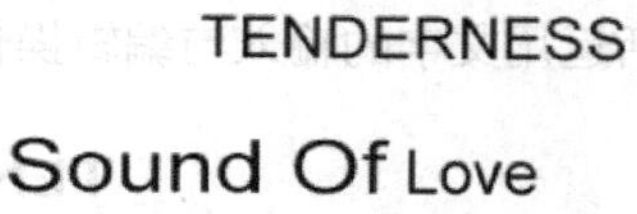

图5-16 调整后的字母效果

STEP 10 选择“Love”字母，然后在【字符】面板中设置各项参数如图5-17所示，单击✓按钮，字母调整后的效果如图5-18所示。

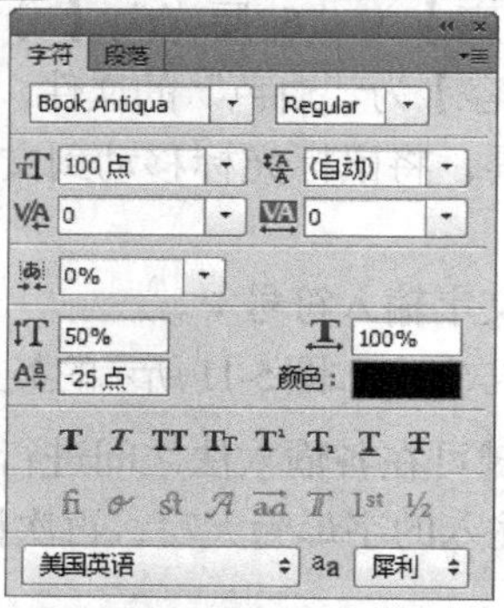

图5-17 设置字符选项参数

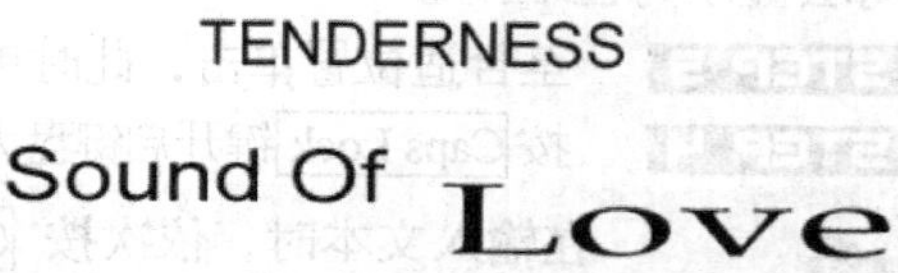

图5-18 调整后的效果

STEP 11 在【字符】面板中重新修改各选项参数，如图 5-19 所示，然后利用 T 工具输入如图 5-20 所示的英文字母。

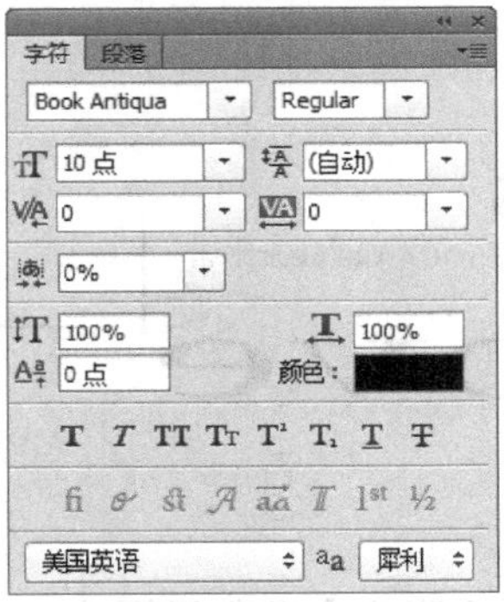

图5-19 重新设置的选项参数

TENDERNESS
I MUST KNOW THAT YOU CARE ABOUT ME
Sound Of
Love

图5-20 输入的字母

STEP 12 单击【字符】面板中的 T 按钮，将字母加粗显示。

STEP 13 再次设置【字符】面板中的选项参数，然后输入文字，设置的参数及输入的文字效果如图 5-21 所示。

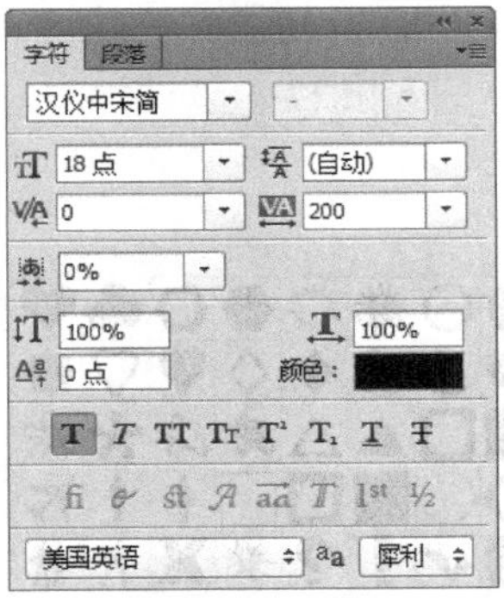

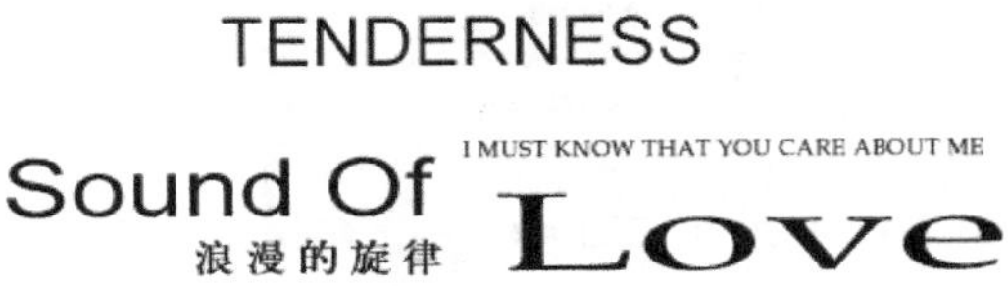

TENDERNESS
I MUST KNOW THAT YOU CARE ABOUT ME
Sound Of
浪漫的旋律
Love

图5-21 设置的选项参数及输入的文字效果

通过图示，可以看出最上一行文字离下面的文字有点远，接下来再调整一下。

STEP 14 在【图层】面板中选择"TENDERNESS"文字层，然后单击【文字】工具属性栏中的按钮，在弹出的【字符】面板中重新修改选项参数如图 5-22 所示。

STEP 15 利用工具，将调整后的字母向下移动，最终效果如图 5-23 所示。

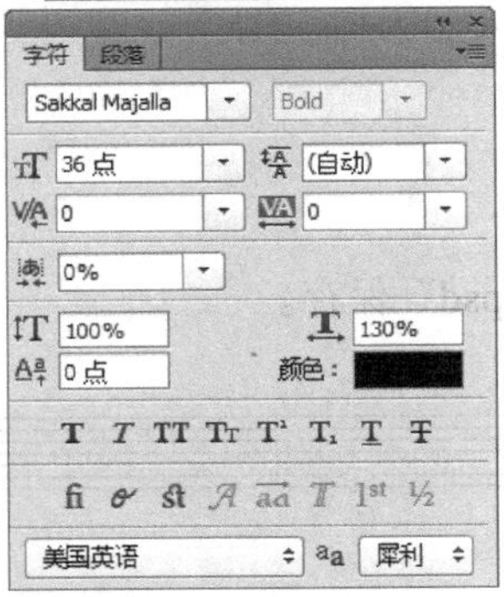

图5-22 修改的选项参数

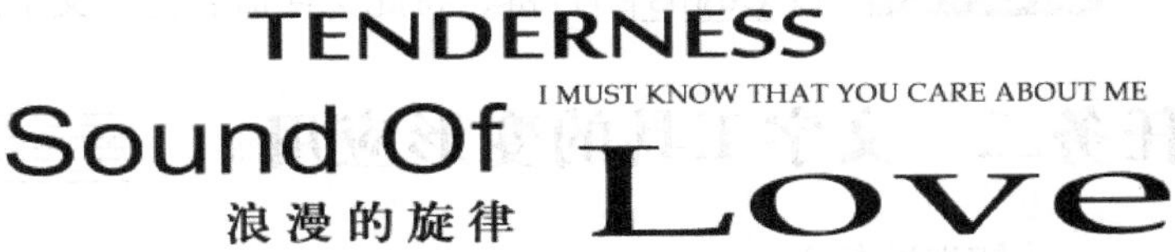

TENDERNESS
I MUST KNOW THAT YOU CARE ABOUT ME
Sound Of
浪漫的旋律
Love

图5-23 字母调整后的位置

至此，文字的输入与编辑操作完成。为了美观，可以再绘制一些图形来衬托文字效果。

STEP 16 选择工具，并在属性栏中选择 像素 选项，然后将【粗细】选项的参数设置为“5 像素”。

STEP 17 新建“图层 1”，依次在文本的左右两侧拖曳鼠标，绘制出如图 5-24 所示的线形。

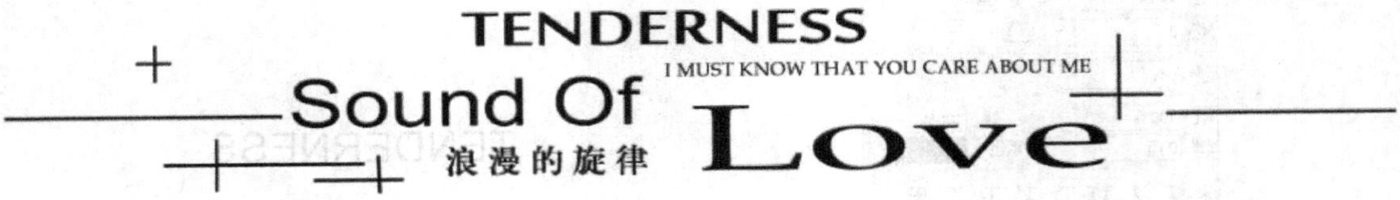

图5-24 绘制的线形

STEP 18 在【图层】面板中将“图层 1”的【不透明度】参数设置为“60%”，如图 5-25 所示。

STEP 19 选择工具，并单击属性栏中【形状】选项右侧的按钮，在弹出的全部【自定形状】选项面板中选择如图 5-26 所示的形状。

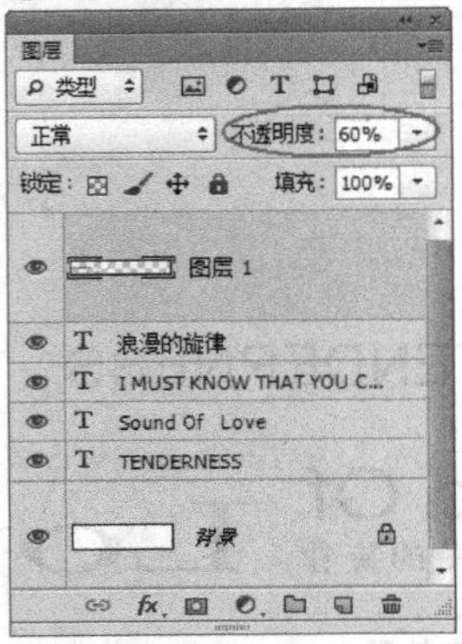

图5-25 设置的不透明度

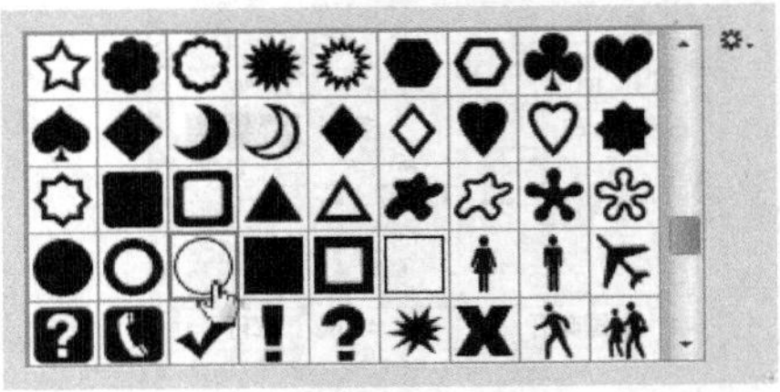

图5-26 选择的形状

STEP 20 新建“图层 2”，然后在十字线形位置依次拖曳，绘制出如图 5-27 所示的圆形，即可完成文字的输入与编辑练习。

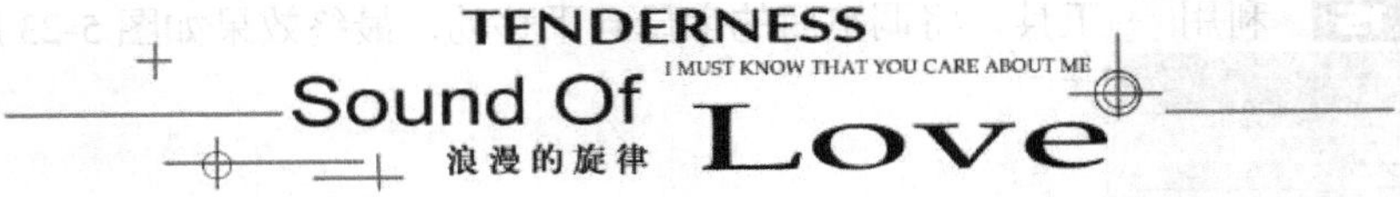

图5-27 绘制的圆形

STEP 21 按Ctrl+S组合键，将此文件命名为“文字练习.psd”保存。

任务二 文字工具的变形应用

【知识准备】

单击属性栏中的按钮，弹出【变形文字】对话框，在此对话框中可以设置输入文字的变形效果。注意，此对话框中的选项默认状态都显示为灰色，只有在【样式】下拉列表中选择除【无】以外的其他选项后才可调整，如图 5-28 所示。

- 【样式】：设置文本最终的变形效果，单击其右侧窗口的▼按钮，可弹出文字变形下拉列表，选择不同的选项，文字的变形效果也各不相同。
- 【水平】和【垂直】选项：设置文本的变形是在水平方向上，还是在垂直方向上进行。
- 【弯曲】：设置文本扭曲的程度。
- 【水平扭曲】：设置文本在水平方向上的扭曲程度。
- 【垂直扭曲】：设置文本在垂直方向上的扭曲程度。

选择不同的样式，文本变形后的不同效果如图 5-29 所示。

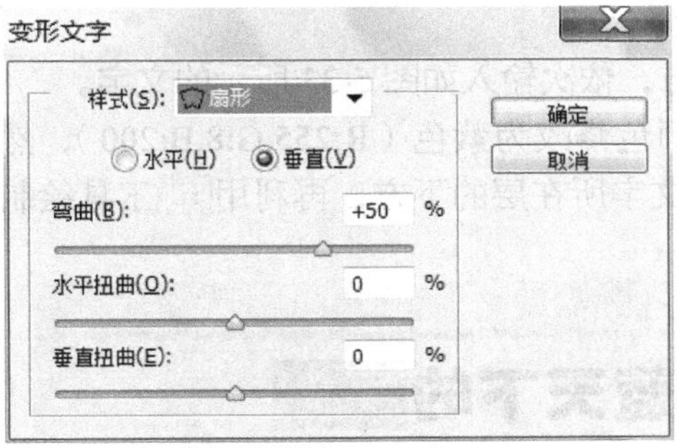

图5-28　【变形文字】对话框

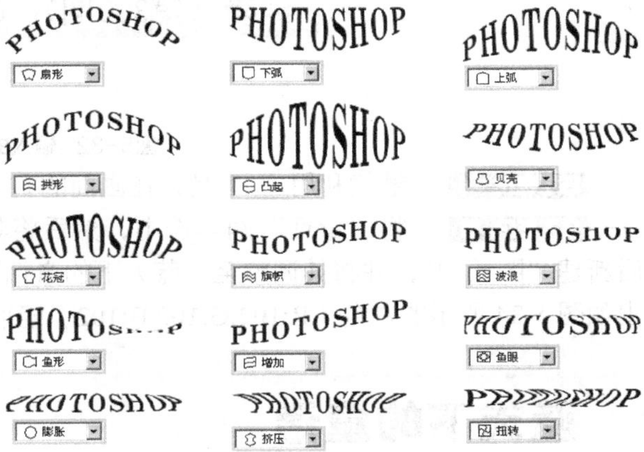

图5-29　文本变形效果

下面灵活运用文字工具的变形功能来设计电子杂志画面，效果如图 5-30 所示。

图5-30　设计的电子杂志

【操作步骤】

STEP 1　打开素材文件中名为“杂志画面.jpg”的文件。

STEP 2　新建“图层 1”，选择[]工具，并在画面的上方位置自左向右拖曳，绘制矩形选区，然后为其填充蓝色（R:117,G:148,B:150），如图 5-31 所示。

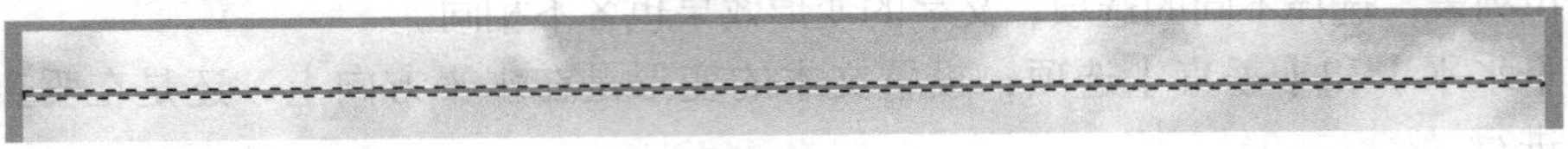

图5-31 绘制的矩形

STEP 3 将前景色设置为黑色，然后选择[T]工具，并在画面的左上角位置输入如图 5-32 所示的文字。

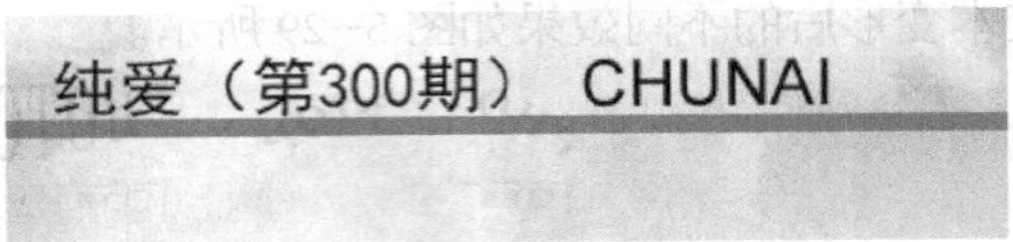

图5-32 输入的文字

STEP 4 继续利用[T]工具，在画面的右上方，依次输入如图 5-33 所示的文字。

STEP 5 将“童话”两字选中，然后将其颜色修改为紫色（R:255,G:8,B:200），然后新建“图层 2”，并将其调整至“蓝天下的童话”文字所在层的下方，再利用[]工具绘制出如图 5-34 所示的灰色（R:102,G:102,B:102）矩形。

图5-33 输入的文字

图5-34 绘制的矩形

STEP 6 按[Ctrl]+[D]组合键，去除选区，然后继续利用[T]工具，依次输入如图 5-35 所示的文字及字母。

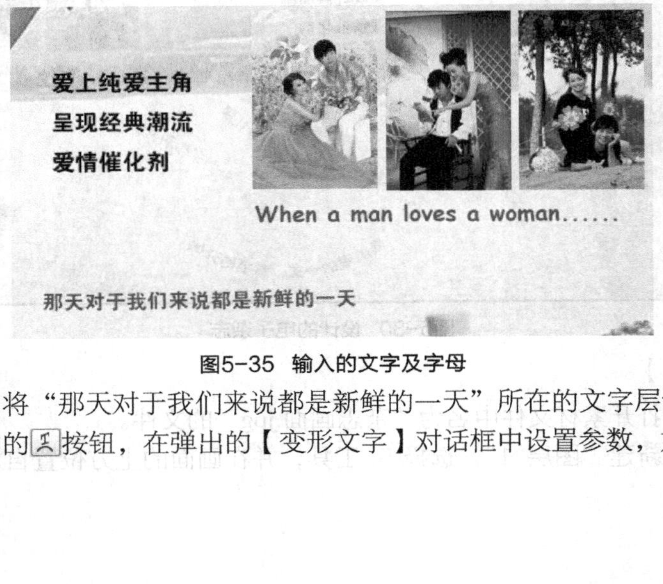

图5-35 输入的文字及字母

STEP 7 将“那天对于我们来说都是新鲜的一天”所在的文字层设置为工作状态，然后单击属性栏中的[]按钮，在弹出的【变形文字】对话框中设置参数，如图 5-36 所示。

STEP 8 单击 确定 按钮，文字变形后的效果如图 5-37 所示。

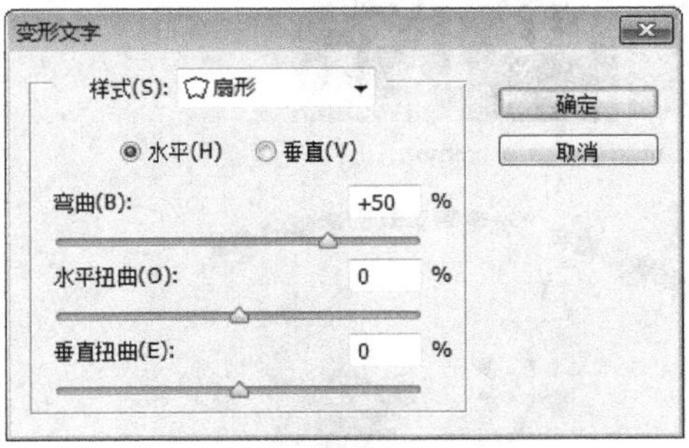

图5-36 设置的选项及参数

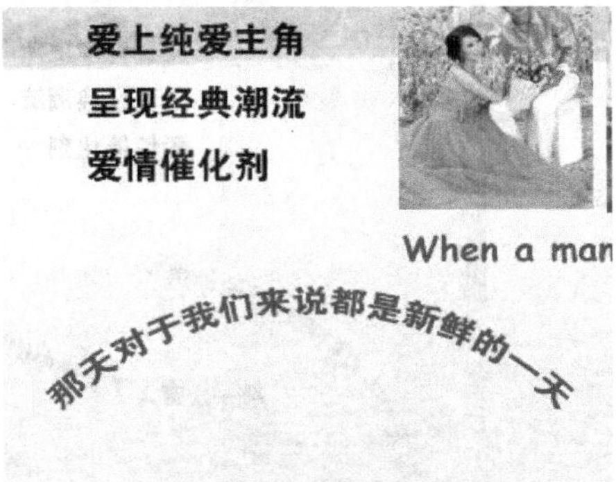

图5-37 文字变形后的效果

STEP 9 按 Ctrl+T 组合键，为变形后的文字添加自由变换框，然后将其旋转至如图 5-38 所示的形态及位置，再按 Enter 键确认。

STEP 10 利用 T 工具，再输入如图 5-39 所示的黑色文字。

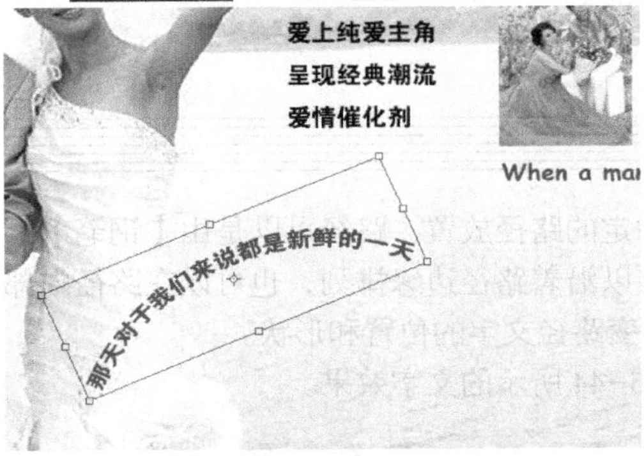

图5-38 旋转后形态及位置

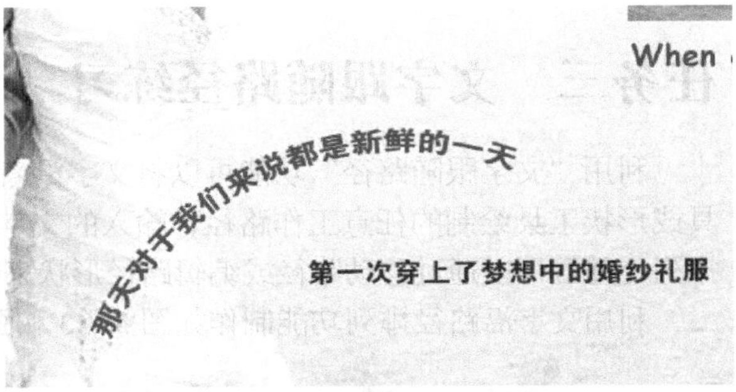

图5-39 输入的文字

STEP 11 单击属性栏中的 按钮，在弹出的【变形文字】对话框中设置选项及参数如图 5-40 所示，然后单击 确定 按钮，将文字变形处理。

STEP 12 继续利用【自由变换】命令，将变形后的文字旋转调整至如图 5-41 所示的形态及位置。

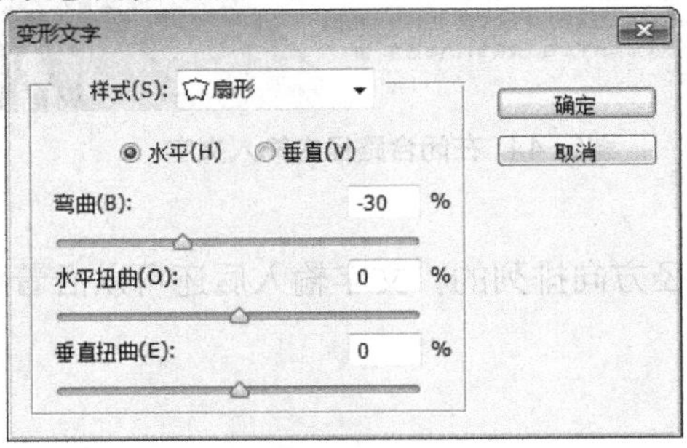

图5-40 设置的变形参数

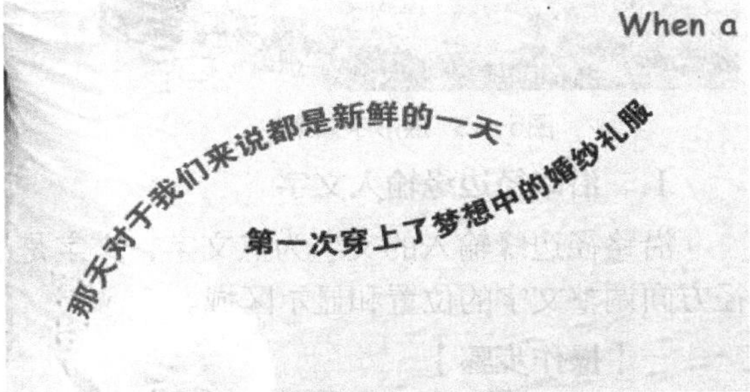

图5-41 调整后的形态及位置

STEP 13 用与步骤 10～步骤 12 相同的方法，分别输入灰色和黑色文字并进行变形，依次制作出如图 5-42 所示的两组文字效果。其文字变形的样式都为“扇形”；【弯曲】的数值分别为“40”和“－40”。

图5-42 制作的变形文字

STEP 14 至此，电子杂志设计完成，按 Shift+Ctrl+S 组合键，将此文件另命名为“设计电子杂志.psd”保存。

任务三 文字跟随路径练习

利用“文字跟随路径”功能可以将文字沿着指定的路径放置。路径可以是由【钢笔】工具或形状工具绘制的任意工作路径，输入的文字可以沿着路径边缘排列，也可以在路径内部排列，并且可以通过移动路径或编辑路径形状来改变路径文字的位置和形状。

利用文字沿路径排列功能制作如图 5-43 和图 5-44 所示的文字效果。

图5-43 拱形字效果

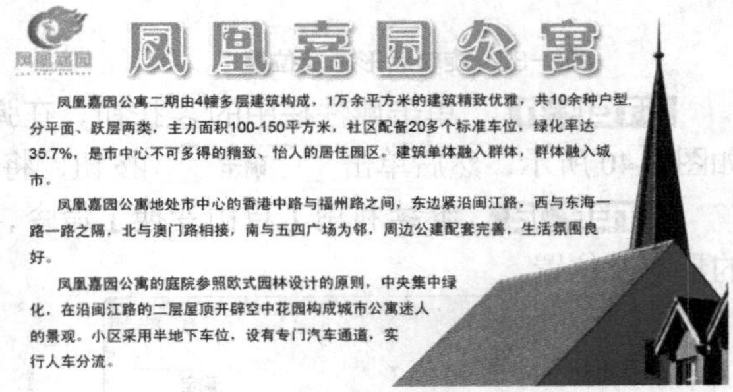

图5-44 在闭合路径内输入文字

1. 沿路径边缘输入文字

沿路径边缘输入的文字为点文字，文字是沿路径方向排列的，文字输入后还可以沿着路径方向调整文字的位置和显示区域。

【操作步骤】

STEP 1 打开素材文件中名为“拱形门.jpg”的图片文件，利用 工具和 工具在拱形气模中绘制调整出如图 5-45 所示的路径。

STEP 2 选择 T 工具，将鼠标光标放置到路径左端的起始点上，鼠标光标显示为 形状时单击，在单击处会出现一个插入点“×”和输入光标，此处为文字的起点；路径的终点将显示为一个小圆圈“○”，从起点到终点就是路径文字的显示范围，此时沿路径输入需要的文字，如图 5-46 所示。

图5-45 绘制的路径

图5-46 沿路径输入的文字

STEP 3 按下鼠标左键向左拖曳将输入的文字选中，如图 5-47 所示。

STEP 4 此时就可以在属性栏中修改文字的大小、字体、颜色等属性了，修改后的效果如图 5-48 所示。

图5-47 选择文字

图5-48 修改后的文字效果

STEP 5 选择 工具，在路径上文字的起点或终点位置按下鼠标左键拖曳，可以调整文字在路径上的位置，如图 5-49 所示。

STEP 6 利用 工具还可以继续调整路径的形状以便修改文字的位置，如图 5-50 所示。

图5-49 调整文字在路径上的位置

图5-50 调整路径

STEP 7 按 Shift+Ctrl+S 组合键，将其另命名为“沿路径输入文字.psd”保存。

2. 在闭合路径内输入文字

在闭合路径内输入文字相当于创建段落文本，当文字输入至路径边界时，系统将自动换行。如果输入的文字超出了路径所能容纳的范围，路径及定界框的右下角将出现溢出图标。在闭合路径内输入文字的操作步骤如下。

【操作步骤】

STEP 1 打开素材文件中名为“底图.jpg”的图片文件。

STEP 2 利用工具在图像文件中绘制出如图 5-51 所示的路径。

图5-51 绘制的路径

STEP 3 选择T工具，将鼠标光标移动到路径内部，当鼠标光标显示为形状时单击，指定插入点，此时将在路径内显示闪烁的输入光标，并在路径外出现定界框，如图 5-52 所示。

STEP 4 在文本框中输入相应的段落文字，如图 5-53 所示。单击属性栏中的✓按钮，确认文字输入完成。

图5-52 显示的段落文本定界框

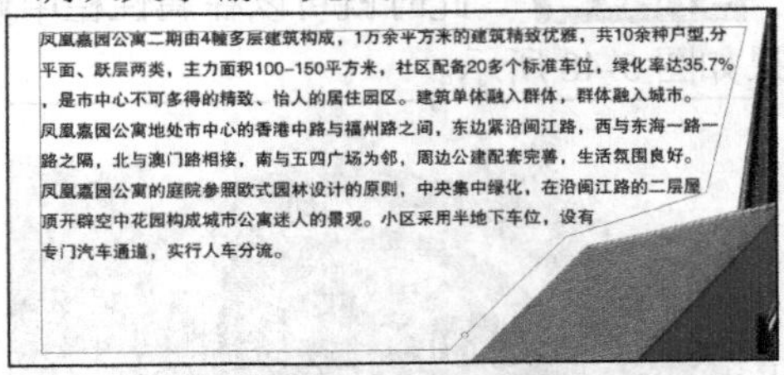

图5-53 输入的文字

STEP 5 打开【段落】面板，在【段落】面板中设置【首行缩进】选项为“13 点”，如图 5-54 所示。

STEP 6 按Enter键，设置缩进后的文字如图 5-55 所示。

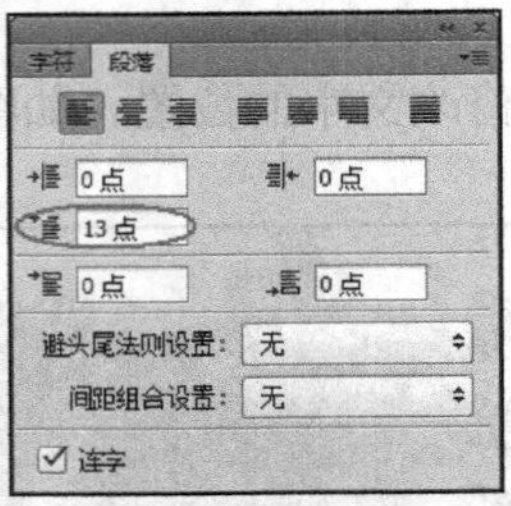

图5-54 设置【首行缩进】选项参数

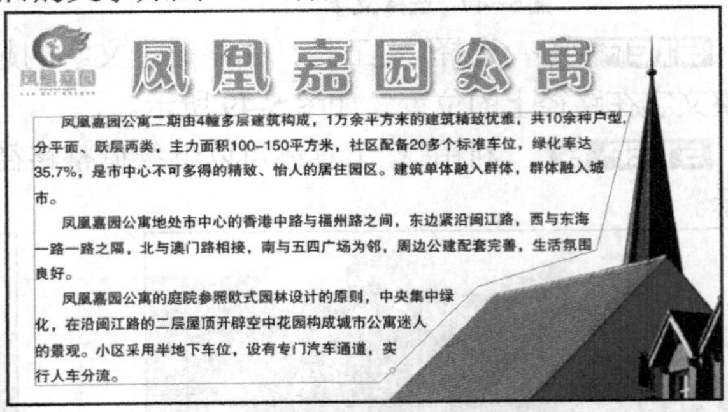

图5-55 设置【首行缩进】后的文字

STEP 7 此时利用工具箱中的工具或工具可以任意地调整路径的形状，路径中的文字将自动更新以适应新路径的形状或位置，如图 5-56 所示。

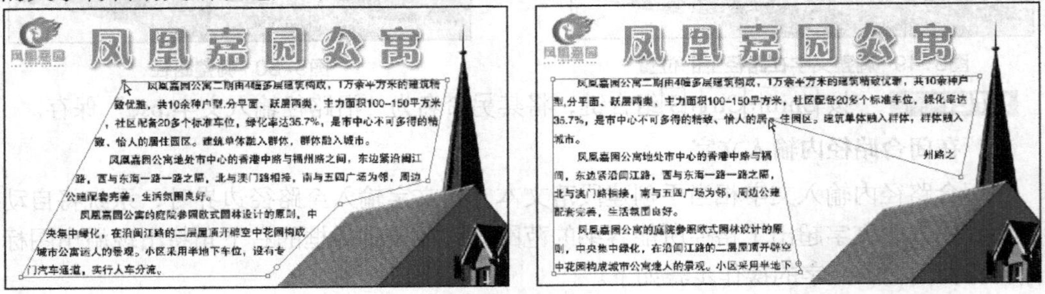

图5-56 路径文字跟随路径的改变而变化

STEP 8 按 Ctrl+Shift+S 组合键，将当前文件另命名为“沿闭合路径输入文字.psd”保存。

项目实训　设计报纸广告

本节综合运用各种文字功能来设计“景山花园”的报纸广告，设计完成的报纸广告效果如图 5-57 所示。

图5-57　设计完成的报纸广告

【操作步骤】

STEP 1 新建一个【宽度】为“25 厘米”,【高度】为“17 厘米”,【分辨率】为“150 像素/英寸”,【颜色模式】为“RGB 颜色”,【背景内容】为白色的文件。

STEP 2 新建“图层 1”，然后将前景色设置为暗红色（R:180,B:5）。

STEP 3 按 Ctrl+A 组合键，将画面全部选中，然后执行【编辑】/【描边】命令，在弹出的【描边】对话框中设置参数如图 5-58 所示。

STEP 4 单击 确定 按钮，描边后的效果如图 5-59 所示，然后按 Ctrl+D 组合键将选区删除。

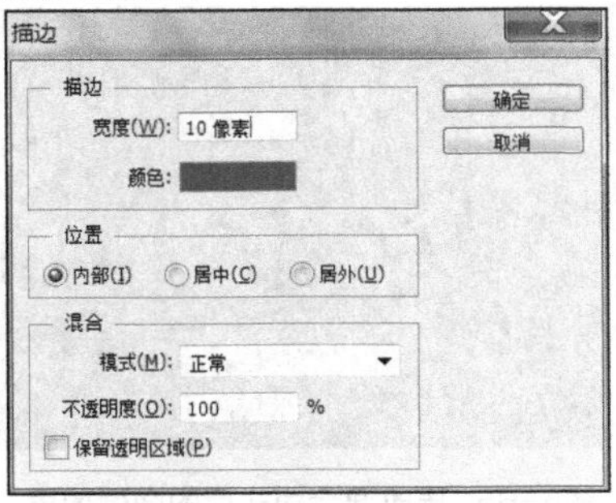

图5-58 【描边】对话框参数设置

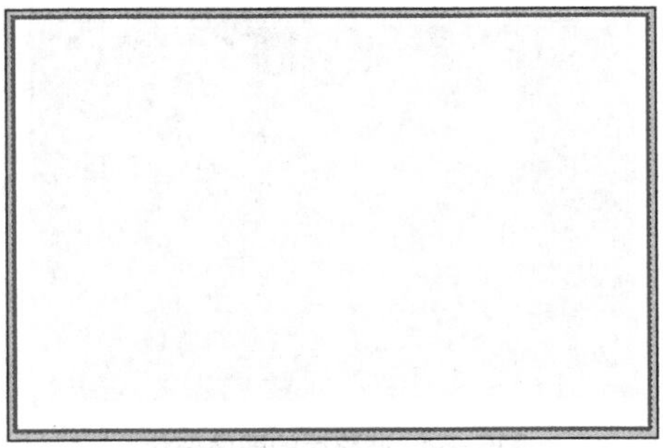

图5-59　描边后的效果

STEP 5 新建"图层 2"，利用[ ]工具绘制出如图 5-60 所示的矩形选区。

STEP 6 利用[ ]工具为选区由左至右填充从红色（R:230,B:18）到暗红色（R:165）的线性渐变色，效果如图 5-61 所示，然后将选区删除。

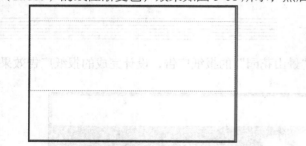

图5-60 绘制的选区

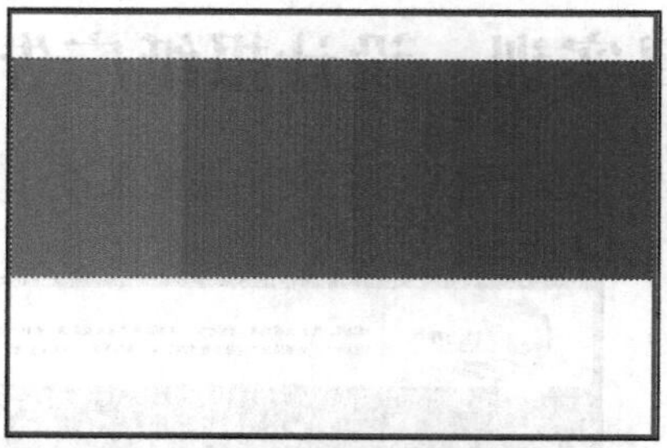

图5-61 填充渐变色后的效果

STEP 7 打开素材文件中名为"花纹.psd"的图像文件，然后将"图层 1"中的花纹移动复制到新建文件中生成"图层 3"。

STEP 8 按 Ctrl+T 组合键，为"图层 3"中的花纹图形添加自由变换框，并将其调整至如图 5-62 所示的形状，然后按 Enter 键确认图像的变换操作。

STEP 9 将"图层 3"的图层混合模式设置为"点光"，更改混合模式后的图像效果如图 5-63 所示。

图5-62 调整后的图像形状

图5-63 更改混合模式后的图像效果

STEP 10 将"花纹.psd"文件中"图层 2"的花纹移动复制到新建文件中生成"图层 4"。

STEP 11 按 Ctrl+T 组合键为"图层 4"中的花纹图形添加自由变换框，并将其调整至如图 5-64 所示的形状，然后按 Enter 键确认图像的变换操作。

STEP 12 将"图层 4"的图层混合模式设置为"柔光"，更改混合模式后的图像效果如图 5-65 所示。

图5-64 调整后的图像形状

图5-65 更改混合模式后的图像效果

STEP 13 利用T工具输入如图 5-66 所示的白色文字。

STEP 14 将鼠标光标放置到“7”字的左侧位置，按下鼠标左键并向右拖曳，将“7”字选中，如图 5-67 所示。

图5-66 输入的文字

图5-67 选择后的文字形状

STEP 15 在属性栏中将数字的字号调大，确认后，再利用[ ]工具绘制出如图 5-68 所示的矩形选区，将“月”字选中。

STEP 16 按 Ctrl+T 组合键为选择的文字添加自由变换框，并将其调整至如图 5-69 所示的形状，然后按 Enter 键确认文字的变换操作。

图5-68 绘制的选区

图5-69 调整后的文字形状

STEP 17 用与步骤 15～16 相同的方法依次将文字调整至如图 5-70 所示的形状。

STEP 18 选择工具，按住 Shift 键依次绘制出如图 5-71 所示的选区。

STEP 19 按 Delete 键将选择的内容删除，效果如图 5-72 所示，然后将选区删除。

图5-70 调整后的文字形状

图5-71 绘制的选区

图5-72 删除内容后的效果

STEP 20 利用和工具绘制并调整出如图 5-73 所示的路径。

STEP 21 按 Ctrl+Enter 组合键将路径转换为选区，并为选区填充上白色，效果如图 5-74 所示，然后将选区删除。

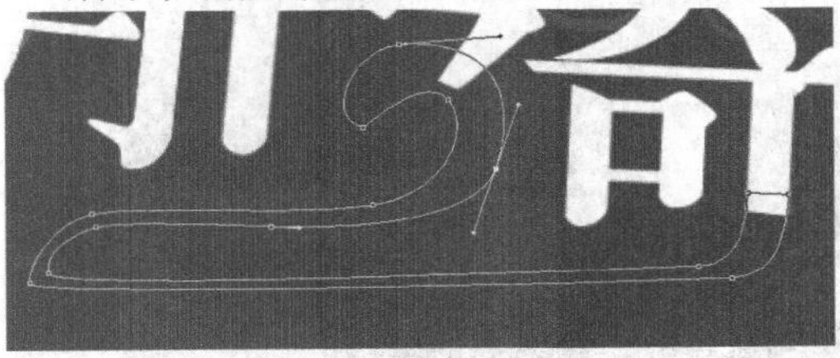

图5-73 绘制的路径

图5-74 填充颜色后的效果

STEP 22 执行【图层】/【图层样式】/【混合选项】命令，在弹出的【图层样式】对话框中设置参数，如图 5-75 所示。

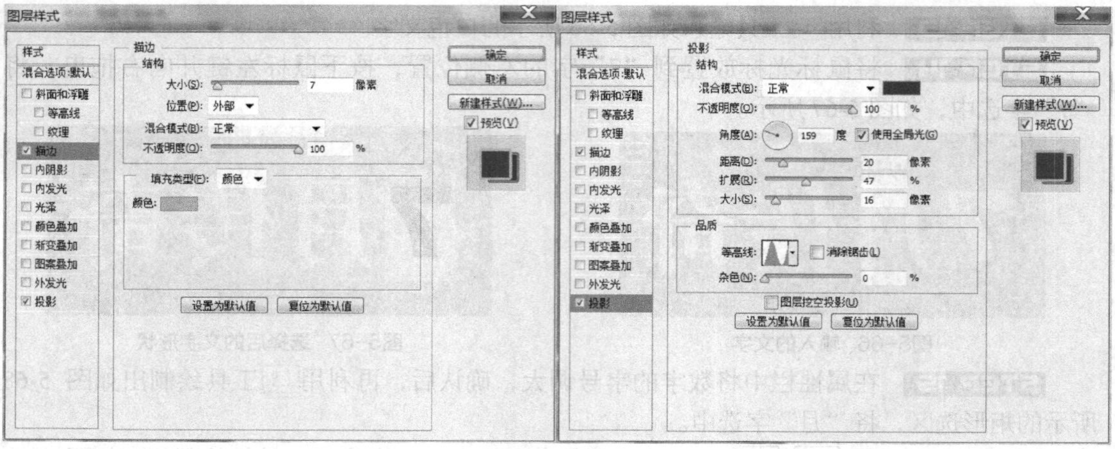

图5-75 【图层样式】对话框参数设置

STEP 23 单击 确定 按钮，添加图层样式后的文字效果如图 5-76 所示。

STEP 24 打开素材文件中名为“客厅.jpg”的图片文件，然后将其移动复制到新建文件中生成“图层 5”。

STEP 25 按 Ctrl+T 组合键为“图层 5”中的图像添加自由变换框，并将其调整至如图 5-77 所示的形状，然后按 Enter 键确认图像的变换操作。

图5-76 添加图层样式后的文字效果

图5-77 调整后的图片形状

STEP 26 利用工具绘制出如图 5-78 所示的选区。

STEP 27 按 Delete 键将选择的内容删除，然后按 Ctrl+D 组合键将选区删除。

STEP 28 打开素材文件中名为“卧室.jpg”的图片文件，然后将其移动复制到新建文件中生成“图层 6”，并将其调整大小后放置到如图 5-79 所示的位置。

图5-78 绘制的选区

图5-79 图片放置的位置

STEP 29 按住 Ctrl 键，单击“图层 5”左侧的图层缩略图，载入其图像选区。

STEP 30 确认“图层 6”为当前层，按 Delete 键删除选择的内容，效果如图 5-80 所示，再将选区删除，然后将其水平向右移动一点位置，调整出如图 5-81 所示的效果。

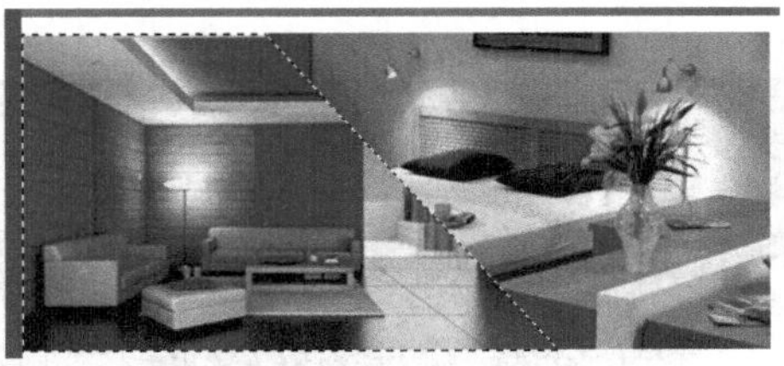

图5-80 删除后的效果

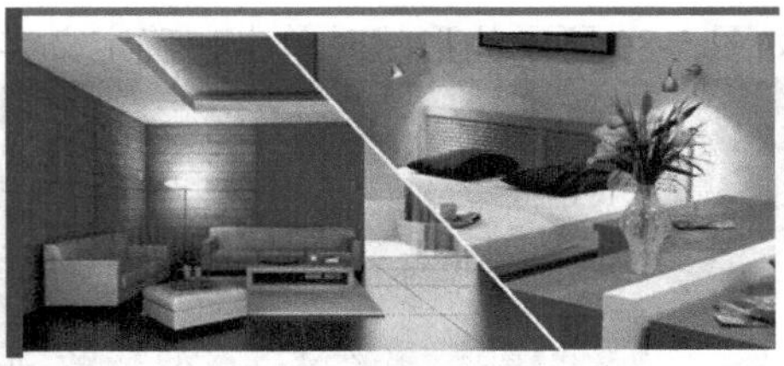

图5-81 移动后的图片位置

STEP 31 打开素材文件中名为“厨房.jpg”的图片文件，然后将其移动复制到新建文件中生成“图层 7”，并将其调整大小后放置到如图 5-82 所示的位置。

STEP 32 灵活运用工具，制作出如图 5-83 所示的图像效果。

图5-82 图片放置的位置

图5-83 制作出的图像效果

STEP 33 打开素材文件中名为“景山标志.psd”的图片文件，然后将其移动复制到新建文件中生成“图层 8”，并将其调整大小后放置到画面的左上角位置，如图 5-84 所示。

STEP 34 新建“图层 9”，利用工具在标志图形的右侧位置绘制出如图 5-85 所示的暗红色（R:165）矩形。

图5-84 标志图形放置的位置

图5-85 绘制的矩形

STEP 35 选择工具，在画面中按下鼠标左键并拖曳，绘制出如图 5-86 所示的文字定界框，在定界框中输入如图 5-87 所示的文字。

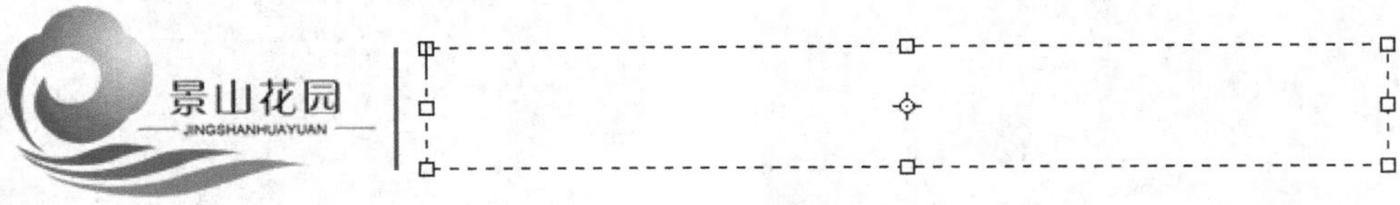

图5-86 绘制的文字定界框

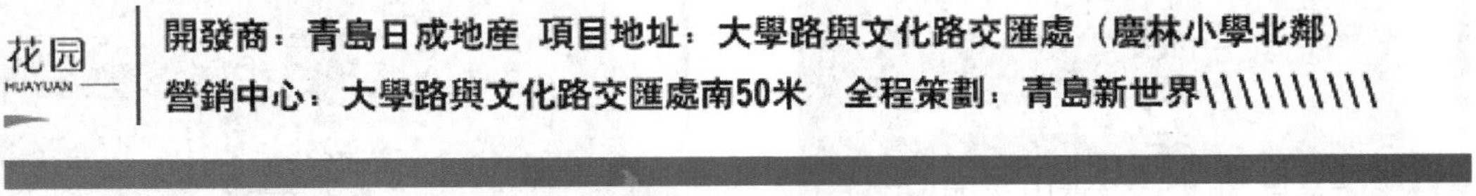
花园
HUAYUAN
開發商：青島日成地產 項目地址：大學路與文化路交匯處（慶林小學北鄰）
營銷中心：大學路與文化路交匯處南50米 全程策劃：青島新世界\\\\\\\\\\\

图5-87 输入的文字

STEP 36 利用工具和工具绘制并调整出如图 5-88 所示的路径。

STEP 37 选择工具，将鼠标光标移动到绘制路径的起点位置，当鼠标光标显示为如图 5-89 所示的形状时单击，确定文字的输入点。

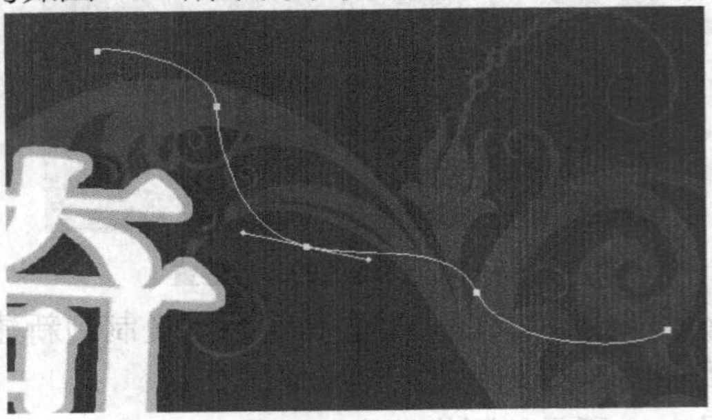

图5-88 绘制的路径

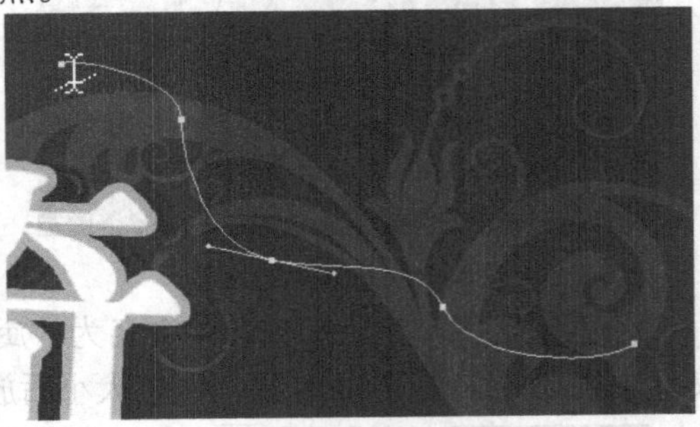

图5-89 鼠标光标显示的形状

STEP 38 在属性栏中设置合适的字体及字号大小，然后依次输入如图 5-90 所示的白色文字。

STEP 39 继续利用 T 工具依次输入如图 5-91 所示的白色文字。

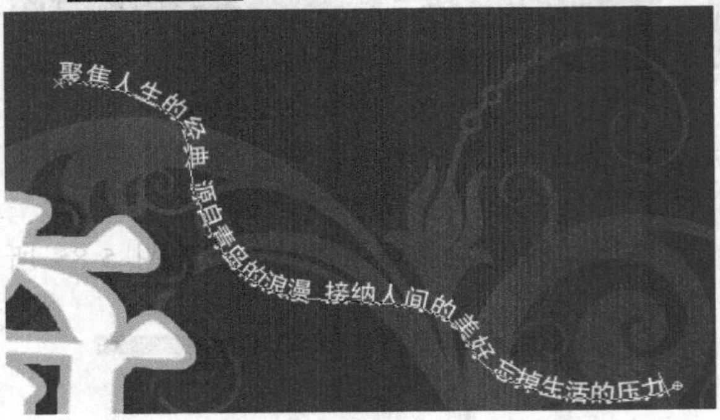

图5-90 输入的文字

图5-91 输入的文字

STEP 40 将鼠标光标放置到"景"字的左侧位置，按下鼠标左键并向右拖曳，将"景山花园"文字选中，如图 5-92 所示。

STEP 41 单击属性栏中的色块，在弹出的【选择文本颜色】对话框中设置颜色参数为深黄色（R:255,G:185,B:85）。

STEP 42 单击 确定 按钮，再单击属性栏中的 ✓ 按钮确认文字的输入，如图 5-93 所示。

图5-92 选择后的文字形状

图5-93 修改颜色后的文字效果

STEP 43 利用 T 工具依次输入如图 5-94 所示的文字。

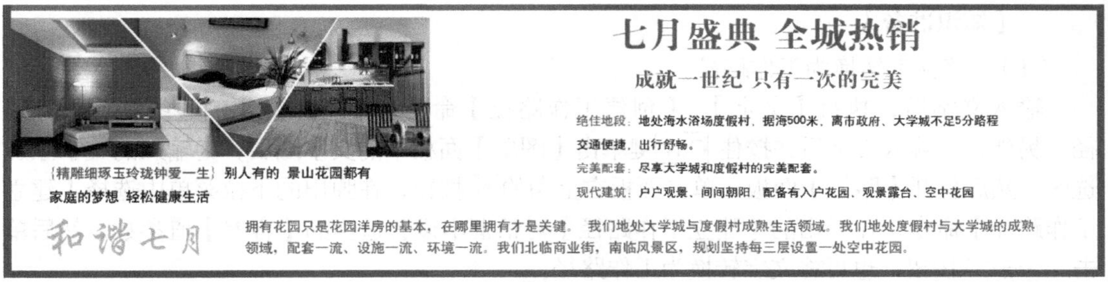

图5-94　输入的文字

STEP 44 将鼠标光标移动至“绝”字的左侧位置单击，插入文本输入光标，如图5-95所示。

STEP 45 将输入法设置为“智能 ABC 输入法”，单击输入法右侧的按钮，此时工作界面中将弹出“PC 键盘”。

STEP 46 在按钮上单击鼠标右键，在弹出的列表中选择【特殊符号】命令，然后在弹出的相应键盘中单击如图5-96所示的符号，输入的符号如图5-97所示。

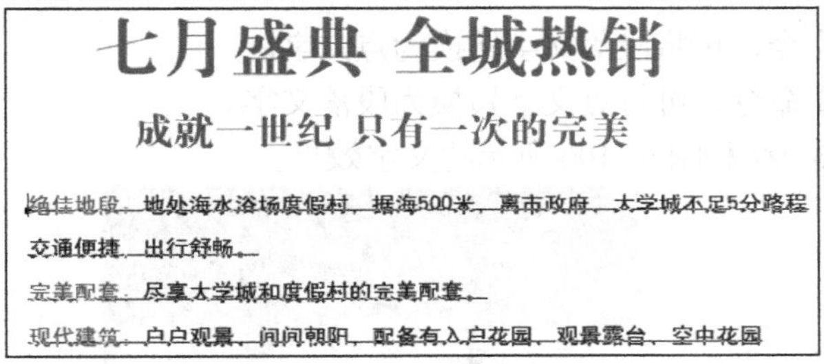

图5-95　插入的文本输入光标

图5-96　选择的特殊符号

STEP 47 用与步骤46相同的方法依次为下面两行添加上特殊符号，然后新建“图层 11”，利用工具绘制出如图5-98所示的灰色（R:202,G:202,B:202）矩形。

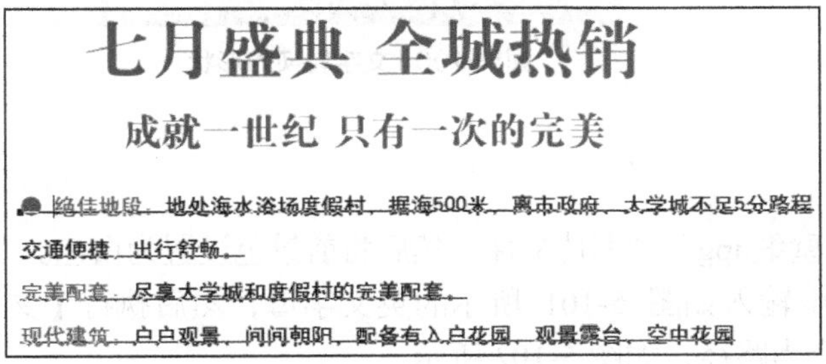

图5-97　输入的符号

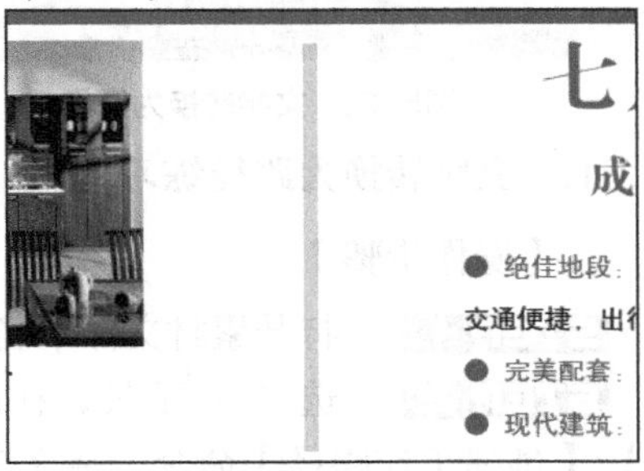

图5-98　绘制的矩形

至此，报纸广告设计完成，整体效果如图5-57所示。

STEP 48 按Ctrl+S组合键，将文件命名为“报纸广告设计.psd”保存。

项目拓展　文字转换练习

在 Photoshop 中，可以将输入的文字转换成工作路径和形状进行编辑，也可以将它进行栅格化处理。另外，还可以将输入的点文字与段落文字进行互换。

【知识准备】

（1） 将文字转换为工作路径。

输入文字后，执行【文字】/【创建工作路径】命令，即可在文字的边缘创建工作路径。另外，当输入文字后，按住 Ctrl 键单击【图层】面板中的文字图层，为输入的文字添加选区。然后打开【路径】面板，单击面板右上角的按钮，在弹出的下拉菜单中选择【建立工作路径】命令，在弹出的【建立工作路径】对话框中设置适当的【容差】值参数，然后单击 确定 按钮，也可将文字转换为工作路径。

（2） 将文字转换为形状。

输入文字后，执行【文字】/【转换为形状】命令，即可将文字转换为形状图形，此时文字将变为图像，不再具有文字的属性。

（3） 将文字层转换为普通图层。

在【图层】面板中的文字图层上单击鼠标右键，在弹出的快捷菜单中选择【栅格化图层】命令，或执行【文字】/【栅格化文字图层】命令，即可将文字层转换为普通图层。

（4） 点文字与段落文字相互转换。

- 执行【文字】/【转换为点文本】命令，可将段落文字转换为点文字。
- 执行【文字】/【转换为段落文本】命令，可将点文字转换为段落文字。

利用文字工具的转换命令，制作如图 5-99 和图 5-100 所示的文字效果。

图5-99 文字转换为路径

图5-100 文字转换为形状

1. 文字转换为路径练习

【操作步骤】

STEP 1 打开素材文件中名为“壁纸.jpg”的图片文件，然后将前景色设置为白色。

STEP 2 选择 T 工具，在画面中输入如图 5-101 所示的英文字母，然后执行【文字】/【创建工作路径】命令，将文字转换为路径，如图 5-102 所示。

图5-101 输入的英文字母

图5-102 文字转换为路径后的形状

STEP 3 单击【图层】面板底部的按钮，然后在弹出的如图 5-103 所示的【Adobe Photoshop CS6 Extended】提示对话框中单击 是(Y) 按钮，将文字图层删除，删除后的画面效果如图 5-104 所示。

图5-103 提示对话框

图5-104 删除文字层后的画面效果

STEP 4 选择工具，在画面中将文字路径选中，其选择状态如图 5-105 所示，选择路径后的形状如图 5-106 所示。

图5-105 选择路径时的状态

图5-106 选择路径后的形状

STEP 5 执行【编辑】/【变换路径】/【扭曲】命令，为路径添加自由变换框，然后将鼠标光标移动到变形框右上角的控制点上，按下鼠标左键并向左拖曳，将路径调整为如图 5-107 所示的形状。

图5-107 路径调整形状

STEP 6 用与步骤 5 相同的方法，分别将鼠标光标移动到变换框左上角的控制点和上方中间的控制点上对路径进行调整，状态如图 5-108 所示。

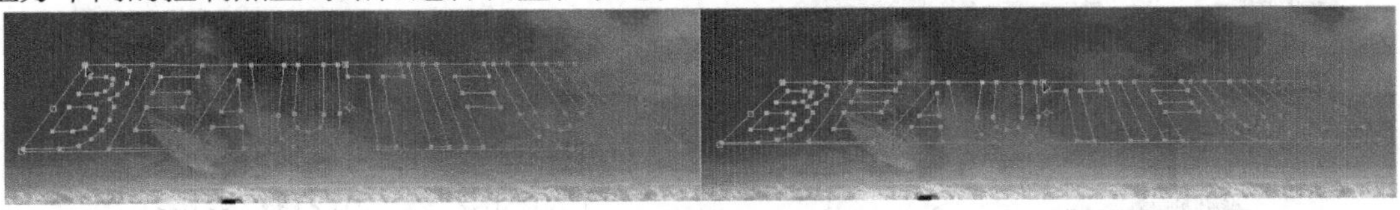

图5-108 调整路径时的状态

STEP 7 按 Enter 键确认路径的变形操作。

STEP 8 新建“图层 1”，选择工具，单击属性栏中的按钮，在弹出的【画笔】面板中设置参数，如图 5-109 所示。

STEP 9 确认前景色为白色，单击【路径】面板底部的按钮，用前景色为路径描边。

STEP 10 单击【路径】面板底部的按钮将路径删除，此时画面中生成的效果如图 5-110 所示。

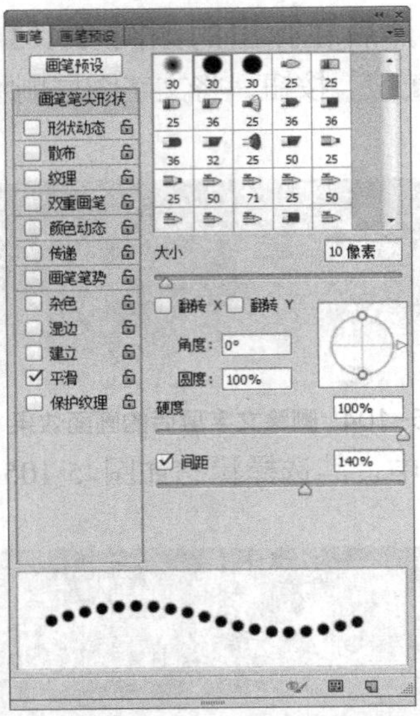

图5-109 【画笔】面板参数设置

图5-110 删除路径后的画面效果

STEP 11 按 Shift+Ctrl+S 组合键，将此文件另命名为“描绘路径文字.psd”保存。

2. 文字转换为形状练习

【操作步骤】

STEP 1 再次打开素材文件中名为“壁纸.jpg”的图片文件，将前景色设置为绿色（G:255），并在画面中输入如图 5-111 所示的文字。

STEP 2 执行【文字】/【转换为形状】命令，将输入的文字转换为形状。

STEP 3 执行【编辑】/【定义自定形状】命令，弹出【形状名称】对话框，单击 确定 按钮。

STEP 4 在【图层】面板中将转换后的形状层删除，并新建一个“图层 1”。

STEP 5 选择工具，单击属性栏中【形状】选项后的按钮，在弹出的【形状选项】面板中选择刚才自定义的“形状 1”，如图 5-112 所示。

图5-111 输入的文字

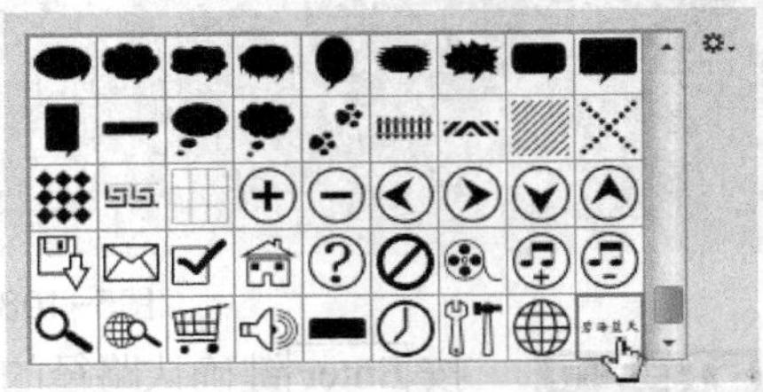

图5-112 【自定形状选项】面板

STEP 6 在属性栏选择 像素 选项，并设置属性栏如图 5-113 所示。

图5-113 【自定义形状】工具属性栏参数设置

STEP 7 按住 Shift 键在画面中拖曳鼠标，即可绘制出如图 5-114 所示的自定义形状文字。

图5-114 利用自定义形状绘制的文字

STEP 8 按Shift+Ctrl+S组合键，将此文件另命名为“形状文字.psd”保存。

习题

1. 用本项目介绍的文字工具，设计出如图5-115所示的报纸广告。

图5-115 设计的报纸广告

2. 打开素材文件中名为“标志.psd”的标志文件，然后用本项目介绍的沿路径输入文字功能在图形中加入文字，制作出如图5-116所示的标志图形。

图5-116 加入文字效果

项目六 其他工具应用

PART 6

除了前面几个项目中介绍的分类工具和文字工具以外，Photoshop CS6 工具箱中还有许多其他工具，如【裁剪】、【橡皮擦】、【切片】、【注释】和【计数】等工具。虽然这些工具的运用不是很频繁，但它们在图像处理过程中也是必不可少的，熟练掌握这些工具的使用，有助于读者对 Photoshop 的整体认识和在图像处理过程中操作的灵活性。

知识技能目标

- 掌握各种裁剪图像的方法。
- 学会【橡皮擦】工具的应用。
- 熟悉【切片】工具的功能及使用方法。
- 了解【标尺】、【注释】和【计数】工具的应用。

任务一　裁剪图像

在作品绘制及照片处理中，【裁剪】工具是调整图像大小必不可少的。使用此工具可以对图像进行重新构图裁剪、按照固定的大小比例裁剪、旋转裁剪及透视裁剪等操作。

【知识准备】

在 Photoshop CS6 软件中，将以往版本的【裁剪】工具分为了两个工具：【裁剪】工具和【透视裁剪】工具。

（1） 使用【裁剪】工具裁切图像。

使用裁剪工具对图像进行裁切的操作步骤为：打开需要裁切的图像文件，然后选择【裁剪】工具或【透视裁剪】工具，在图像文件中要保留的图像区域按住左键拖曳鼠标光标创建裁剪框，并对裁剪框的大小、位置及形态进行调整，确认后，单击属性栏中的按钮，即可完成裁切操作。

知识提示

确认裁切操作，除了单击按钮外，还可以通过按 Enter 键或在裁剪框内双击鼠标左键。若要取消裁切操作，可以按 Esc 键或者单击属性栏中的按钮。

（2） 调整裁剪框。

当在图像文件中创建裁剪框后，可对其进行调整，具体操作如下。

- 将鼠标光标放置在裁剪框内，按住鼠标左键拖曳可调整裁剪框的位置。
- 将鼠标光标放置到裁剪框的各角控制点上，按住鼠标左键拖曳可调整裁剪框的大小；如按住 Shift 键，按住鼠标左键拖曳可等比例缩放裁剪框；如按住 Alt 键，可按照调节中心为基准对称缩放裁剪框；如按住 Shift+Alt 键，可按照调节中心为基准等比例缩放裁剪框。
- 将鼠标光标放置在裁剪框外，当鼠标光标显示为旋转符号时按住鼠标左键拖曳，可旋转裁剪框。将鼠标光标放置在裁剪框内部的中心点上，按住鼠标左键拖曳可调整中心点的位置，以改变裁剪框的旋转中心。注意，如果图像的模式是位图模式，则无法旋转裁剪选框。

多学一招 将鼠标光标放置到透视裁剪框各角点位置，按住鼠标左键并拖曳，可调整裁剪框的形态。在调整透视裁剪框时，无论裁剪框调整得多么不规则，当确认后，系统都会自动将保留下来的图像调整为规则的矩形图像。

1. 重新构图裁剪照片

在照片处理过程中，当遇到主要景物太小，而周围的多余空间较大时，就可以利用【裁剪】工具对其进行裁剪处理，使照片的主题更为突出。

照片裁剪前后的对比效果如图 6-1 所示。

图6-1 原素材图片及裁剪后的效果对比

【操作步骤】

STEP 1 打开素材文件中名为“照片 01.jpg”的文件。

STEP 2 选择【裁剪】工具，单击属性栏中的按钮，在弹出的面板中设置选项如图 6-2 所示。

STEP 3 将鼠标光标移动到画面中的人物周围拖曳，即可绘制出裁剪框，如图 6-3 所示。

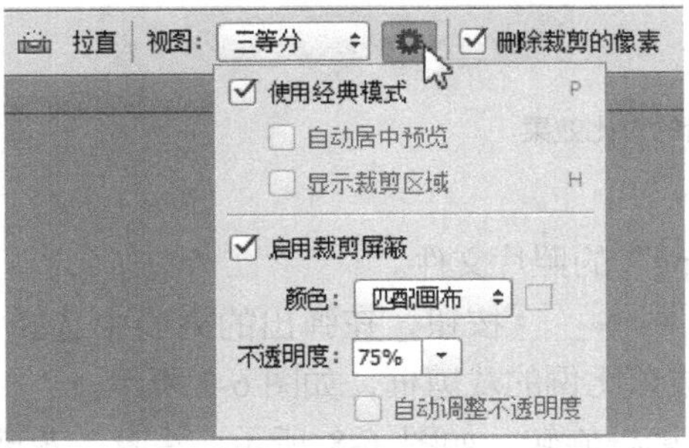

图6-2 设置的选项

图6-3 绘制的裁剪框

知识提示　如果不勾选属性栏中的【删除裁剪的像素】复选框，裁切图像后并没有真正将裁切框外的图像删除，只是将其隐藏在画布之外，如果在窗口中移动图像还可以看到被隐藏的部分。这种情况下，图像裁切后，背景层会自动转换为普通层。

STEP 4　对裁剪框的大小进行调整，效果如图 6-4 所示。

STEP 5　单击属性栏中的✔按钮，确认图片的裁剪操作，裁剪后的画面如图 6-5 所示。

图6-4　调整后的裁剪框

图6-5　裁剪后的图像文件

STEP 6　按 Shift+Ctrl+S 组合键将此文件另命名为“裁剪 01.jpg”保存。

2. 固定比例裁剪照片

照相机及照片冲印机都是按照固定的尺寸来拍摄和冲印的，所以当对照片进行后期处理时其照片的尺寸也要符合冲印机的尺寸要求，而在【裁剪】工具的属性栏中可以按照固定的比例对照片进行裁剪。

下面将图片进行调整，设置为竖向 10 英寸大小的冲洗比例，照片裁剪前后的对比效果如图 6-6 所示。

图6-6　照片裁剪前后的对比效果

【操作步骤】

STEP 1　打开素材文件中名为“照片 02.jpg”的照片文件。

STEP 2　选择工具，单击属性栏中的 不受约束 按钮，在弹出的列表中选择“4×5（8×10）”选项，此时在图像文件中会自动生成该比例的裁剪框，如图 6-7 所示。

STEP 3　单击属性栏中的按钮，可将裁剪框旋转，如图 6-8 所示。注意，裁剪框旋转后仍然会保持设置的比例，不需要再重新设置。

图6-7 自动生成的裁剪框

图6-8 旋转后的裁剪框

STEP 4 将鼠标光标移动到裁剪框内按下并向右移动位置，使人物在裁剪框内居中，然后按 Enter 键，确认图像的裁剪，即可完成按比例裁剪图像。

STEP 5 按 Shift+Ctrl+S 组合键，将此文件另命名为“裁剪 02.jpg”保存。

3. 旋转裁剪倾斜的图像

在拍摄或扫描照片时，可能会由于某种失误而导致画面中的主体图像出现倾斜的现象，此时可以利用【裁剪】工具来进行旋转裁剪修整。

原素材图片与裁剪后的效果对比如图 6-9 所示。

图6-9 原素材图片与裁剪后的效果对比

【操作步骤】

STEP 1 打开素材文件中名为“照片 03.jpg”的文件。

STEP 2 选择工具，单击属性栏中的 不受约束 按钮，在弹出的列表中选择“原始比例”选项。

STEP 3 此时在图像周围即自动生成一个裁剪框，将鼠标光标移动到裁剪框外，当鼠标光标显示为旋转符号时，按住鼠标左键并向右下方拖曳，将裁剪框旋转到与图像中的地平线位置平行，如图 6-10 所示。

STEP 4 将鼠标光标移动到裁剪框内按下鼠标左键并向右下方稍微移动位置，使人物头部上方不显示杂乱的图像，如图 6-11 所示。

图6-10 旋转裁剪框形态

图6-11 调整裁剪框

STEP 5 单击属性栏中的✓按钮，确认图片的裁剪操作，然后按 Shift+Ctrl+S 组合键，将此文件另命名为"裁剪 03.jpg"保存。

4. 拉直倾斜的照片

在 Photoshop CS6 中，【裁剪】工具又增加了一个新的"拉直"功能，可以直接将倾斜的照片进行旋转矫正，以达到更加理想的效果。

原素材图片与拉直后的效果对比如图 6-12 所示。

图6-12 图片拉直前后的对比效果

【操作步骤】

STEP 1 打开素材文件中名为"海边.jpg"的照片文件。

STEP 2 选择工具，并激活属性栏中的按钮，然后沿着海平线位置拖曳出如图 6-13 所示的裁剪线。

STEP 3 释放鼠标左键后，即根据绘制的裁剪线生成如图 6-14 所示的裁剪框。

图6-13 绘制的裁剪线

图6-14 生成的裁剪框

STEP 4 单击属性栏中的✓按钮，确认图片的裁剪操作，此时倾斜的海平面即被矫正过来了。

STEP 5 按Shift+Ctrl+S组合键，将此文件另命名为“裁剪 04.jpg”保存。

5. 透视裁剪倾斜的照片

在拍摄照片时，由于拍摄者所站的位置或角度不合适而经常会拍摄出具有严重透视的照片，对于此类照片可以通过【透视裁剪】工具进行透视矫正。照片裁剪前后的对比效果如图 6-15 所示。

图6-15 照片裁剪前后的对比效果

【操作步骤】

STEP 1 打开素材文件中名为“教堂.jpg”的图片文件。

STEP 2 选择【透视裁剪】工具，然后将鼠标光标移动到左上角的控制点上，按下鼠标左键并向右拖曳，状态如图 6-16 所示。

STEP 3 用相同的方法，对右上角的控制点进行调整，使裁剪框与建筑物楼体垂直方向的边缘线平行，如图 6-17 所示。

图6-16 绘制的裁剪框

图6-17 调整透视裁剪框

STEP 4 按 Enter 键确认图片的裁剪操作，即可对图像的透视进行矫正。

STEP 5 按 Shift+Ctrl+S 组合键，将此文件另命名为“裁剪 05.jpg”保存。

任务二　擦除图像背景

擦除图像工具主要是用来擦除图像中不需要的区域，共有 3 种工具，分别为【橡皮擦】工具、【背景橡皮擦】工具和【魔术橡皮擦】工具。

【知识准备】

- 利用【橡皮擦】工具擦除图像时，当在背景层或被锁定透明的普通层中擦除时，被擦除的部分将更改为工具箱中显示的背景色；当在普通层擦除时，被擦除的部分将显示为透明色，效果如图 6-18 所示。

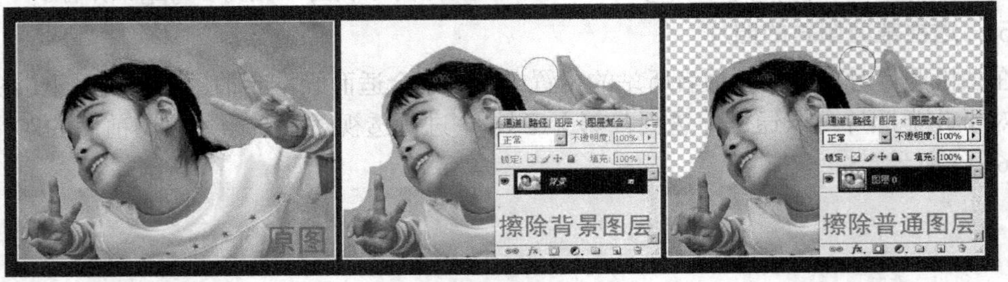

图6-18　两种不同图层的擦除效果

- 利用【背景橡皮擦】工具擦除图像时，无论是在背景层还是普通层上，都可以将图像中的特定颜色擦除为透明色，并且将背景层自动转换为普通层，效果如图 6-19 所示。

图6-19　使用【背景橡皮擦】工具擦除后的效果

- 【魔术橡皮擦】工具具有【魔棒】工具的特征。当图像中含有大片相同或相近的颜色时，利用【魔术橡皮擦】工具在要擦除的颜色区域内单击，可以一次性擦除图像中所有与其相同或相近的颜色，并可以通过【容差】值来控制擦除颜色的范围。

（1）　【橡皮擦】工具的属性栏如图 6-20 所示。

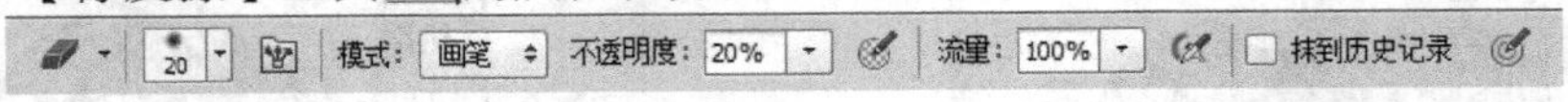

图6-20　【橡皮擦】工具的属性栏

- 【模式】：用于设置橡皮擦擦除图像的方式，包括【画笔】、【铅笔】和【块】3 个选项。
- 【抹到历史记录】：勾选了此复选框，【橡皮擦】工具就具有了【历史记录画笔】工具的功能。

（2）【背景橡皮擦】工具的属性栏如图 6-21 所示。

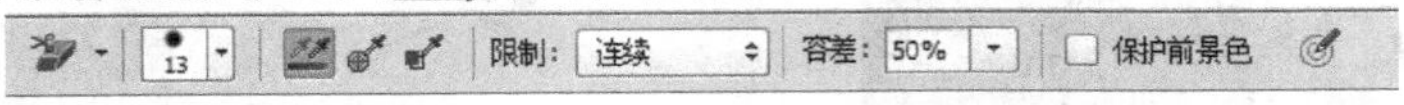

图6-21 【背景橡皮擦】工具的属性栏

- 【取样】：用于控制背景橡皮擦的取样方式。激活【连续】按钮，拖曳鼠标光标擦除图像时，将随着鼠标光标的移动随时取样；激活【一次】按钮，只替换第一次单击取样的颜色，在拖曳鼠标光标过程中不再取样；激活【背景色板】按钮，不在图像中取样，而是由工具箱中的背景色决定擦除的颜色范围。
- 【限制】：用于控制背景橡皮擦擦除颜色的范围。选择【不连续】选项，可以擦除图像中所有包含取样的颜色；选择【连续】选项，只能擦除所有包含取样颜色且与取样点相连的颜色；选择【查找边缘】选项，在擦除图像时将自动查找与取样点相连的颜色边缘，以便更好地保持颜色边界。
- 【保护前景色】：勾选此复选框，将无法擦除图像中与前景色相同的颜色。

（3）【魔术橡皮擦】工具的属性栏如图 6-22 所示，其上的选项在前面已经讲解，此处不再赘述。

图6-22 【魔术橡皮擦】工具的属性栏

下面灵活运用各种橡皮擦工具对图像背景进行擦除，原图像及擦除后的图像效果如图 6-23 所示。

图6-23 原图像及擦除后的图像效果

【操作步骤】

STEP 1 打开素材文件中名为“花.jpg”的图片文件。

STEP 2 选择工具，将鼠标光标移动到左上方的灰绿色背景位置单击，即可将该处的背景擦除，如图 6-24 所示。

STEP 3 移动鼠标光标至其他的背景位置依次单击对图像进行擦除，效果如图 6-25 所示。

> **知识提示**
> 也许读者擦除后的效果与本例给出的不完全一样，这没关系，因为鼠标单击位置的不同，擦除的效果也会不相同。此处只要沿花形将背景进行擦除即可。

图6-24　鼠标光标放置的位置及擦除后的效果

图6-25　擦除后的效果（1）

STEP 4　选择工具，然后在属性栏中的图标上单击，在弹出的【笔头设置】面板中，设置笔头大小如图 6-26 所示。

STEP 5　将属性栏中不透明度：100%的参数设置为“100%”，然后将鼠标光标移动到图像边缘的绿色背景位置按住鼠标左键拖曳，将花形以外的多余图像擦除，效果如图 6-27 所示。

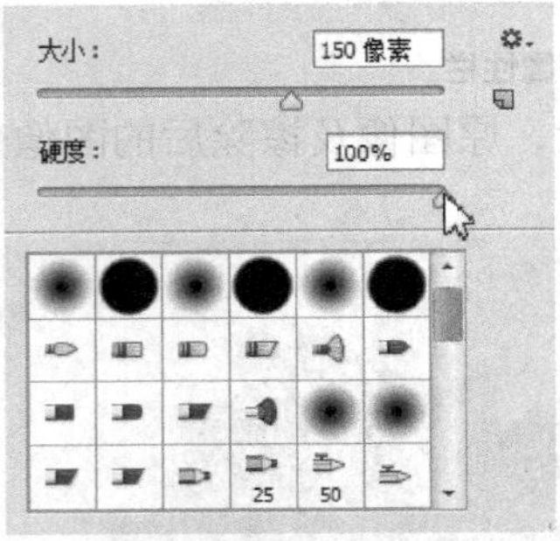

图6-26　【笔头设置】面板

图6-27　擦除后的效果（2）

STEP 6　选择工具，将笔头设置为“70 像素”，然后设置属性栏中各选项及参数如图 6-28 所示。

图6-28　【背景橡皮擦】工具的属性设置

STEP 7　将鼠标光标移动到如图 6-29 所示的背景位置，单击鼠标即可将该处背景擦除。

STEP 8　将鼠标光标依次移动到其他的背景位置单击，擦除图像，全部擦除后的效果如图 6-30 所示。

图6-29　鼠标光标放置的位置

图6-30　擦除后的效果（3）

知识提示

在利用工具擦除图像时，要注意鼠标中心的十字光标不要触及红色的花瓣。另外，要在背景图像上单击，不要拖曳光标，这样系统会自动识边图像的边缘。

STEP 9 按Shift+Ctrl+S组合键，将此文件命名为“擦除背景.psd”并进行保存。

项目实训一 【切片】工具应用

切片工具包括【切片】工具和【切片选择】工具，【切片】工具主要用于分割图像，【切片选择】工具主要用于编辑切片。

1. 创建切片

选择工具，将鼠标光标移动到图像文件中拖曳，释放鼠标左键后，即在图像文件中创建了切片，形状如图 6-31 所示。

2. 调整切片

将鼠标光标放置到选择切片的任一边缘位置，当鼠标光标显示为双向箭头时按下鼠标左键并拖曳，可调整切片的大小，如图 6-32 所示。将鼠标光标移动到选择的切片内，按下鼠标左键并拖曳，可调整切片的位置，释放鼠标左键后，图像文件中将产生新的切片效果。

图6-31 创建切片后的图像文件

图6-32 切片调整时的形态

3. 选择切片

选择工具，将鼠标光标移动到图像文件中的任意切片内单击，可将该切片选中。按住 Shift 键依次单击用户切片，可选择多个切片。在选择的切片上单击鼠标右键，在弹出的快捷菜单中选择【组合切片】命令，可将选择的切片组合。

系统默认被选择的切片边线显示为橙色，其他切片边线显示为蓝色。利用工具选择图像文件中切片名称显示为灰色的切片，然后单击属性栏中的 提升 按钮，可以将当前选择的切片激活，即左上角的切片名称显示为蓝色。

4. 显示/隐藏自动切片

创建切片后，单击工具属性栏中的 隐藏自动切片 按钮，即可将自动切片隐藏。此时，隐藏自动切片 按钮显示为 显示自动切片 按钮。单击 显示自动切片 按钮，即可再次将自动切片显示。

5. 设置切片堆叠顺序

切片重叠时，最后创建的切片位于最顶层，如果要查看底层的切片，可以更改切片的堆叠顺序，将选择的切片置于顶层、底层或上下移动一层。当需要调整切片的堆叠顺序时，可以通过单击属性栏中的堆叠按钮来完成。

● 【置为顶层】按钮：单击此按钮，可以将选择的切片调整至所有切片的最顶层。
● 【前移一层】按钮：单击此按钮，可以将选择的切片向上移动一层。
● 【后移一层】按钮：单击此按钮，可以将选择的切片向下移动一层。
● 【置为底层】按钮：单击此按钮，可以将选择的切片调整至所有切片的最底层。

6. 平均分割切片

读者可以将现有的切片进行平均分割。在工具箱中选择工具，在图像窗口中选择一个切片，单击属性栏中的 划分... 按钮，弹出【划分切片】对话框，如图 6-33 所示。

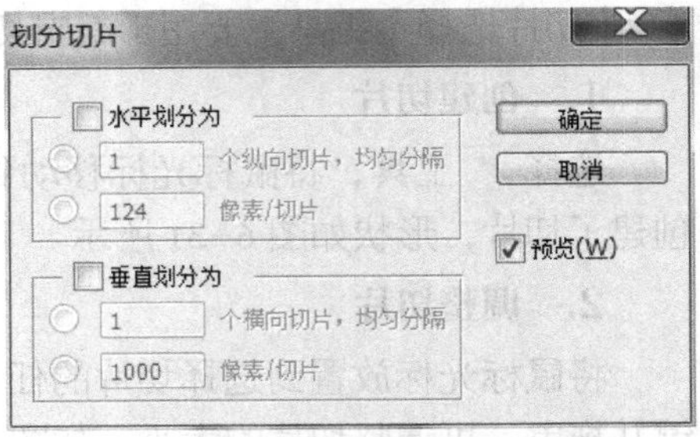

图6-33 【划分切片】对话框

● 勾选【水平划分为】复选框，可以通过添加水平分割线将当前切片在高度上进行分割。设置【个纵向切片，均匀分隔】值，决定当前切片在高度上分为几份。设置【像素/切片】值，决定几个像素的高度分为一个切片。如果剩余切片的高度小于【像素/切片】值，则停止切割。
● 勾选【垂直划分为】复选框，可以通过添加垂直分割线将当前切片在宽度上进行分割。设置【个横向切片，均匀分隔】值，决定将当前切片宽度上平均分为几份。设置【像素/切片】值，决定几个像素的宽度分为一个切片。如果剩余切片的宽度小于【像素/切片】值，则停止切割。
● 勾选【预览】复选框，可以在图像窗口中预览切割效果。

7. 设置切片选项

切片的功能不仅仅是可以使图像分为较小的部分以便于在网页上显示，还可以适当设置切片的选项，来实现一些链接及信息提示等功能。

在工具箱中选择工具，在图像窗口中选择一个切片，单击属性栏中的【为当前切片设置选项】按钮，弹出的【切片选项】对话框如图 6-34 所示。

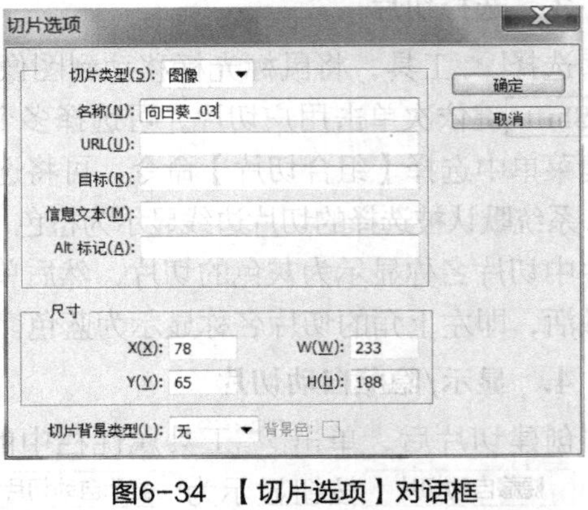

图6-34 【切片选项】对话框

● 【切片类型】选项：选择【图像】选项表示当前切片在网页中显示为图像。选择【无图像】选项，表明当前切片的图像在网页不显示，但可以设置显示一些文字信息。选择【表】选项可以在切片中包含嵌套表，这涉及 ImageReady 的内容，本书不进行介绍。
● 【名称】选项：显示当前切片的名称，也可自行设置。如名称“向日葵-03”，表示当前打开的图像文件名称为“向日葵”，当前切片的编号为“03”。
● 【URL】选项：设置在网页中单击当前切片可链接的网络地址。

- 【目标】选项：可以决定在网页中单击当前切片时，是在网络浏览器中弹出一个新窗口打开链接网页，还是在当前窗口中直接打开链接网页。其中，输入“-self”表示在当前窗口中打开链接网页，输入“-Blank”表示在新窗口打开链接网页，如果在【目标】框不输入内容，默认为在新窗口打开链接网页。
- 【信息文本】选项：设置当鼠标光标移动到当前切片上时，网络浏览器下方信息行中显示的内容。
- 【Alt 标记】选项：设置当鼠标光标移动到当前切片上时弹出的提示信息。当网络上不显示图片时，图片位置将显示【Alt 标记】框中的内容。
- 【尺寸】选项：其下的【X】和【Y】值为当前切片的坐标，【W】和【H】值为当前切片的宽度和高度。
- 【切片背景类型】选项：可以设置切片背景的颜色。如果切片图像不显示时，网页上该切片相应的位置上显示背景颜色。

8. 锁定切片和清除切片

执行【视图】/【锁定切片】命令，可将图像中的所有切片锁定，此时将无法对切片进行任何操作。再次执行【视图】/【锁定切片】命令，可将切片解锁。

利用工具选择一个用户切片，按 Backspace 键或 Delete 键即可将该用户切片删除。删除了用户切片后，系统将会重新生成自动切片以填充文档区域。如要删除所有用户切片和基于图层的切片（注意，无法删除自动切片），可执行【视图】/【清除切片】命令。将所有切片清除后，系统会生成一个包含整个图像的自动切片。

知识提示

删除基于图层的切片并不会删除相关的图层，但是删除图层会删除基于图层生成的切片。

项目实训二 【标尺】、【注释】和【计数】工具

下面来简单介绍一下【标尺】工具、【注释】工具和【计数】工具的使用方法。

1. 【标尺】工具的使用方法

【标尺】工具是测量图像中两点之间的距离、角度等数据信息的工具。

（1） 测量长度。

在图像中的任意位置拖曳鼠标光标，即可创建出测量线。将鼠标光标移动至测量线、测量起点或测量终点上，当鼠标光标显示为形状时，拖曳鼠标可以移动它们的位置。

此时，属性栏中即会显示测量的结果，如图 6-35 所示。

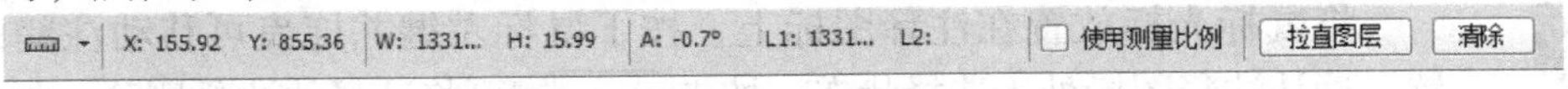

图6-35 【标尺】工具测量长度时的属性栏

- 【X】值、【Y】值为测量起点的坐标值。
- 【W】值、【H】值为测量起点与终点的水平、垂直距离。
- 【A】值为测量线与水平方向的角度。

- 【L1】值为当前测量线的长度。
- 【使用测量比例】：勾选此复选框，将使用测量比例计算标尺数值。该选项没有实质性的作用，只是选择后，就可以用选定的比例单位测量并接收计算和记录结果。
- 拉直图层 按钮：利用标尺工具在画面中绘制标线后，单击此按钮，可将图层变换，使图像与标尺工具拉出的直线平行。
- 单击 清除 按钮，可以把当前测量的数值和图像中的测量线清除。

多学一招

按住 Shift 键在图像中拖曳鼠标光标，可以建立角度以 45° 为单位的测量线，也就是可以在图像中建立水平测量线、垂直测量线以及与水平或垂直方向成 45° 角的测量线。

（2） 测量角度。

在图像中的任意位置拖曳鼠标光标创建一条测量线，然后按住 Alt 键将鼠标光标移动至刚才创建测量线的端点处，当鼠标光标显示为带加号的角度符号时，拖曳鼠标光标创建第二条测量线，如图 6-36 所示。

此时，属性栏中即会显示测量角的结果，如图 6-37 所示。

图6-36 创建的测量角

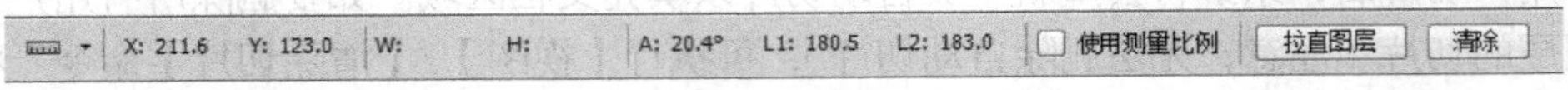

图6-37 【标尺】工具测量角度时的属性栏

- 【X】值、【Y】值为两条测量线的交点，即测量角的顶点坐标。
- 【A】值为测量角的角度。
- 【L1】值为第一条测量线的长度。
- 【L2】值为第二条测量线的长度。

多学一招

按住 Shift 键在图像中拖曳鼠标光标，可以创建水平、垂直或成 45° 倍数的测量线。按住 Shift+Alt 组合键，可以测量以 45° 为单位的角度。

2. 【注释】工具的使用方法

选择【注释】工具，然后将鼠标光标移动到图像文件中，鼠标光标将显示为形状，单击或拖曳鼠标光标，即弹出创建注释面板，如图 6-38 所示。在属性栏中设置注释的“作者”、注释文字的“大小”以及注释框的“颜色”，然后在注释框中输入要说明的文字即可。

图6-38 创建的注释框

多学一招

将鼠标光标放置在注释图标上，按下鼠标左键并拖曳可移动注释的位置。确认注释图标处于选择状态，按 Delete 键可将选择的注释删除；如果想同时删除图像文件中的很多个注释，单击属性栏中的 清除全部 按钮即可。

3. 【计数】工具的使用方法

【计数】工具用于在文件中按照顺序标记数字符号，也可用于统计图像中对象的个数。

计数工具的属性栏如图 6-39 所示。

图6-39 【计数】工具的属性栏

- 【计数】：显示总的计数数目。
- 【计数组】：类似于图层组，可包含计数，每个计数组都可以有自己的名称、标记和标签大小以及颜色。单击按钮可以创建计数组；单击按钮可显示或隐藏计数组；单击按钮可以删除创建的计数组。
- 清除：单击该按钮，可将当前计数组中的计数全部清除。
- 【颜色块】：单击颜色块，可以打开【拾色器】对话框设置计数组的颜色。
- 【标记大小】：可输入 1～10 的值，定义计数标记的大小。
- 【标签大小】：可输入 8～72 的值，定义计数标签的大小。

项目拓展 标尺、参考线和网格

标尺、参考线和网格是 Photoshop 软件中的辅助工具，它们可以在绘制和移动图形的过程中，帮助用户精确地对图形定位和对齐。

1. 标尺

标尺的主要作用是度量当前图像的尺寸，同时对图像进行辅助定位，使设计更加准确。

（1） 显示/隐藏标尺。

执行【视图】/【标尺】命令，或按 Ctrl+R 组合键，即可在当前的图像文件中显示或隐藏标尺。如果显示标尺，标尺会出现在当前图像文件的左侧和顶部，如图 6-40 所示。在移动鼠标时，标尺内将出现显示鼠标光标当前位置的标记。

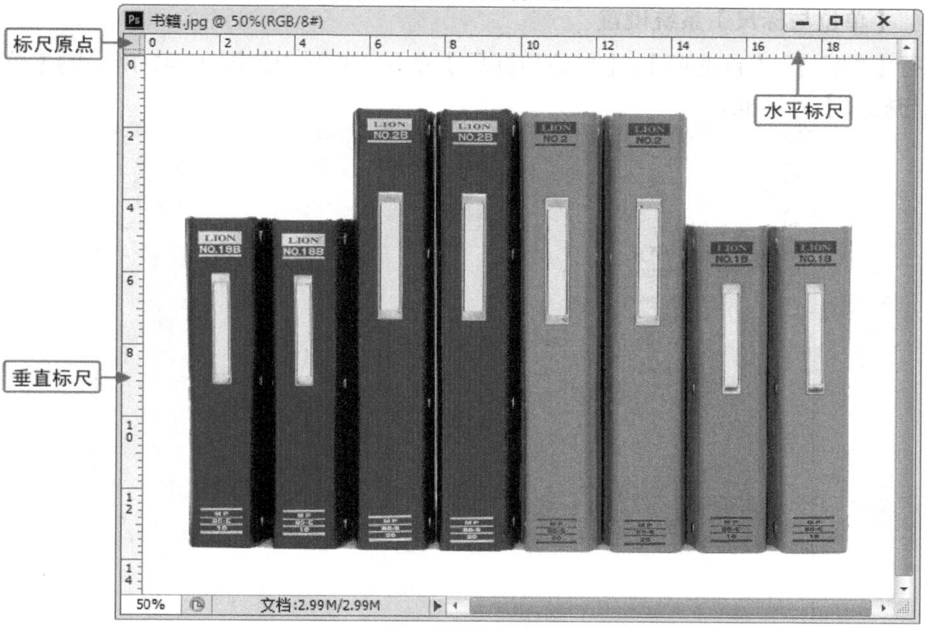

图6-40 显示的标尺

（2） 重新设置标尺的原点。

更改标尺原点，即标尺左上角的 (0, 0) 位置，可从图像上的特定点开始度量。

知识提示

标尺原点还决定了网格的原点，即移动标尺的原点后，网格也会进行相应的变化。只有标尺和网格都处于显示状态时才可看出效果。

将鼠标光标移动到标尺左上角的 (0, 0) 位置，然后按住鼠标左键沿对角线向下拖曳鼠标，此时将出现一组十字线，拖曳鼠标光标至合适位置后释放鼠标左键，标尺的原点即设置到释放左键时的位置，如图 6-41 所示。

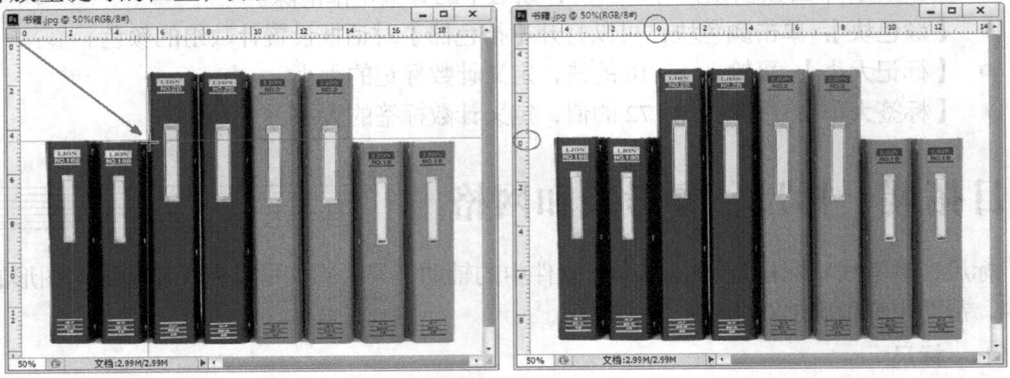

图6-41 拖曳鼠标设置新的标尺原点和设置后的位置

多学一招

按住 Shift 键拖曳鼠标，可以将标尺原点与标尺的刻度对齐。将标尺原点改变位置后，双击标尺左上角的交叉点，可将标尺原点还原为默认位置。

2. 【单位与标尺】系统设置

执行【编辑】/【首选项】/【单位与标尺】命令，将弹出如图 6-42 所示的【首选项】/【单位与标尺】对话框。

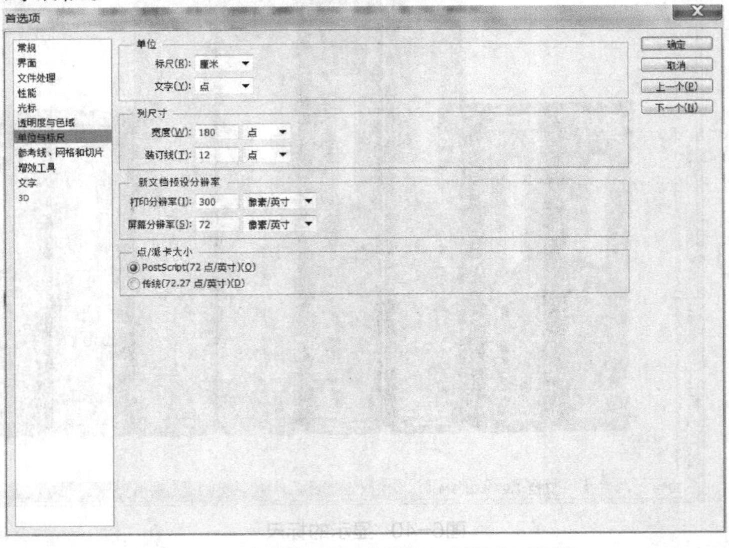

图6-42 【首选项】/【单位与标尺】对话框

（1）【单位】选项组。

- 【标尺】选项：在其右侧的下拉列表框中，可选择标尺使用的单位。
- 【文字】选项：在其右侧的下拉列表框中，可选择输入文字的单位。

（2）【列尺寸】选项组。

- 【宽度】选项：用于设置图像文件所用的列宽。
- 【装订线】选项：用于设置装订线的宽度。

知识提示

如果希望将 Photoshop 图像文件导入到其他应用程序中，图像正好占据特定数量的列，可使用【列尺寸】选项设置图像的宽度及装订线的宽度值。

（3）【新文档预设分辨率】选项组。

- 【打印分辨率】选项：设置用于打印的预设分辨率。
- 【屏幕分辨率】选项：设置用于新建文件的屏幕预设分辨率。

（4）【点/派卡大小】选项组。

- 【PostScript（72 点/英寸）】选项：如果打印到 PostScript 设备，可选择此选项。
- 【传统（72.27 点/英寸）】选项：点选此选项，将使用打印机的 72.27 点/英寸。

3. 参考线

参考线是显示在图像文件中但不会被打印的有效辅助线条。可以移动或删除参考线，也可以锁定参考线，以免不小心将其移动或删除。

（1）创建参考线。

在当前图像文件显示的标尺内，按住鼠标左键向画面中拖曳，可以创建如图 6-43 所示的参考线。

多学一招

在手动创建参考线时，按住 Shift 键可创建与标尺刻度对齐的参考线。按住 Alt 键在垂直标尺上拖曳可创建水平参考线；在水平标尺上拖曳可创建垂直参考线。

执行【视图】/【新建参考线】命令，将弹出如图 6-44 所示的【新建参考线】对话框。利用【新建参考线】对话框可以精确地添加参考线。

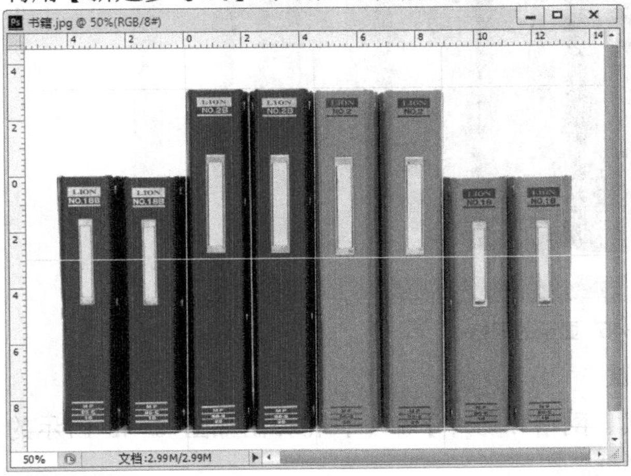

图6-43 手动添加的参考线

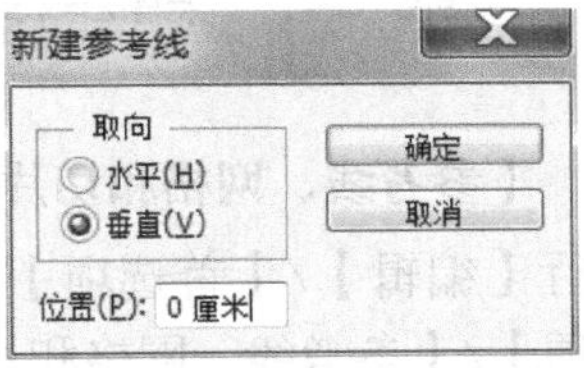

图6-44 【新建参考线】对话框

- 【水平】选项：点选此选项，将在水平方向上添加参考线。
- 【垂直】选项：点选此选项，将在垂直方向上添加参考线。
- 【位置】选项：在其右侧的文本框中输入数值，可以设置参考线添加的位置。

（2） 移动参考线。

选择 工具，将鼠标光标移动到参考线上，当鼠标光标显示为 图标或 图标时，按住左键拖曳鼠标，可以改变参考线的位置。

在移动参考线时，按住 Alt 键单击或拖曳参考线，可将水平参考线修改为垂直方向，或将垂直参考线修改为水平方向。如按住 Shift 键拖曳参考线，可使参考线与标尺上的刻度对齐。如当前图像文件中显示网格，且【视图】/【对齐】/【网格】命令处于选中状态，则可将参考线与网格对齐。

（3） 锁定和删除参考线。

- 执行【视图】/【锁定参考线】命令，可将图像文件中的参考线锁定。
- 在移动参考线时，将参考线拖曳到图像窗口之外，可将该参考线删除。
- 执行【视图】/【清除参考线】命令，可将图像文件中的所有参考线全部删除。

4. 网格

网格是由显示在图像文件中一系列相互交叉的直线所构成的，在打印时不会被打印输出。执行【视图】/【显示】/【网格】命令，或按 Ctrl+"（引号）组合键，可在当前图像文件中显示或隐藏网格。

网格处于显示时的状态如图 6-45 所示。

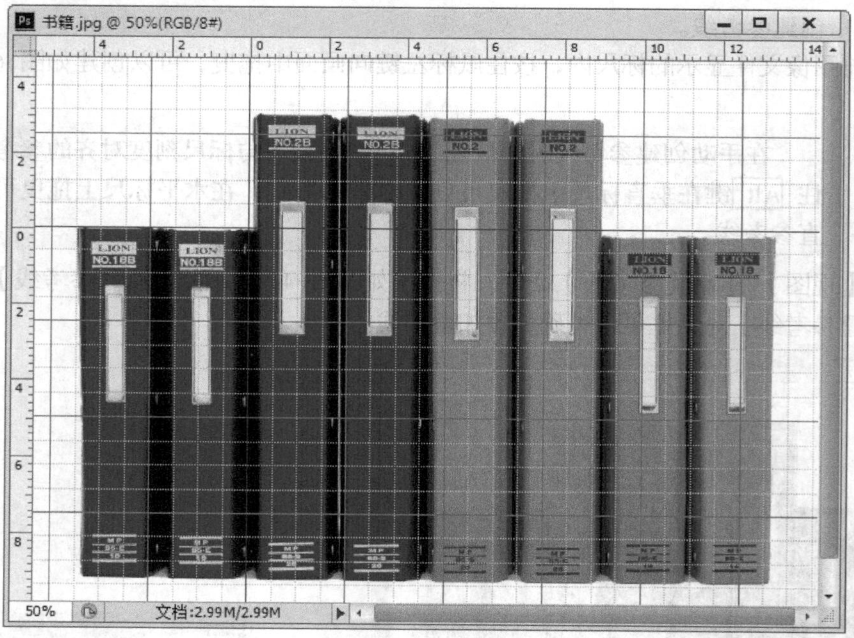

图6-45 显示的网格

5. 【参考线、网格和切片】系统设置

执行【编辑】/【首选项】/【参考线、网格和切片】命令，将弹出如图 6-46 所示的【首选项】/【参考线、网格和切片】对话框。

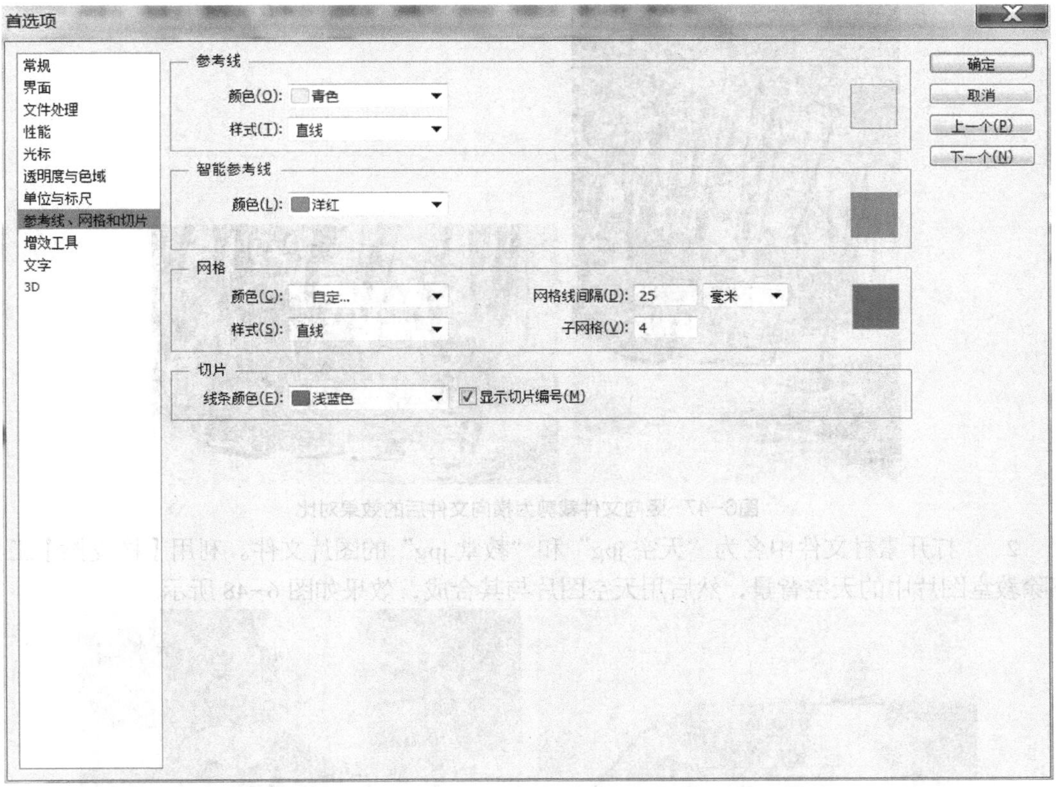

图6-46 【首选项】/【参考线、网格和切片】对话框

（1） 【参考线】选项组。

- 【颜色】选项：可以设置参考线的显示颜色。
- 【样式】选项：可以选择参考线的样式。样式包括直线和虚线。

（2） 【智能参考线】选项组。

其下的【颜色】选项，用于设置智能参考线的显示颜色。

（3） 【网格】选项组。

- 【颜色】选项：可以选择网格的显示颜色。
- 【样式】选项：可以选择网格的样式，包括直线、虚线和网点。
- 【网格线间隔】选项：可以在其右侧的文本框中设置网格线与网格线之间的距离，在文本框右侧的下拉列表框中可以选择数值的单位。
- 【子网格】选项：设置大网格中包含子网格的数量。

（4） 【切片】选项组。

- 【线条颜色】选项：可以选择切片的显示颜色。
- 【显示切片编号】选项：决定在图像文件中创建切片后是否显示切片编号。

习题

1. 打开素材文件中名为“外景.jpg”的图片文件，然后灵活运用工具将竖向图像裁剪为横向，裁剪前后的效果对比如图 6-47 所示。

图6-47 竖向文件裁剪为横向文件后的效果对比

2. 打开素材文件中名为“天空.jpg”和“教堂.jpg”的图片文件。利用【橡皮擦】工具擦除教堂图片中的天空背景，然后用天空图片与其合成，效果如图 6-48 所示。

图6-48 图片素材与合成后的效果

PART 7 项目七 图层的应用

图层是利用 Photoshop 进行图形绘制和图像处理的最基础、最重要的命令，可以说每一幅图像的处理都离不开图层的应用。灵活运用图层还可以提高作图速度和效率，并且还可以制作出很多意想不到的特殊艺术效果，所以希望读者要认真学习，并掌握本项目介绍的内容。

知识技能目标

- 理解图层的概念。
- 熟悉【图层】面板。
- 熟悉常用图层类型。
- 掌握图层的基本操作。
- 熟悉图层的混合模式。
- 学会【图层样式】命令的应用。

任务一　制作图像的倒影效果

在实际的工作中，图层的运用非常广泛，通过新建图层，可以将当前所要编辑和调整的图像独立出来，然后在各个图层中分别编辑图像的每个部分，从而使图像更加丰富。

【知识准备】

1. 图层概念

图层可以说是 Photoshop 工作的基础。那么什么是图层呢？可以打一个简单的比方来说明。比如要在纸上绘制一幅儿童画，首先要在纸上绘制出儿童画的背景（这个背景是不透明的），然后在纸的上方添加一张完全透明的纸绘制儿童画的草地，绘制完成后，在纸的上方再添加一张完全透明的纸绘制儿童画的其余图形……，以此类推。在绘制儿童画的每一部分之前，都要在纸的上方添加一张完全透明的纸，然后在添加的透明纸上绘制新的图形。绘制完成后，通过纸的透明区域可以看到下面的图形，从而得到一幅完整的作品。在这个绘制过程中，添加的每一张纸就是一个图层。

图层原理说明图如图 7-1 所示。

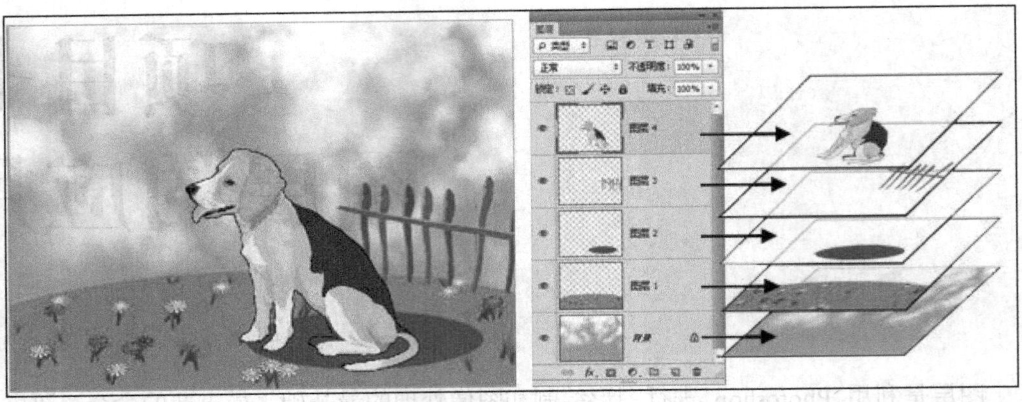

图7-1 图层原理说明图

上面讲解了图层的概念，那么在绘制图形时为什么要建立图层呢？仍以上面的例子来说明。如果在一张纸上绘制儿童画，当全部绘制完成后，突然发现草地效果不太合适，这时只能选择重新绘制这幅作品，这种修改非常麻烦。而如果是分层绘制的，遇到这种情况就不必重新绘制了，只需找到绘制草地图形的透明纸（图层），将其删除，然后重新添加一个图层，绘制一幅合适的草地图形，放到刚才删除图层的位置即可，这样可以节省绘图时间。另外，除了易修改的优点外，还可以在一个图层中随意拖动、复制和粘贴图形，并能对图层中的图形制作各种特效，而这些操作都不会影响其他图层中的图形。

2. 【图层】面板

【图层】面板主要用于管理图像文件中的所有图层、图层组和图层效果。在【图层】面板中可以方便地调整图层的混合模式和不透明度，并可以快速地创建、复制、删除、隐藏、显示、锁定、对齐或分布图层。

新建图像文件后，默认的【图层】面板如图 7-2 所示。

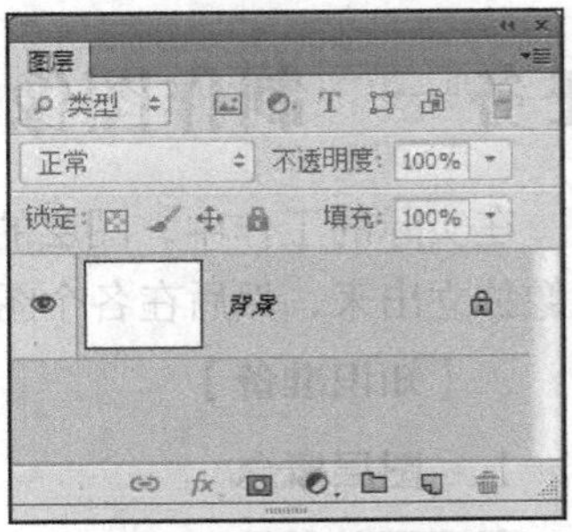

图7-2 【图层】面板

- 【图层面板菜单】按钮：单击此按钮，可弹出【图层】面板的下拉菜单。
- 【图层混合模式】正常：用于设置当前图层中的图像与下面图层中的图像以何种模式进行混合。
- 【不透明度】：用于设置当前图层中图像的不透明程度，数值越小，图像越透明；数值越大，图像越不透明。
- 【锁定透明像素】按钮：单击此按钮，可使当前层中的透明区域保持透明。
- 【锁定图像像素】按钮：单击此按钮，在当前图层中不能进行图形绘制以及其他命令操作。
- 【锁定位置】按钮：单击此按钮，可以将当前图层中的图像锁定不被移动。
- 【锁定全部】按钮：单击此按钮，在当前层中不能进行任何编辑修改操作。
- 【填充】：用于设置图层中图形填充颜色的不透明度。
- 【显示/隐藏图层】图标：表示此图层处于可见状态。单击此图标，图标中的眼睛将被隐藏，表示此图层处于不可见状态。

- 图层缩览图：用于显示本图层的缩略图，它随着该图层中图像的变化而随时更新，以便用户在进行图像处理时参考。
- 图层名称：显示各图层的名称。

在【图层】面板底部有 7 个按钮，下面分别进行介绍。

- 【链接图层】按钮：通过链接两个或多个图层，可以一起移动链接图层中的内容，也可以对链接图层执行对齐与分布以及合并图层等操作。
- 【添加图层样式】按钮：可以对当前图层中的图像添加各种样式效果。
- 【添加图层蒙版】按钮：可以给当前图层添加蒙版。如果先在图像中创建适当的选区，再单击此按钮，可以根据选区范围在当前图层上建立适当的图层蒙版。
- 【创建新的填充或调整图层】按钮：可在当前图层上添加一个调整图层，对当前图层下边的图层进行色调、明暗等颜色效果调整。
- 【创建新组】按钮：可以在【图层】面板中创建一个图层组。图层组类似于文件夹，用于图层的管理和查询，在移动或复制图层时，图层组里面的内容可以同时被移动或复制。
- 【创建新图层】按钮：可在当前图层上创建新图层。
- 【删除图层】按钮：可将当前图层删除。

3. 图层类型

在【图层】面板中包含多种图层类型，每种类型的图层都有不同的功能和用途。利用不同的类型可以创建不同的效果，它们在【图层】面板中的显示状态也不同。

图层类型说明图如图 7-3 所示。

图7-3 图层类型说明图

- 背景层：相当于绘画中最下方不透明的纸。在 Photoshop 中，一个图像文件中只有一个背景图层，它可以与普通图层进行相互转换，但无法交换堆叠次序。如果当前图层为背景图层，执行【图层】/【新建】/【背景图层】命令，或在【图层】面板的背景图层上双击，便可以将背景图层转换为普通图层。
- 普通层：相当于一张完全透明的纸，是 Photoshop 中最基本的图层类型。单击【图层】面板底部的按钮，或执行【图层】/【新建】/【图层】命令，即可在【图层】面板中新建一个普通图层。

- 文本层：在文件中创建文字后，【图层】面板中会自动生成文本层，其缩览图显示为 T 图标。当对输入的文字进行变形后，文本图层将显示为变形文本图层，其缩览图显示为图标。
- 形状层：使用工具箱中的矢量图形工具在文件中创建图形后，【图层】面板中会自动生成形状图层。当执行【图层】/【栅格化】/【形状】命令后，形状图层将被转换为普通图层。
- 效果层：为普通图层应用图层效果（如阴影、投影、发光、斜面和浮雕以及描边等）后，右侧会出现一个 fx（效果层）图标，此时，这一图层就是效果图层。注意，背景图层不能转换为效果图层。单击【图层】面板底部的 fx. 按钮，在弹出的菜单命令中选择任意一个选项，即可创建效果图层。
- 填充层和调整层：填充层和调整层是用来控制图像颜色、色调、亮度和饱和度等的辅助图层。单击【图层】面板底部的按钮，在弹出的菜单命令中选择任意一个选项，即可创建填充图层或调整图层。
- 蒙版层：蒙版层是加在普通图层上的一个遮盖层，通过创建图层蒙版来隐藏或显示图像中的部分或全部。在图像中，图层蒙版中颜色的变化会使其所在图层的相应位置产生透明效果。其中，该图层中与蒙版的白色部分相对应的图像不产生透明效果，与蒙版的黑色部分相对应的图像完全透明，与蒙版的灰色部分相对应的图像根据其灰度产生相应程度的透明效果。

4. 图层基本操作

（1） 图层的创建。

执行【图层】/【新建】命令，弹出如图 7-4 所示的子菜单。

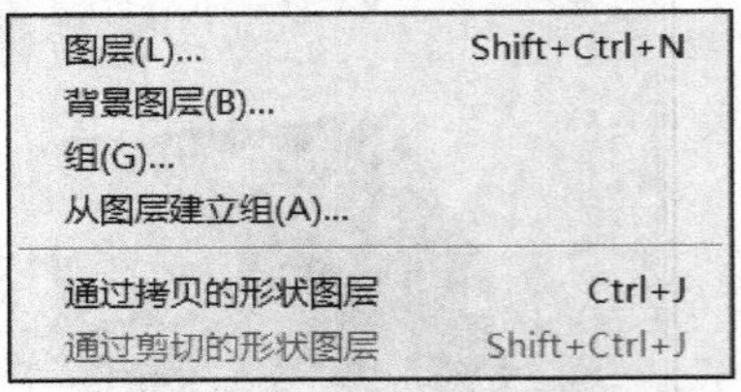

图7-4 【图层】/【新建】命令子菜单

- 当选择【图层】命令时，系统将弹出如图 7-5 所示的【新建图层】对话框。在此对话框中，可以对新建图层的【颜色】、【模式】和【不透明度】进行设置。
- 当选择【背景图层】命令时，可以将背景图层改为一个普通图层，此时【背景图层】命令会变为【图层背景】命令；选择【图层背景】命令，可以将当前图层更改为背景图层。
- 当选择【组】命令时，将弹出如图 7-6 所示的【新建组】对话框。在此对话框中可以创建图层组，相当于图层文件夹。

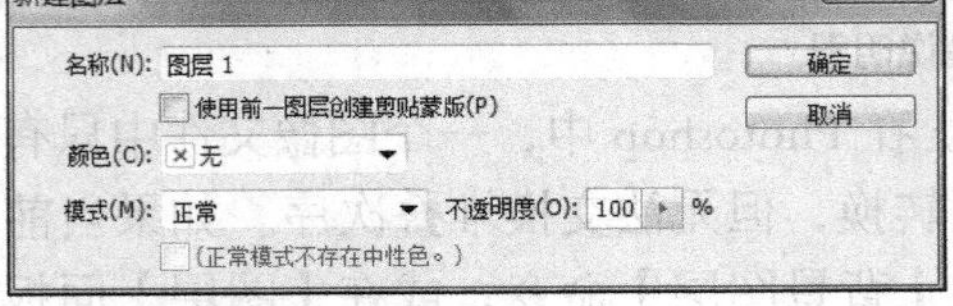

图7-5 【新建图层】对话框

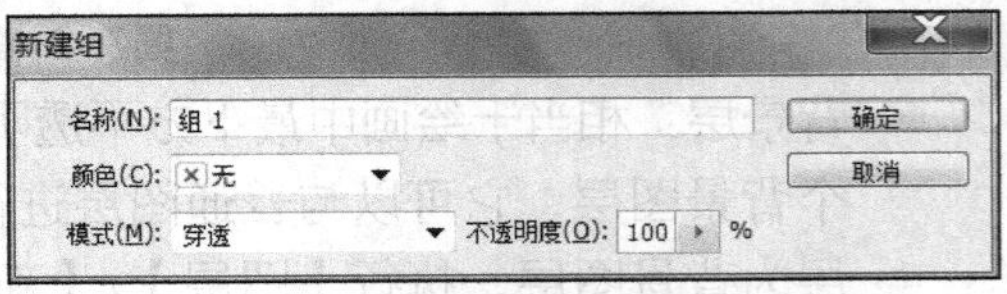

图7-6 【新建组】对话框

- 当【图层】面板中有链接图层时，【从图层建立组】命令才可用，选择此命令，可以新建一个图层组，并将当前链接的图层（除背景图层外的其余图层）放置在新建的图层组中。

- 选择【通过拷贝的形状图层】命令，可以将当前画面或选区中的图像通过复制生成一个新的图层，且原画面不会被破坏。
- 选择【通过剪切的形状图层】命令，可以将当前选区中的图像通过剪切生成一个新的图层，且原画面被破坏。

（2） 图层的复制。

将鼠标光标放置在要复制的图层上，按下鼠标左键向下拖曳至按钮上释放，即可将所拖曳的图层复制并生成一个“副本”层。另外，执行【图层】/【复制图层】命令也可以复制当前选择的图层。

知识提示

图层可以在当前文件中复制，也可以将当前文件的图层复制到其他打开的文件中或新建的文件中。将鼠标光标放置在要复制的图层上，按下鼠标左键向要复制的文件中拖曳，释放鼠标左键后，所选择图层中的图像即被复制到另一文件中。

（3） 图层的删除。

将鼠标光标放置在要删除的图层上，按下鼠标左键向下拖曳至按钮上释放，即可将所拖曳的图层删除。另外，确认要删除的图层处于当前工作图层，在【图层】面板中单击按钮或执行【图层】/【删除】/【图层】命令，同样可以将当前选择的图层删除。

（4） 图层的叠放顺序。

图层的叠放顺序对作品的效果有着直接的影响，因此在实例制作过程中，必须准确调整各图层在画面中的叠放位置，其调整方法有以下两种。

- 菜单法：执行【图层】/【排列】命令，将弹出如图 7-7 所示的【排列】子菜单。执行其中的相应命令，可以调整图层的位置。

  【置为顶层】命令：可以将工作层移动至【图层】面板的最顶层，快捷键为 Ctrl+Shift+] 组合键。

  【前移一层】命令：可以将工作层向前移动一层，快捷键为 Ctrl+] 组合键。

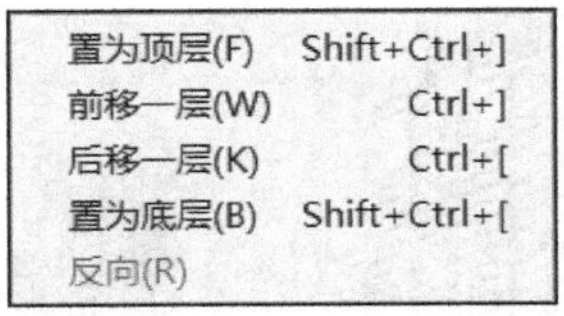

图7-7 【图层】/【排列】命令子菜单

  【后移一层】命令：可以将工作层向后移动一层，快捷键为 Ctrl+[组合键。

  【置为底层】命令：可以将工作层移动至【图层】面板的最底层，即背景层的上方，快捷键为 Ctrl+Shift+[组合键。

  【反向】命令：当在【图层】面板中选择多个图层时，选择此命令，可以将当前选择的图层反向排列。

- 手动法：在【图层】面板中要调整叠放顺序的图层上按下鼠标左键，然后向上或向下拖曳鼠标，此时【图层】面板中会有一个线框跟随鼠标光标移动，当线框调整至要移动的位置后释放鼠标左键，当前图层即会调整至释放鼠标的图层位置。

（5） 图层的链接与合并。

在复杂实例制作过程中，一般将已经确定不需要再调整的图层合并，这样有利于下面的操作。图层的合并命令主要包括【向下合并】、【合并可见图层】和【拼合图像】。

- 执行【图层】/【向下合并】命令，可以将当前工作图层与其下面的图层合并。在

【图层】面板中，如果有与当前图层链接的图层，此命令将显示为【合并链接图层】，执行此命令可以将所有链接的图层合并到当前工作图层中。如果当前图层是序列图层，执行此命令可以将当前序列中的所有图层合并。

- 执行【图层】/【合并可见图层】命令，可以将【图层】面板中所有的可见图层合并，并生成背景图层。
- 执行【图层】/【拼合图像】命令，可以将【图层】面板中的所有图层拼合，拼合后的图层生成为背景图层。

（6）图层的对齐与分布。

使用图层的对齐和分布命令，可以按当前工作图层中的图像为依据，对【图层】面板中所有与当前工作图层同时选取或链接的图层进行对齐与分布操作。

- 图层的对齐：当【图层】面板中至少有两个同时被选取或链接的图层，且背景图层不处于链接状态时，图层的对齐命令才可用。执行【图层】/【对齐】命令，将弹出【对齐】子菜单，执行其中的相应命令，即可将选择的图层进行顶对齐、垂直居中对齐、底对齐、左对齐、水平居中对齐或右对齐。
- 图层的分布：在【图层】面板中至少有 3 个同时被选取或链接的图层，且背景图层不处于链接状态时，图层的分布命令才可用。执行【图层】/【分布】命令，将弹出【分布】子菜单，执行其中的相应命令，即可将选择的图层在垂直方向上按顶端、垂直中心或底部平均分布，或者在水平方向上按左边、水平居中和右边平均分布。

下面灵活运用图层，为一幅效果图制作水中的倒影效果，如图 7-8 所示。

【操作步骤】

STEP 1 打开素材文件中名为“效果图.jpg”的图片文件，如图 7-9 所示。

图7-8 制作的倒影效果

图7-9 打开的图片文件

STEP 2 执行【图像】/【画布大小】命令，在弹出的【画布大小】对话框中设置参数，如图 7-10 所示。

STEP 3 单击 确定 按钮，调整后的画布形状如图 7-11 所示。

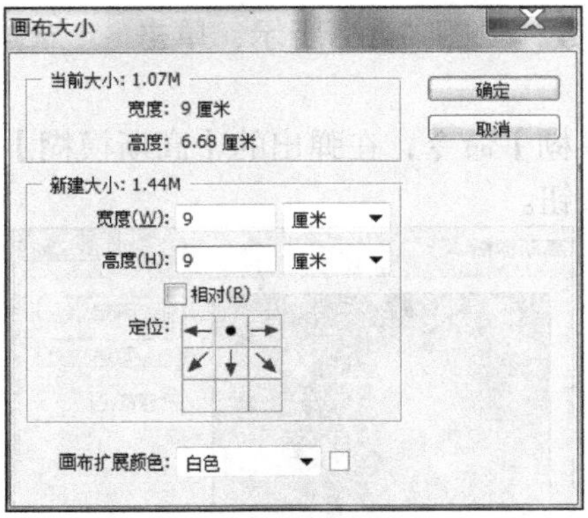

图7-10 【画布大小】对话框

图7-11 增加画布大小后的效果

STEP 4 利用工具绘制出如图 7-12 所示的矩形选区，将效果图选中。

STEP 5 执行【图层】/【新建】/【通过拷贝的图层】命令，将选区内的图像通过复制生成新的图层“图层 1”，生成的【图层】面板形态如图 7-13 所示。

图7-12 选取的图像

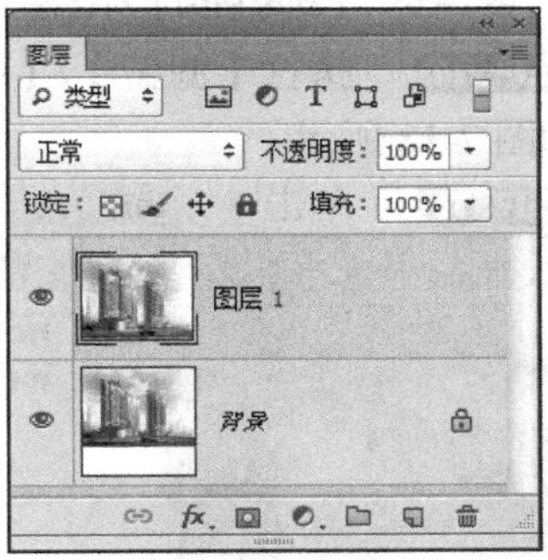

图7-13 复制出的图层

STEP 6 执行【编辑】/【变换】/【垂直翻转】命令，将“图层 1”中的图片垂直翻转，然后利用工具将其垂直向下移动至如图 7-14 所示的位置。

STEP 7 按 Ctrl+T 组合键，为“图层 1”中的图像添加自由变形框，然后将其在垂直方向上缩放，使其正好与图像的底边缘对齐，如图 7-15 所示。

图7-14 复制图像调整后的位置

图7-15 缩放后的图像效果

STEP 8 按 Enter 键确认图像的缩放调整，然后执行【滤镜】/【模糊】/【动感模糊】命令，在弹出的【动感模糊】对话框中设置参数，如图 7-16 所示，单击 确定 按钮。

STEP 9 执行【滤镜】/【模糊】/【高斯模糊】命令，在弹出的【高斯模糊】对话框中设置参数，如图 7-17 所示，单击 确定 按钮。

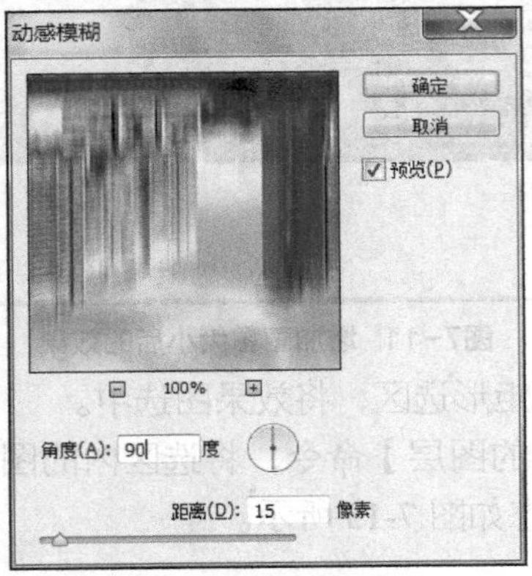

图7-16 【动感模糊】对话框

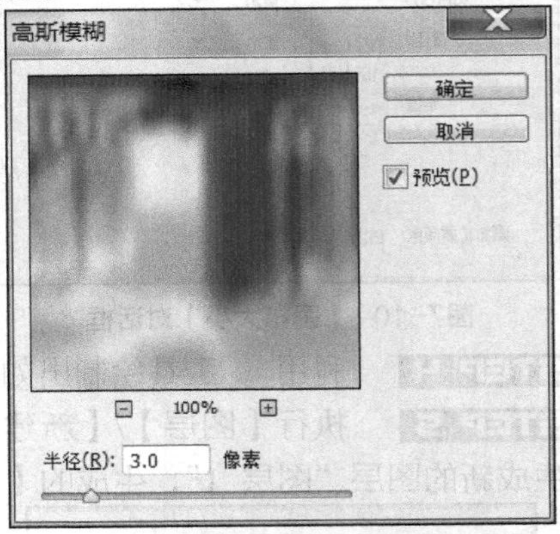

图7-17 【高斯模糊】对话框

STEP 10 执行【滤镜】/【扭曲】/【波纹】命令，在弹出的【波纹】对话框中设置参数，如图 7-18 所示。

STEP 11 单击 确定 按钮，执行【波纹】命令后的图像效果如图 7-19 所示。

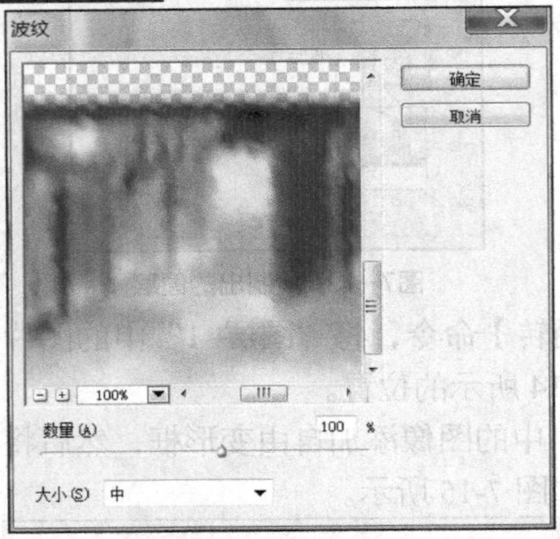

图7-18 【波纹】对话框

图7-19 执行各滤镜命令后的效果

STEP 12 至此，倒影效果制作完成，按 Shift+Ctrl+S 组合键，将文件另命名为"倒影效果.psd"保存。

任务二 图层混合模式

【图层】面板中的图层混合模式及其他相关面板中的【模式】选项，在图像处理及效果制作中被广泛应用，特别是在多个图像合成方面更有其独特的作用及灵活性，掌握好其使用方法对将来的图像合成操作有极大的帮助。

【知识准备】

- 图层混合模式：图层混合模式中的各种样式设置，决定了当前图层中的图像与其下面图层中的图像以何种模式进行混合。

本任务灵活运用图层混合模式来为人物的唇彩和指甲添加水晶效果，原图片及添加后的效果如图 7-20 所示。

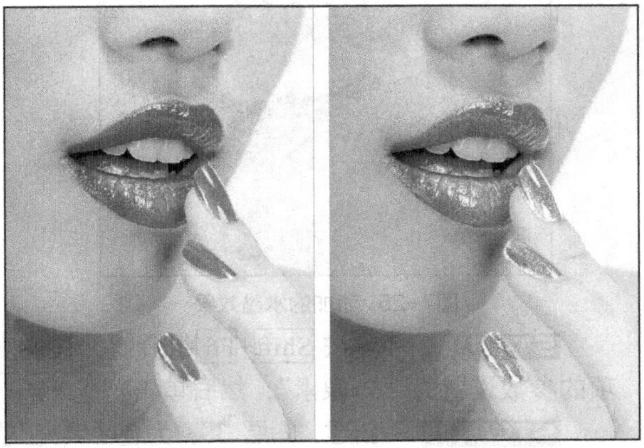

图7-20 原图片及添加后的效果

【操作步骤】

STEP 1 打开素材文件中名为“手指甲.jpg”的文件。

STEP 2 利用工具将人物的上嘴唇选中，绘制选区如图 7-21 所示。

STEP 3 按 Shift+F6 组合键，在弹出的【羽化选区】对话框中将【羽化半径】选项的参数设置为“1 像素”，然后单击【确定】按钮。

STEP 4 新建“图层 1”，然后为选区填充上黑色，再执行【滤镜】/【杂色】/【添加杂色】命令，在弹出的【添加杂色】对话框中设置参数，如图 7-22 所示。

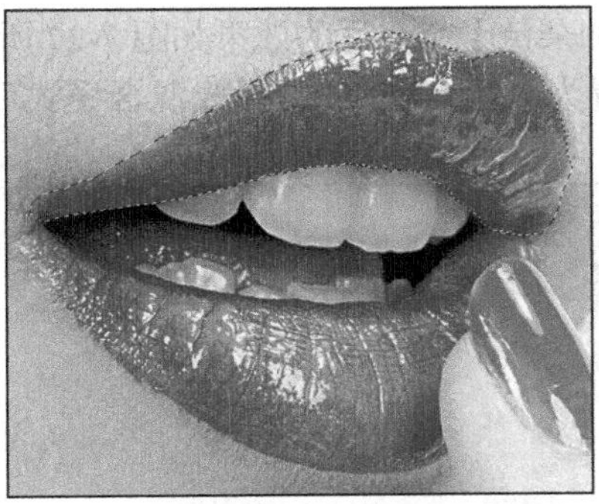

图7-21 填充颜色后的效果

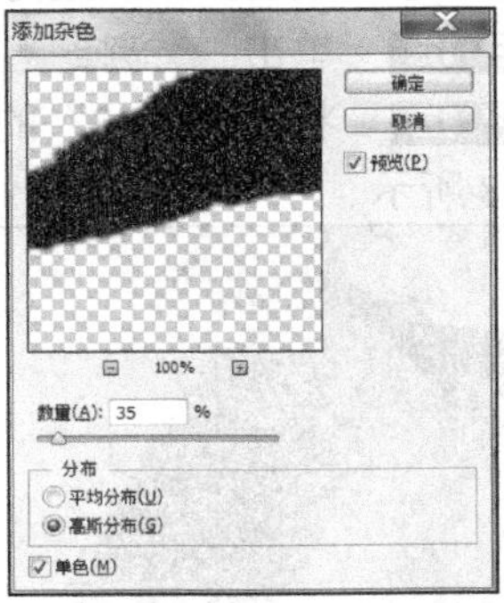

图7-22 【添加杂色】对话框

STEP 5 单击【确定】按钮，执行【添加杂色】命令后的效果如图 7-23 所示，然后按 Ctrl+D 组合键，将选区去除。

STEP 6 将“图层 1”的图层混合模式设置为“颜色减淡”，更改混合模式后的效果如图 7-24 所示。

图7-23 执行【添加杂色】命令后的效果

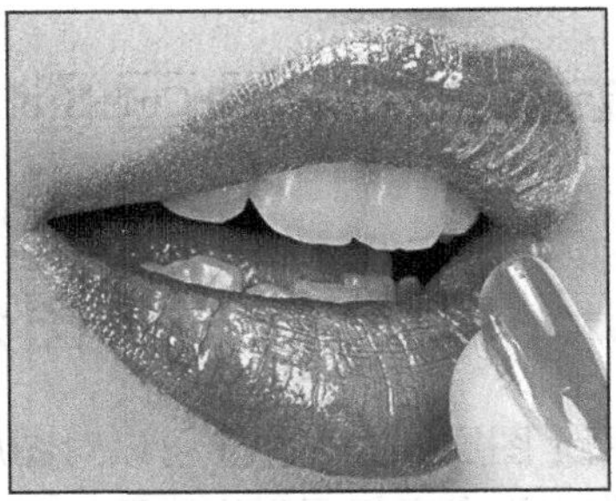

图7-24 更改混合模式后的效果

STEP 7 新建“图层 2”，然后用与步骤 2～6 相同的方法，为下嘴唇添加上水晶效果，如图 7-25 所示。

STEP 8 利用工具，绘制出如图 7-26 所示的选区，将手指甲选中。

图7-25 添加的水晶效果

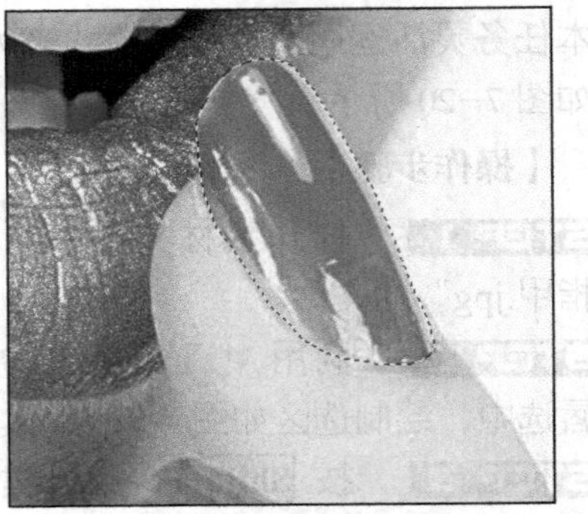

图7-26 绘制的选区

STEP 9 再按 Shift+F6 组合键，在弹出的【羽化选区】对话框中将【羽化半径】选项的参数设置为“1 像素”，然后单击 确定 按钮。

STEP 10 新建“图层 3”，为选区填充上黑色，然后按 Ctrl+D 组合键，将选区去除。

STEP 11 执行【滤镜】/【杂色】/【添加杂色】命令，在弹出的【添加杂色】对话框中将【数量】选项的参数设置为“200%”。

STEP 12 单击 确定 按钮，执行【添加杂色】命令后的效果如图 7-27 所示。

STEP 13 将“图层 3”的图层混合模式设置为“颜色减淡”，更改混合模式后的效果如图 7-28 所示。

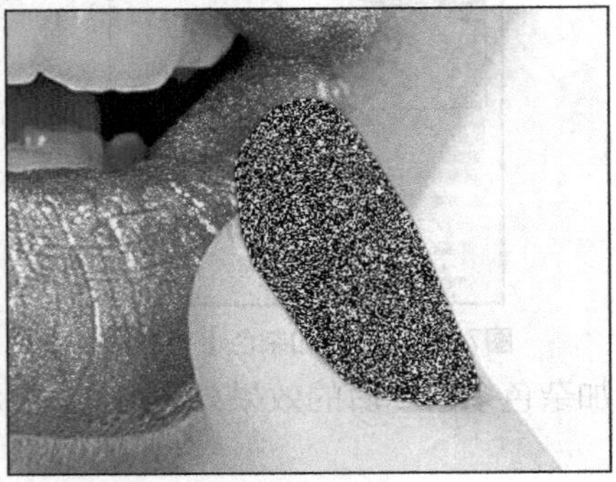

图7-27 执行【添加杂色】命令后的效果

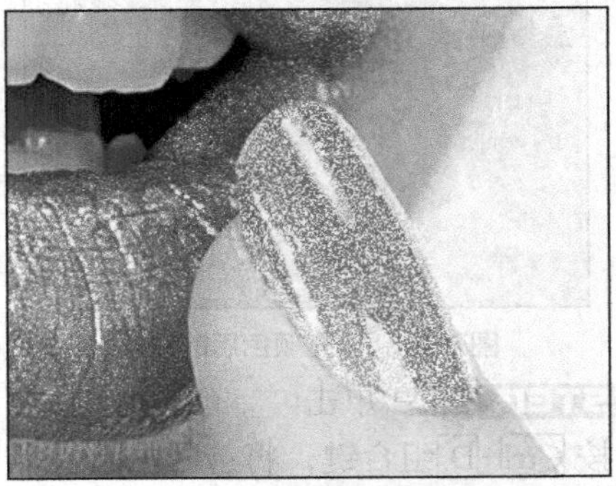

图7-28 更改混合模式后的效果

STEP 14 依次新建图层，然后用与步骤 2~6 相同的方法，为其他手指甲添加上水晶效果。

STEP 15 按 Shift+Ctrl+S 组合键，将文件另命名为“制作水晶唇彩和指甲.psd”保存。

任务三 制作照片拼图效果

利用【图层样式】命令可以对图层中的图像快速应用效果，灵活运用【图层样式】命令可以制作出许多意想不到的效果。

【知识准备】

图层样式主要包括投影、阴影、发光、斜面和浮雕以及描边等。执行【图层】/【图层样式】/【混合选项】命令，弹出【图层样式】对话框，如图 7-29 所示，在此对话框中可自行为图形、图像或文字添加需要的样式。

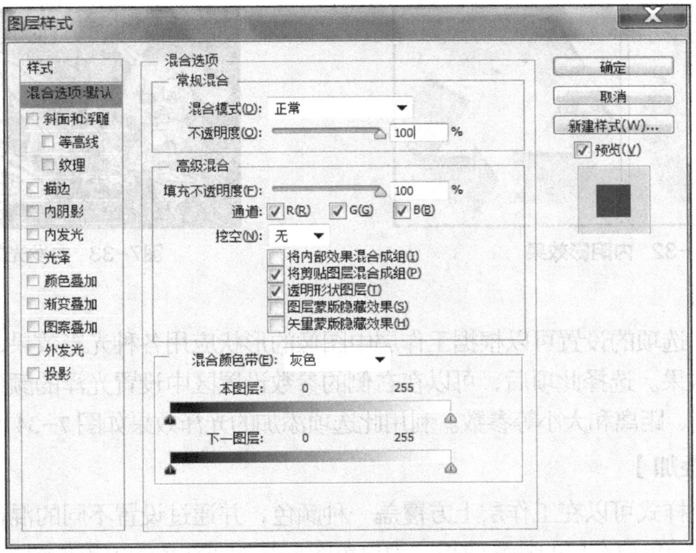

图7-29 【图层样式】对话框

【图层样式】对话框的左侧是【样式】选项区，用于选择要添加的样式类型；右侧是参数设置区，用于设置各种样式的参数及选项。

1. 【斜面和浮雕】

通过【斜面和浮雕】选项的设置可以使工作层中的图像或文字产生各种样式的斜面和浮雕效果，同时选择【纹理】选项，然后在【图案】选项面板中选择应用于浮雕效果的图案，还可以使图形产生各种纹理效果。利用此选项添加的浮雕效果如图 7–30 所示。

2. 【描边】

通过【描边】选项的设置可以为工作层中的内容添加描边效果。描绘的边缘可以是一种颜色、一种渐变色或者图案。为图形描绘紫色的边缘的效果如图 7–31 所示。

图7–30 浮雕效果

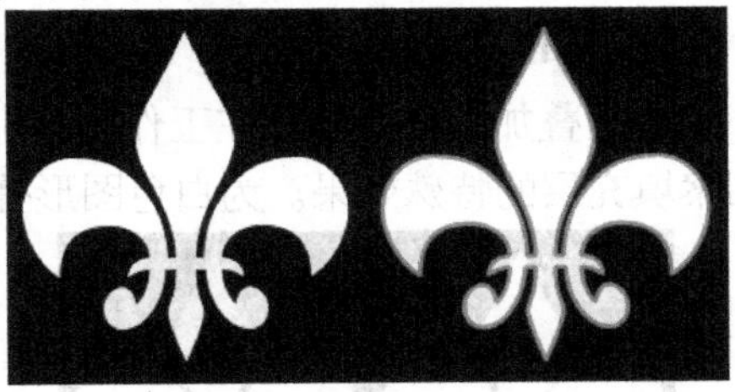

图7–31 描边效果

3. 【内阴影】

通过【内阴影】选项的设置可以在工作层中的图像边缘向内添加阴影，从而使图像产生凹陷效果。在图 7–29 所示的右侧的参数设置区中可以设置阴影的颜色、混合模式、不透明度、光源照射的角度、阴影的距离和大小等参数。利用此选项添加的内阴影效果如图 7–32 所示。

4. 【内发光】

此选项的功能与【外发光】选项相似，只是此选项可以在图像边缘的内部产生发光效果。利用此选项添加的内发光效果如图 7–33 所示。

图7-32 内阴影效果

图7-33 内发光效果

5. 【光泽】

通过【光泽】选项的设置可以根据工作层中图像的形状应用各种光影效果，从而使图像产生平滑过渡的光泽效果。选择此项后，可以在右侧的参数设置区中设置光泽的颜色、混合模式、不透明度、光线角度、距离和大小等参数。利用此选项添加的光泽效果如图 7-34 所示。

6. 【颜色叠加】

【颜色叠加】样式可以在工作层上方覆盖一种颜色，并通过设置不同的混合模式和不透明度使图像产生类似于纯色填充层的特殊效果。为白色图形叠加洋红色的效果如图 7-35 所示。

图7-34 添加的光泽效果

图7-35 颜色叠加

7. 【渐变叠加】

【渐变叠加】样式可以在工作层的上方覆盖一种渐变叠加颜色，使图像产生渐变填充层的效果。为白色图形叠加渐变色的效果如图 7-36 所示。

8. 【图案叠加】

【图案叠加】样式可以在工作层的上方覆盖不同的图案效果，从而使工作层中的图像产生图案填充层的特殊效果。为白色图形叠加图案后的效果如图 7-37 所示。

图7-36 渐变叠加

图7-37 图案叠加

9. 【外发光】

通过【外发光】选项的设置可以在工作层中图像的外边缘添加发光效果。在图 7-29 所示的右侧的参数设置区中可以设置外发光的混合模式、不透明度、添加的杂色数量、发光颜色（或渐变色）、扩展程度、大小和品质等。利用此选项添加的外发光效果如图 7-38 所示。

10. 【投影】

通过【投影】选项的设置可以为工作层中的图像添加投影效果，并可以在图 7-29 所示的右侧的参数设置区中设置投影的颜色、与下层图像的混合模式、不透明度、是否使用全局光、光线的投射角度、投影与图像的距离、投影的扩散程度和投影大小等，还可以设置投影的等高线样式和杂色数量。利用此选项添加的投影效果如图 7-39 所示。

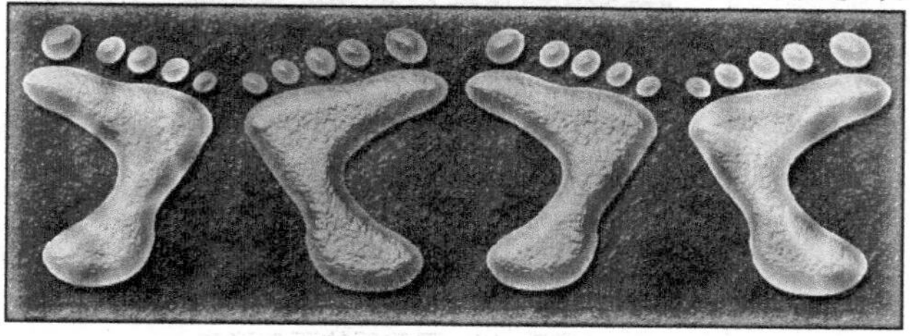
图7-38 外发光效果

图7-39 投影效果

下面灵活运用图层的基本操作，来制作图 7-40 所示的照片拼图效果。

图7-40 制作的拼图效果

【操作步骤】

STEP 1 打开素材文件中名为“小朋友.jpg”的文件，如图 7-41 所示。

STEP 2 执行【图层】/【新建】/【背景图层】命令，在弹出图 7-42 所示的【新建图层】对话框中，单击 确定 按钮，将“背景”层转换为“图层 0”。

图7-41 打开的图片

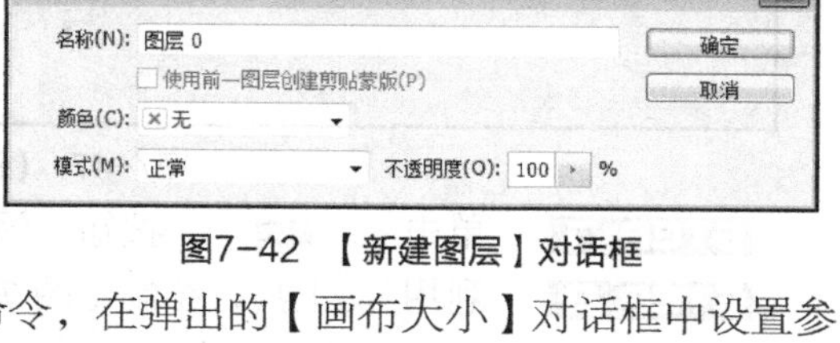

图7-42 【新建图层】对话框

STEP 3 执行【图像】/【画布大小】命令，在弹出的【画布大小】对话框中设置参数，如图 7-43 所示，然后单击 确定 按钮，调整后的画布形态如图 7-44 所示。

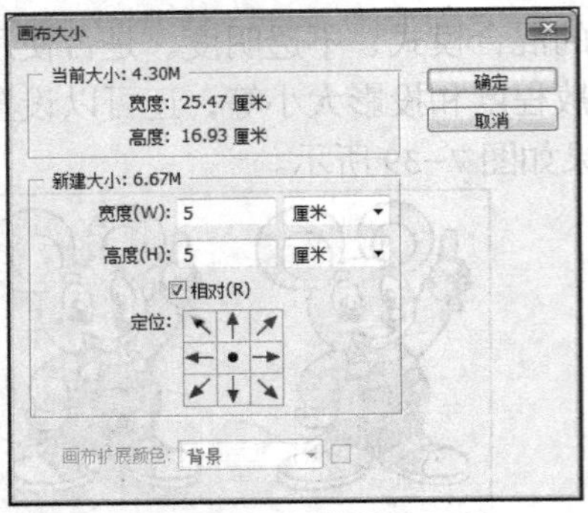

图7-43 【画布大小】对话框

图7-44 调整后的画布形态

STEP 4 新建“图层 1”，将鼠标光标放置到“图层 1”上，按下鼠标左键并向下拖曳，至图7-45所示的状态时释放鼠标，将“图层 1”调整至“图层 0”的下方位置。

STEP 5 将前景色设置为浅黄色（R:255,G:235,B:185），然后按 Alt+Delete 组合键，将其填充至“图层 1”中，效果如图7-46所示。

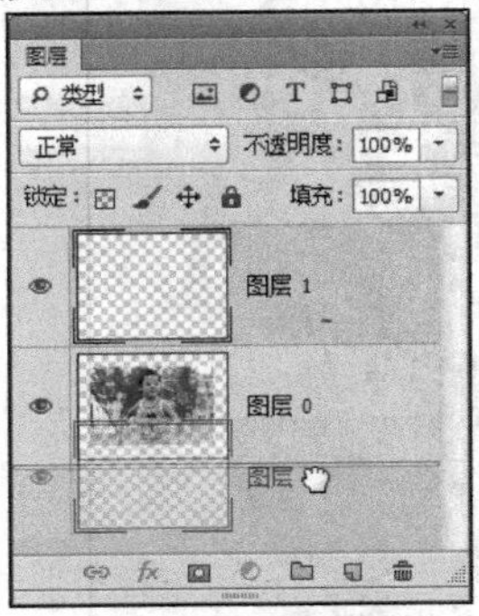

图7-45 调整图层顺序状态

图7-46 填充颜色后的效果

STEP 6 单击“图层 0”，将其设置为当前层，然后执行【图层】/【图层样式】/【混合选项】命令，在弹出的【图层样式】对话框中分别设置【描边】和【投影】选项的参数，如图7-47所示。

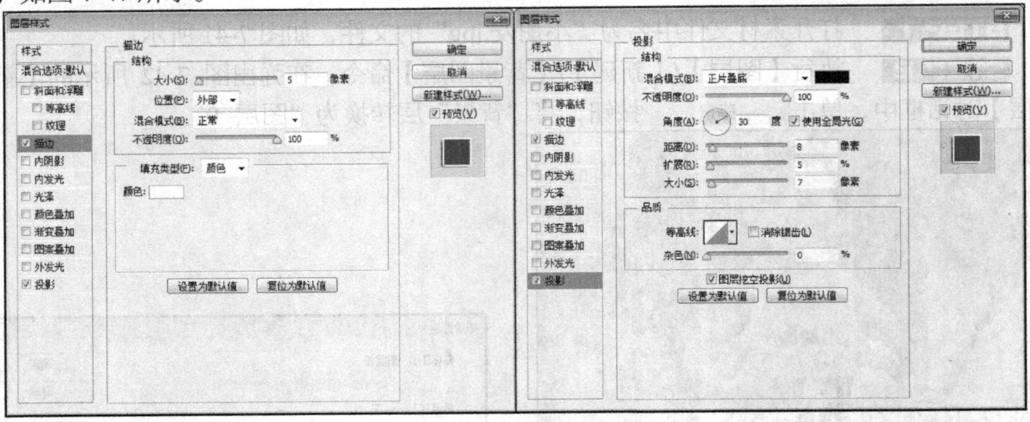

图7-47 【图层样式】对话框

STEP 7 单击 确定 按钮，添加图层样式后的图像效果如图7-48所示。

STEP 8 利用工具，绘制出图7-49所示的矩形选区。

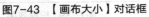

图7-48 添加图层样式的图像效果

图7-49 绘制的选区

STEP 9 按 Ctrl+J 组合键，将选区中的内容通过复制生成“图层 2”，复制出的图像效果如图 7-50 所示。

STEP 10 继续利用⬚工具，绘制出图 7-51 所示的矩形选区。

图7-50 复制出的图像

图7-51 绘制的选区

STEP 11 将“图层 0”设置为当前层，然后按 Ctrl+J 组合键，将选区中的内容通过复制生成“图层 3”，复制出的图像效果如图 7-52 所示。

STEP 12 用与步骤 10～11 相同的方法，依次复制出图 7-53 所示的图像。

图7-52 复制出的图像

图7-53 复制出的图像

STEP 13 将“图层 0”隐藏，然后将“图层 2”设置为当前层。

STEP 14 按 Ctrl+T 组合键，为“图层 2”中的内容添加自由变换框，并将其调整至图 7-54 所示的形态，然后按 Enter 键，确认图像的变换操作。

STEP 15 用与步骤 14 相同的方法，依次将各层中的图像调整至图 7-55 所示的形态。

图7-54 调整后的图像形态

图7-55 调整后的图像形态

STEP 16 按 Shift+Ctrl+S 组合键，将文件另命名为“制作拼图效果.psd”保存。

项目实训一　设计手提袋画面

下面灵活运用【图层】及各工具按钮和菜单命令来设计手提袋画面，效果如图 7-56 所示。

【操作步骤】

STEP 1 新建【宽度】为“12 厘米”，【高度】为“10 厘米”，【分辨率】为“300 像素/英寸”，背景色为白色的新文件。

STEP 2 将前景色设置为粉色（R:250,G:228,B:237），然后将其填充至背景层中。

STEP 3 打开素材文件中名为“花纹.psd”的文件，然后将其移动复制到新建文件中。

STEP 4 将生成“图层 1”的图层混合模式设置为 变暗 ，然后执行【编辑】/【变换】/【水平翻转】命令，将图像在水平方向上翻转，再利用【自由变换】命令将其调整至图 7-57 所示的大小及位置。

图7-56 设计的手提袋画面效果

图7-57 花纹图像调整的大小及位置

STEP 5 按 Enter 键确认图像的大小调整，然后单击 按钮，为其添加图层蒙版。

STEP 6 选择 工具，设置合适的笔头大小后，在花纹图像的右上角位置拖曳鼠标描绘黑色，将最上方的残缺花朵隐藏，效果及【图层】面板如图 7-58 所示。

STEP 7 在【图层】面板中将“图层 1”复制为“图层 1 副本”，然后依次执行【编辑】/【变换】/【水平翻转】命令和【编辑】/【变换】/【垂直翻转】命令，将复制出的图形翻转，并调整至画面的左上角位置，如图 7-59 所示。

图7-58 隐藏上方花朵后的效果

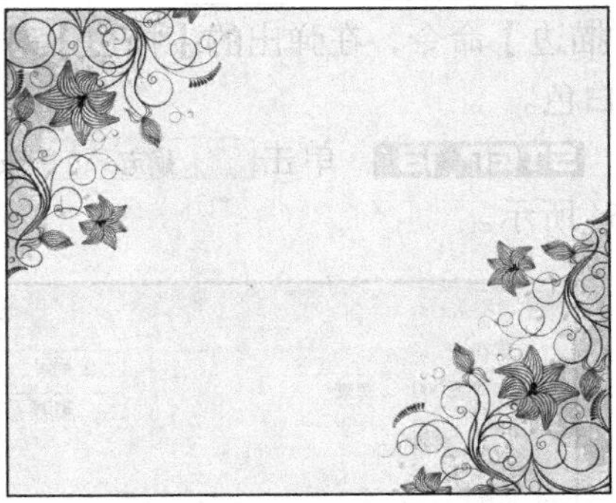

图7-59 复制图形调整后的位置

STEP 8 按 Ctrl+R 组合键将标尺在画面中显示，然后依次添加图 7-60 所示的参考线。

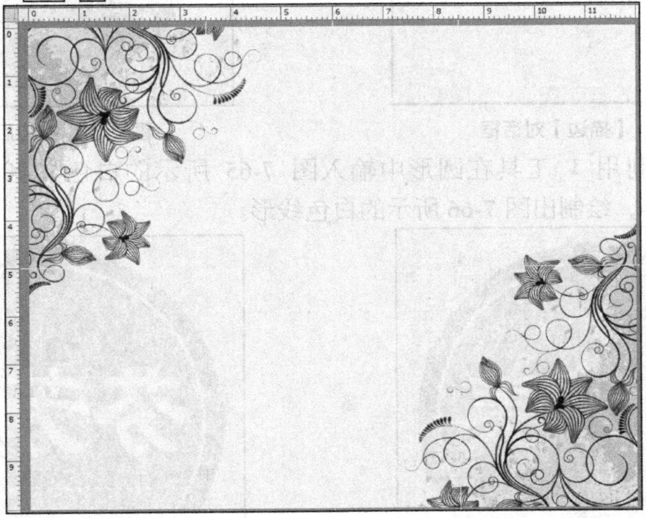

图7-60 添加的参考线

STEP 9 选择工具，将鼠标光标移动到画面的中心位置，然后按住 Shift+Alt 组合键，并拖曳鼠标，以画面的中心点为圆心，绘制出图 7-61 所示的圆形选区。

STEP 10 新建“图层 2”，然后为选区填充深红色（R:164,B:93）。

STEP 11 执行【选择】/【变换选区】命令，为选区添加自由变换框，然后激活属性栏中的按钮，并将【W】选项的参数设置为 W: 90.00%，以中心等比例缩小后的圆形选区如图 7-62 所示。

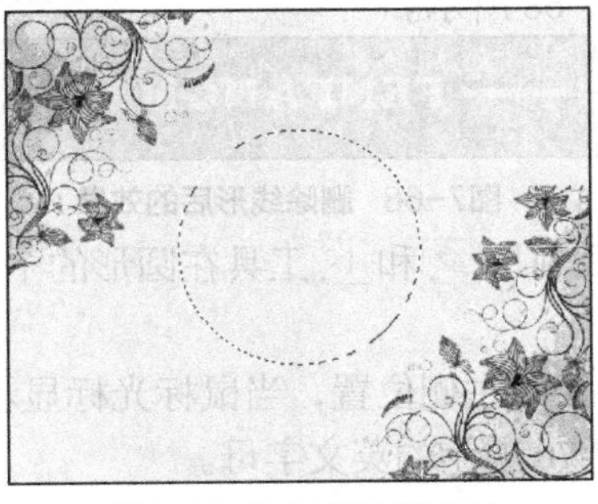

图7-61 绘制的圆形选区

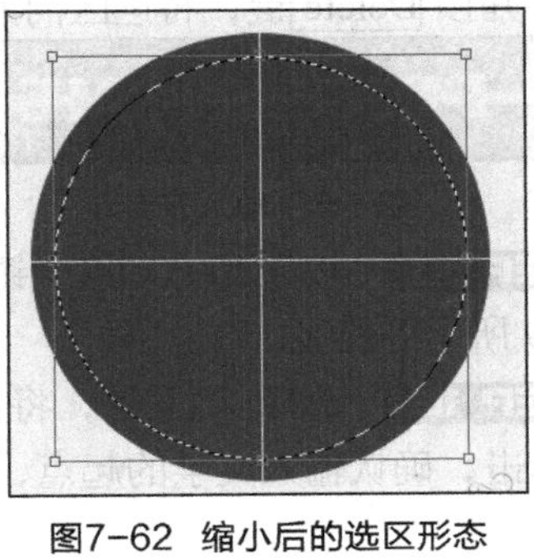

图7-62 缩小后的选区形态

STEP 12 按Enter键，确认选区的大小调整，然后新建“图层 3”，并执行【编辑】/【描边】命令，在弹出的【描边】对话框中设置选项参数，如图 7-63 所示，其中【颜色】为白色。

STEP 13 单击 确定 按钮，为选区沿内部描绘边缘，去除选区后的效果如图 7-64 所示。

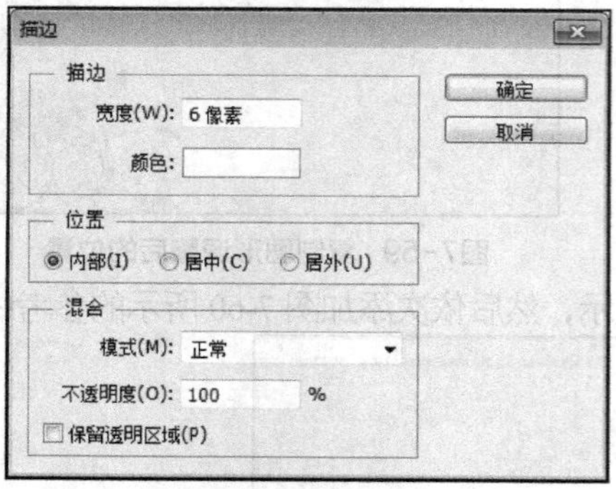

图7-63 【描边】对话框

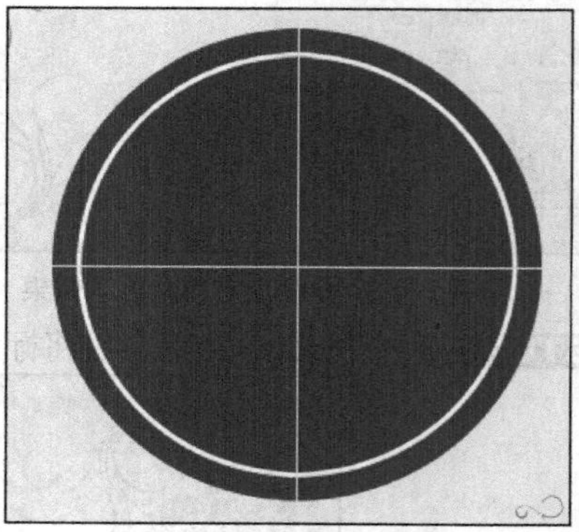

图7-64 描边后的效果

STEP 14 利用T工具在圆形中输入图 7-65 所示的白色文字，然后新建“图层 4”，并利用[]工具，绘制出图 7-66 所示的白色线形。

图7-65 输入的文字

图7-66 绘制的线形

STEP 15 按Ctrl+D组合键，去除选区，然后继续利用T工具输入图 7-67 所示的“FENFANGMEI”字母。

STEP 16 利用[]工具，根据输入的字母绘制矩形选区，然后将“图层 4”设置为工作层，并按Delete键，将选区内的线形删除，如图 7-68 所示。

图7-67 输入的字母

图7-68 删除线形后的效果

STEP 17 按Ctrl+D组合键，去除选区，然后利用钢笔和转换点工具在圆形的下方绘制出图 7-69 所示的路径。

STEP 18 选择T工具，将鼠标光标移动到路径的左侧位置，当鼠标光标显示为⊥符号时单击，确认输入文字的起点，然后依次输入图 7-70 所示的英文字母。

图7-69 绘制的路径

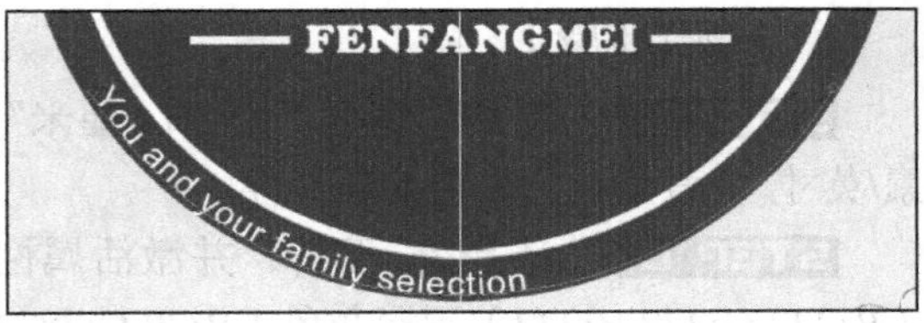

图7-70 输入的英文字母

STEP 19 选择[↖]工具，将鼠标光标移动到字母的左侧位置，当鼠标光标显示为符号时，按下并向右拖曳，将字母的起始点移动到图 7-71 所示的位置。

STEP 20 选择[T]工具，并单击属性栏中的[▤]按钮，在弹出的【字符】面板中，将【设置基线偏移】的参数设置为[4.7点]，字母调整后的效果如图 7-72 所示。

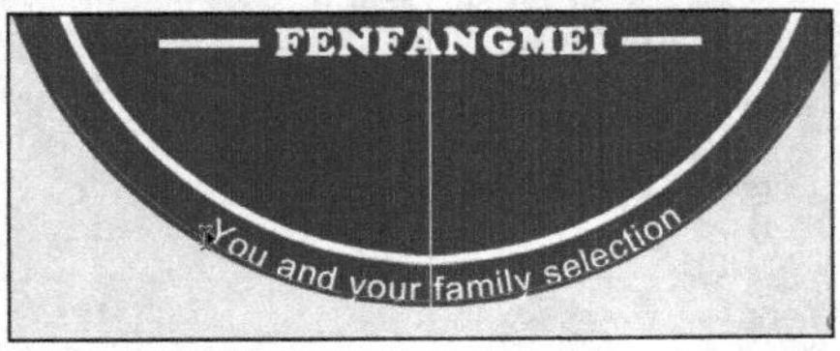

图7-71 调整输入点时的状态

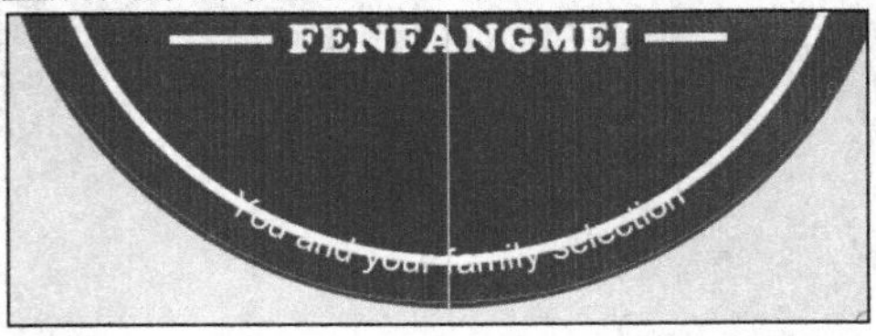

图7-72 调整基线偏移后的效果

STEP 21 根据输入字母的位置添加图 7-73 所示的参考线。

STEP 22 选择[⊻]工具，根据添加的参考线绘制选区，然后将“图层 3”设置为工作层，按 Delete 键删除，效果如图 7-74 所示。

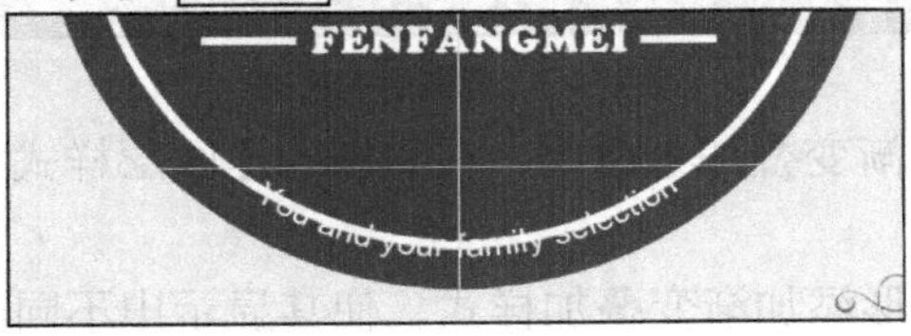

图7-73 添加的参考线

图7-74 删除线形后的形态

STEP 23 按 Ctrl+D 组合键去除选区，然后按 Ctrl+S 组合键将此文件命名为“手提袋平面图.psd”保存。

项目实训二 制作手提袋的立体效果

灵活运用图层及前面学过的命令，在手提袋平面图的基础上制作出图 7-75 所示的立体效果。

图7-75 制作的手提袋立体效果

【操作步骤】

STEP 1 新建【宽度】为“14 厘米”,【高度】为“11 厘米”,【分辨率】为“300 像素/英寸”，背景色为白色的新文件。

STEP 2 选择工具，并激活属性栏中的按钮，然后为背景层填充由浅灰色（R:222,G:222,B:222）到深灰色（R:79,G:78,B:78）的径向渐变色，如图 7-76 所示。

STEP 3 将“实训一”中设计的“手提袋平面图.psd”文件设置为工作状态，然后按 Shift+Ctrl+Alt+E 组合键，将所有图层复制并合并为一个新层。

STEP 4 将合并后的图层移动复制到新建的文件中生成“图层 1”，然后利用【自由变换】命令将其调整至图 7-77 所示的透视形态。

图7-76 填充的径向渐变色

图7-77 调整后的形态

STEP 5 执行【图层】/【图层样式】/【渐变叠加】命令，在弹出的【图层样式】对话框中设置各选项参数，如图 7-78 所示。

STEP 6 单击 确定 按钮，为图形添加渐变叠加样式，使其显示出不同的明暗关系，如图 7-79 所示。

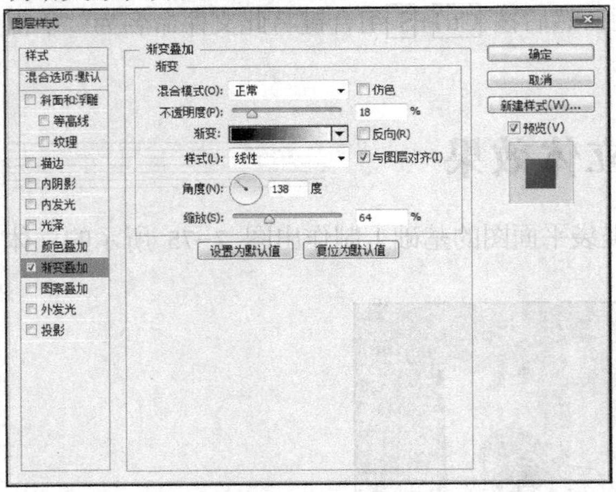

图7-78 【图层样式】对话框

图7-79 渐变叠加后的效果

STEP 7 新建“图层 2”，利用工具绘制出如图 7-80 所示的粉色（R:205,G:165,B:192）图形。

STEP 8 继续利用工具绘制出图 7-81 所示的选区，然后按住 Shift+Ctrl+Alt 组合键，单击【图层】面板中“图层 2”的图层缩览图，生成的选区形态如图 7-82 所示。

图7-80 绘制的图形

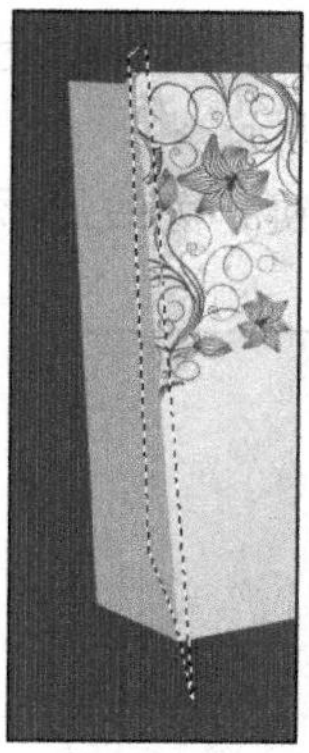

图7-81 绘制的选区

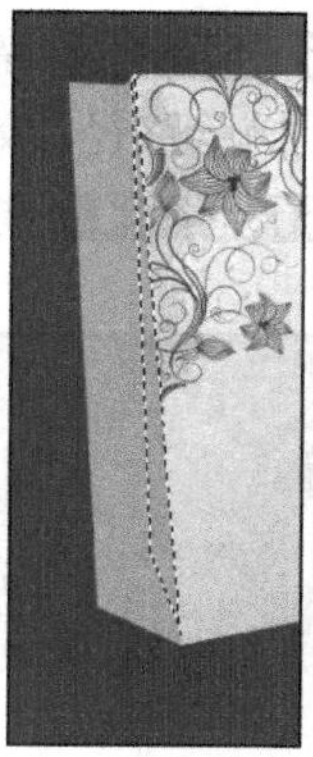

图7-82 生成的新选区

STEP 9 单击【图层】面板下方的按钮，在弹出的菜单命令中选择【亮度/对比度】命令，然后在弹出的【亮度/对比度】面板中设置选项参数，如图 7-83 所示，选区内的图像调整亮度后的效果如图 7-84 所示。

STEP 10 用与步骤 8～9 相同的方法，选择下方的三角形区域，并将其调暗，效果如图 7-85 所示，【亮度】选项的参数设置为“-50”。

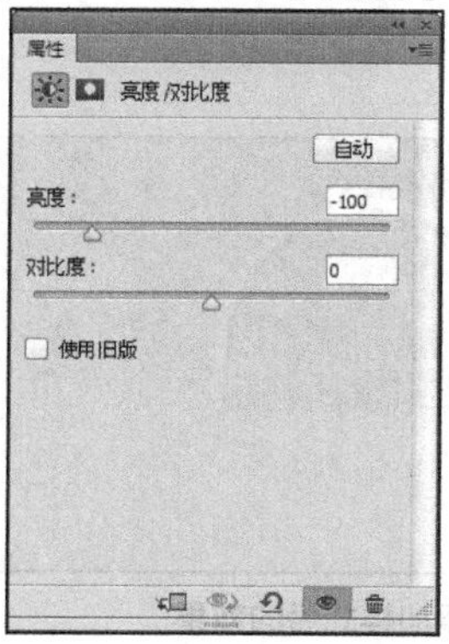

图7-83 【亮度/对比度】面板

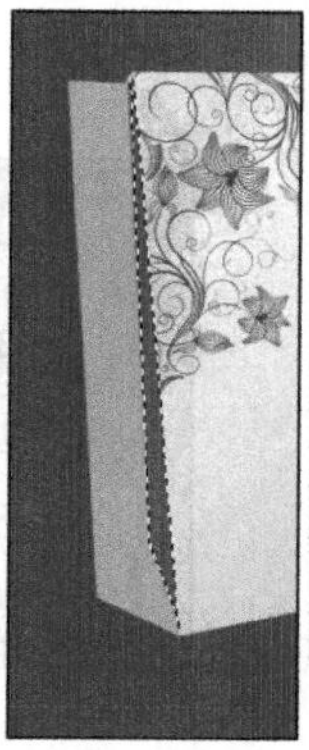

图7-84 调暗后的效果

图7-85 调整出的侧面图形

STEP 11 按 Ctrl+D 组合键，去除选区，然后利用和工具绘制出图 7-86 所示的路径。

STEP 12 选择工具，并激活属性栏中的按钮，然后在弹出的【画笔】面板中设置笔头选项参数，如图 7-87 所示。

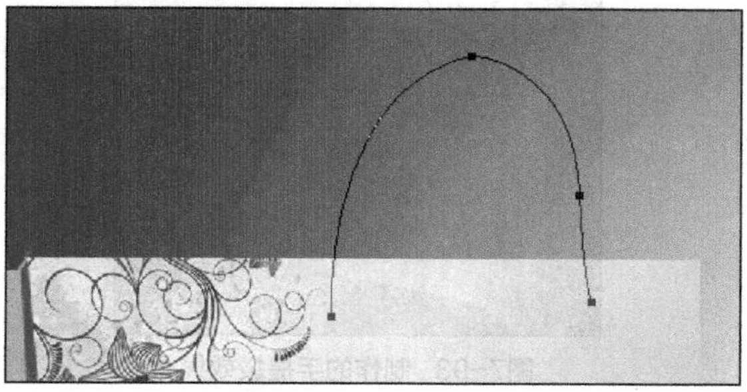

图7-86 绘制的路径

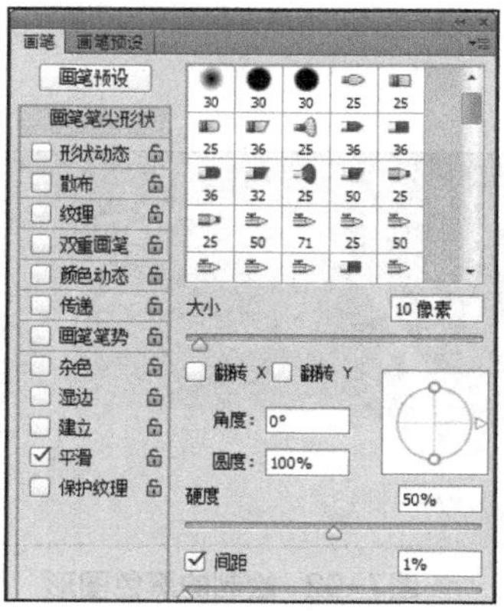

图7-87 【画笔】面板

STEP 13 新建“图层 3”，将前景色设置为白色，然后单击【路径】面板下方的 ○ 按钮，描绘路径，效果如图 7-88 所示。

STEP 14 按 Ctrl+T 组合键，为线形添加自由变形框，并将其调整至图 7-89 所示的形态。

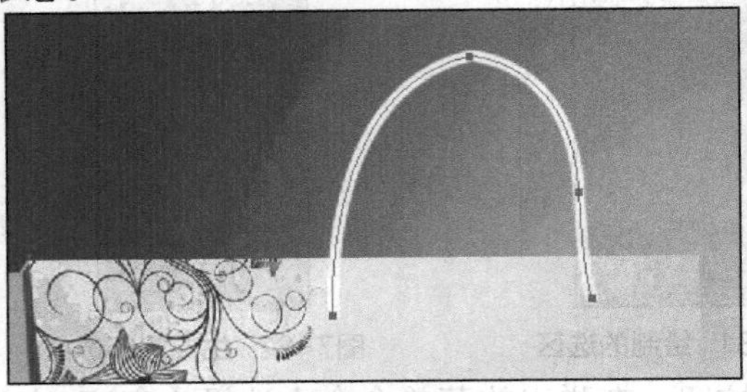

图7-88 描绘后的效果

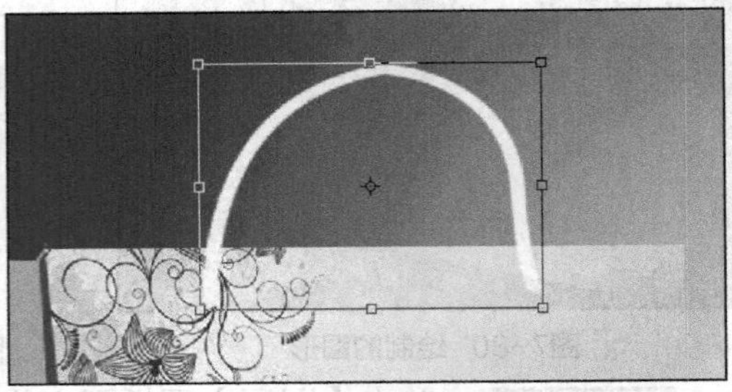

图7-89 调整后的形态

STEP 15 按 Enter 键，确认线形的调整，然后为其添加【斜面和浮雕】样式，选项及参数设置如图 7-90 所示，效果如图 7-91 所示。

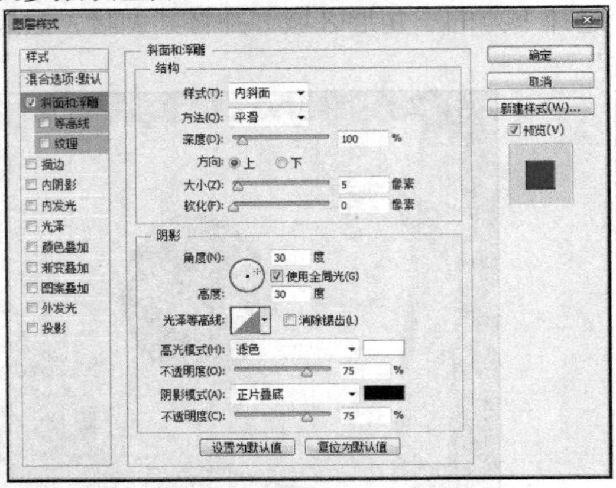

图7-90 设置的选项参数

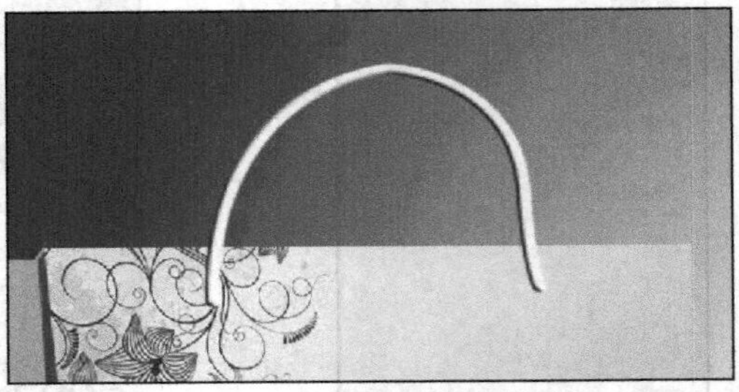

图7-91 添加样式后的效果

STEP 16 新建“图层 4”，并将其调整至“图层 3”的下方，然后利用 ○ 工具依次绘制出图 7-92 所示的黑色圆形，作为手提袋的穿绳孔。

STEP 17 将“图层 3”复制为“图层 3 副本”层，然后将其调整至“图层 1”的下方，并利用【自由变换】命令，将其调整至图 7-93 所示的形态及位置。

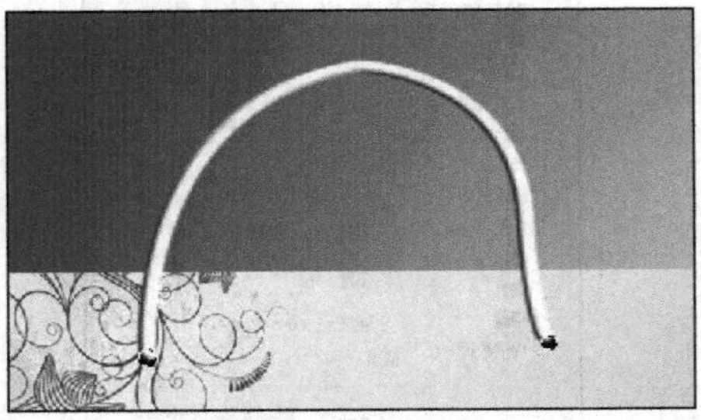

图7-92 绘制的黑色图形

图7-93 制作的手提袋效果

接下来，再来制作另一种形式的手提袋。

STEP 18 将“实训一”中设计的“手提袋平面图.psd”文件设置为工作状态，然后将除“背景”、“图层 1”和“图层 1 副本”层外的图层隐藏。

STEP 19 将“图层 1 副本”层设置为工作层，按 Shift+Ctrl+Alt+E 组合键，将显示的 3 个图层复制并合并为一个新层。

STEP 20 将合并后的图层移动复制到新建文件中生成“图层 5”，然后利用【自由变换】命令对其进行透视变形，并利用【渐变叠加】命令为其添加图 7-94 所示的渐变色，效果如图 7-95 所示。

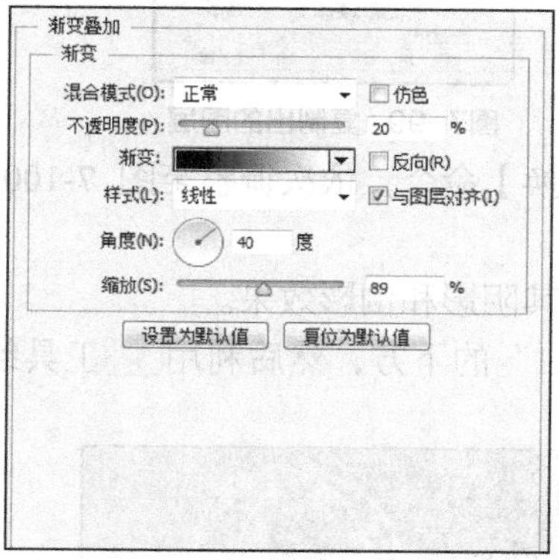

图7-94 叠加的渐变色

图7-95 调整后的效果

STEP 21 再次将“手提袋平面图.psd”文件设置为工作状态，然后将图 7-96 所示的图层隐藏。

STEP 22 将“图层 2”设置为工作层，然后按 Shift+Ctrl+Alt+E 组合键，将显示的图层复制并合并为一个新层。

STEP 23 将合并后的图层移动复制到新建文件中生成“图层 6”，然后利用【自由变换】命令将其调整至图 7-97 所示的形态。

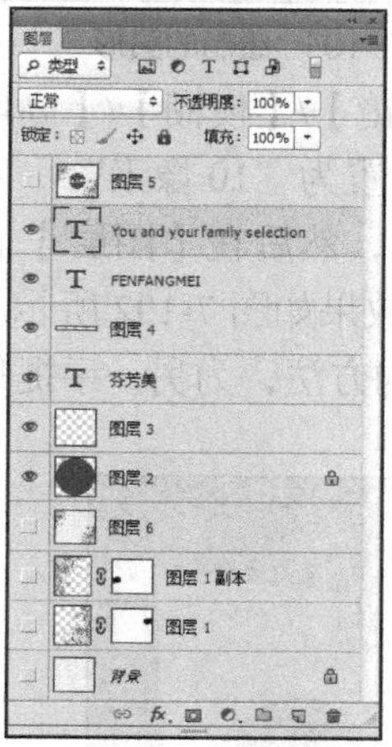

图7-96 隐藏的图层

图7-97 调整后的形态

STEP 24 用与步骤 7～10 相同的方法，为手提袋制作出图 7-98 所示的侧面图形。

STEP 25 在【图层】面板中，将“图层 3”“图层 4”和“图层 3 副本”层同时选中并复制，然后将生成的“图层 3 副本 2”层和“图层 4 副本”层调整至“图层 6”的上方，生成的“图层 3 副本 3”层调整至“图层 5”的下方，如图 7-99 所示。

图7-98 制作的侧面图形

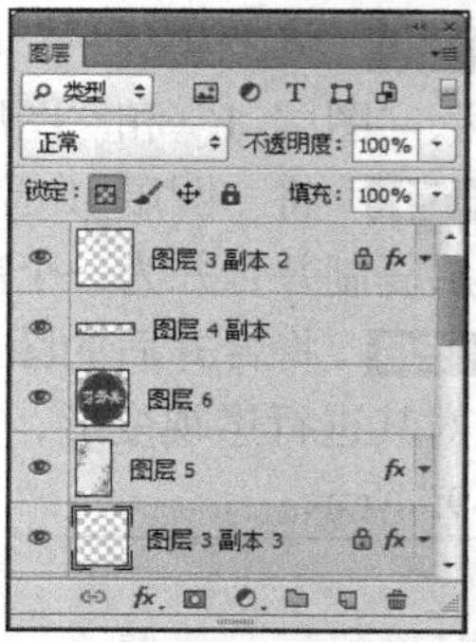

图7-99 复制出的图层

STEP 26 分别选择复制出的图层，利用【自由变换】命令，依次调整至图 7-100 所示的形态。

至此，手提袋的立体效果制作完成，下面我们来制作其阴影和倒影效果。

STEP 27 新建“图层 7”，并将其调整至“图层 1”的下方，然后利用工具绘制选区并为其填充黑色，如图 7-101 所示。

图7-100 调整后的形态

图7-101 绘制的图形

STEP 28 按 Ctrl+D 组合键，去除选区，然后执行【滤镜】/【模糊】/【高斯模糊】命令，在弹出的【高斯模糊】对话框中将【半径】选项的参数设置为“10 像素”。

STEP 29 单击 确定 按钮，将黑色图形模糊处理，然后在【图层】面板中，将其【不透明度】选项的参数设置为 不透明度: 70%，生成的投影效果如图 7-102 所示。

STEP 30 新建“图层 8”，然后用与步骤 27～29 相同的方法，为另一手提袋图形制作投影效果，如图 7-103 所示。

图7-102 制作的投影效果

图7-103 制作的投影效果

STEP 31 将“图层 1”复制为“图层 1 副本”层，然后执行【编辑】/【变换】/【垂直翻转】命令，将复制出的图形在垂直方向上翻转，再利用【自由变换】命令调整至图 7-104 所示的形态，即将复制出图形的上边界与原图形的下边界对齐。

STEP 32 将“图层 1 副本”层的【不透明度】参数设置为“20%”，然后为其添加图层蒙版，并利用▣工具编辑蒙版，制作出图 7-105 所示的倒影效果。

图7-104 调整后的形态

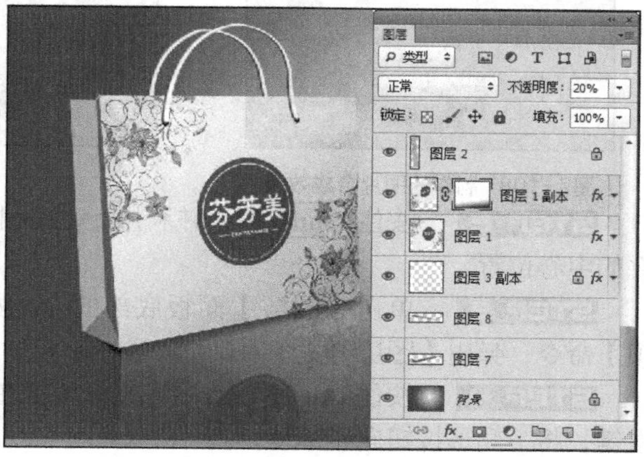

图7-105 制作的倒影效果

STEP 33 在【图层】面板中将图 7-106 所示的图层选中，然后按 Ctrl+Alt+E 组合键，将选择的图层复制并合并。

STEP 34 用与步骤 31～32 相同的制作倒影方法，制作出侧面图形的倒影效果，如图 7-107 所示。

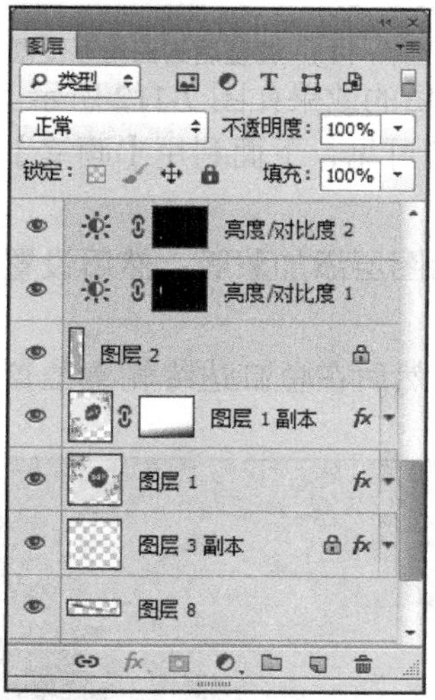

图7-106 选择的图层

图7-107 制作的倒影效果

STEP 35 用与以上制作倒影效果相同的方法，为另一手提袋制作倒影效果，即可完成手提袋的制作。

STEP 36 按 Ctrl+S 组合键，将此文件命名为“手提袋立体效果.psd”保存。

项目拓展 制作图像合成效果

利用【图层样式】对话框中的【混合选项】制作出图 7–108 所示的图片合成效果。

【操作步骤】

STEP 1 打开素材文件中名为“云彩.jpg”和“鱼缸.jpg”的图片文件，如图 7-109 所示。

图7–108 制作的图片合成效果

图7–109 打开的图片文件

STEP 2 按住 Shift 键，并利用 工具将“鱼缸”图像移动复制到“云彩.jpg”文件的中心位置。

STEP 3 单击【图层】面板底部的 fx 按钮，在弹出的下拉菜单中选择【混合选项】命令，弹出【图层样式】对话框。

STEP 4 按住 Alt 键，将鼠标光标放置在图 7-110 所示的三角形按钮上，按住鼠标左键，将三角形按钮向左移动。

STEP 5 用相同的方法，按住 Alt 键，对其他三角形按钮的位置也进行调整，如图 7-111 所示。读者在调整时要注意画面的效果变化。

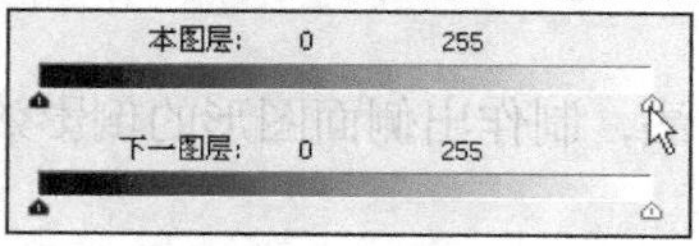

图7–110 拖曳鼠标调整三角形位置

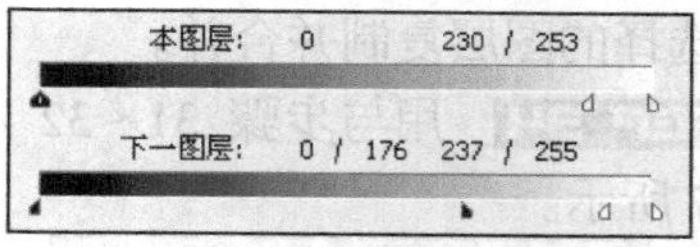

图7–111 调整后的三角形位置

STEP 6 单击 确定 按钮，将图像混合后的效果如图 7-112 所示。

对图像进行混合处理后，可以看出图像的轮廓还清晰可见，下面利用【画笔】工具和蒙版进行融合处理。

STEP 7 单击【图层】面板底部的 按钮，为图层添加蒙版，然后设置工具箱中的前景色为黑色。

STEP 8 选择 工具，设置合适大小的笔头，然后在鱼缸边缘轮廓位置喷绘黑色编辑蒙版，编辑后的效果如图 7-113 所示。

图7–112 混合后的图像效果

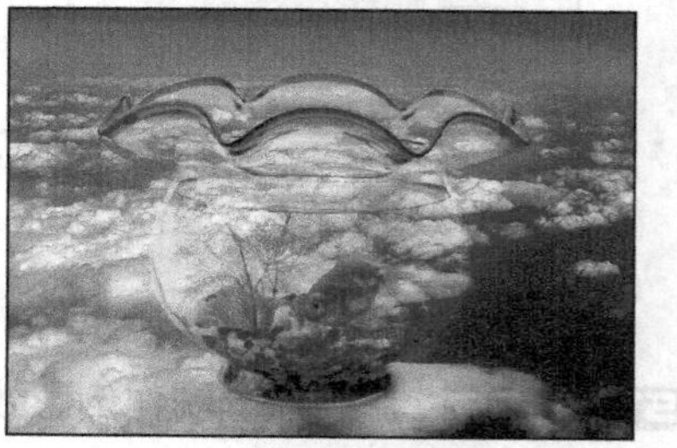

图7–113 编辑蒙版后的效果

STEP 9 按 Shift+Ctrl+S 组合键，将此文件另命名为“白云上的金鱼.psd”保存。

习题

1. 用本项目介绍的图层基本知识，制作环环相扣的效果，用到的图片素材及最终效果如图 7-114 所示。

图7-114 图片素材及效果

2. 灵活运用【图层】面板中的图层混合模式，制作出图 7-115 所示的 T 恤效果。

3. 灵活运用【图层样式】命令，来制作图 7-116 所示的效果字。

图7-115 合成的图案效果

图7-116 制作的水晶边框效果字

4. 在素材文件中打开名为“大提琴.jpg”和“天空.jpg”的图片文件，如图 7-117 所示。利用与项目拓展中介绍的相同方法，制作出图 7-118 所示的图像合成效果。

图7-117 打开的素材图片

图7-118 制作的合成效果

项目八 蒙版和通道的应用

PART 8

在 Photoshop 软件中，蒙版和通道是较难掌握的内容，而它们在实际工作中的应用又相当重要，特别是在建立和保存特殊选区及制作特殊效果方面更体现出其独特的灵活性。因此本项目将详细介绍蒙版和通道的有关内容，并以相应的实例加以说明，以便使读者对它们有一个全面的认识。

知识技能目标

- 掌握蒙版概念。
- 学会新建蒙版和编辑使用蒙版。
- 掌握利用蒙版合成图像。
- 掌握通道的概念及类型。
- 学会【通道】面板的使用方法。
- 掌握利用通道选取图像。
- 学会通道的拆分与合并。

任务一　利用蒙版制作双胞胎效果

蒙版是将不同灰度色值转化为不同的透明度，并作用到它所在的图层中，使图层不同部位透明度产生相应的变化，黑色为完全透明，白色为完全不透明。蒙版还具有保护和隐藏图像的功能，当对图像的某一部分进行特殊处理时，利用蒙版可以隔离并保护其余的图像部分不被修改和破坏。蒙版原理如图 8-1 所示。

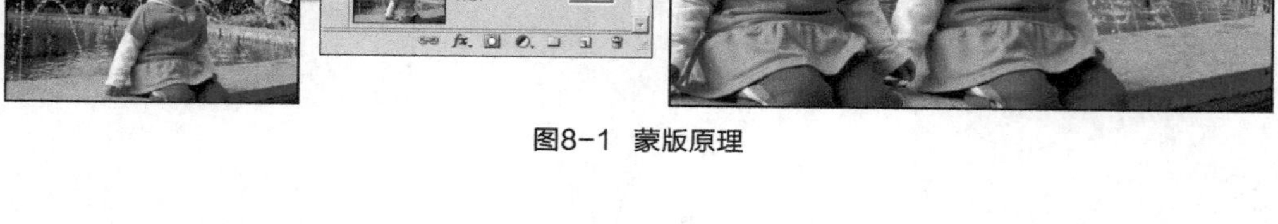

图8-1　蒙版原理

【知识准备】

根据创建方式的不同，蒙版可分为两种类型：图层蒙版和矢量蒙版。图层蒙版是位图图像，与分辨率相关，它是由绘图或选框工具创建的；矢量蒙版与分辨率无关，是由【钢笔】工具或形状工具创建的。

在【图层】面板中，图层蒙版和矢量蒙版都显示图层缩览图和附加缩览图。对于图层蒙版，此缩览图代表添加图层蒙版时创建的灰度通道；对于矢量蒙版，此缩览图代表从图层内容中剪下来的路径。图层蒙版和矢量蒙版说明图如图 8-2 所示。

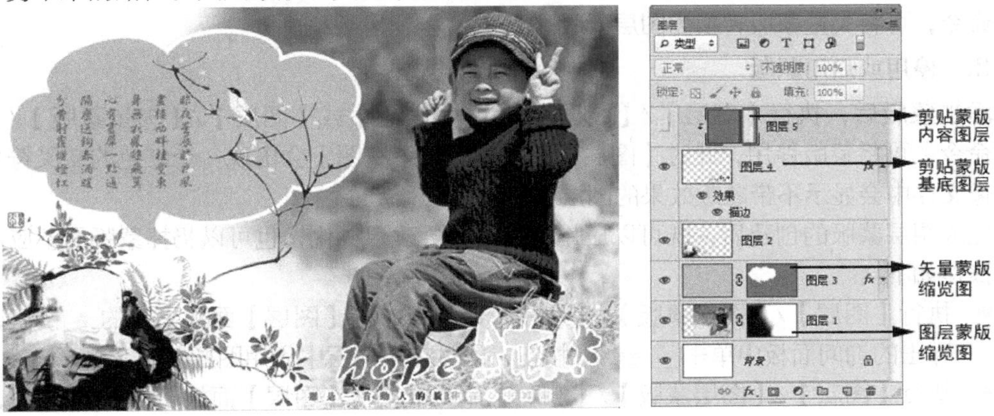

图8-2 图层蒙版和矢量蒙版说明图

1. 创建图层蒙版

在【图层】面板中选择要添加图层蒙版的图层或图层组，然后执行下列任一操作。

- 在【图层】面板中单击按钮或执行【图层】/【图层蒙版】/【显示全部】命令，即可创建出显示整个图层的蒙版。如当前图像文件中有选区，可以创建出显示选区内图像的蒙版。
- 按住 Alt 键单击【图层】面板中的按钮或执行【图层】/【图层蒙版】/【隐藏全部】命令，即可创建出隐藏整个图层的蒙版。如当前图像文件中有选区，可以创建出隐藏选区内图像的蒙版。

在【图层】面板中单击蒙版缩览图，使之成为当前状态，然后在工具箱中选择工具，执行下列操作之一可以编辑图层蒙版。

- 在蒙版图像中绘制黑色，可增加蒙版被屏蔽的区域，并显示其下图像中更多的区域。
- 在蒙版图像中绘制白色，可减少蒙版被屏蔽的区域，此时，将显示其下图像中较少的图像。
- 在蒙版图像中绘制灰色，可创建半透明效果的屏蔽区域。

2. 创建矢量蒙版

矢量蒙版可在图层上创建锐边形状的图像，若需要添加边缘清晰分明的图像，可以使用矢量蒙版。在【图层】面板中选择要添加矢量蒙版的图层或图层组，然后执行下列任一操作即可创建矢量蒙版。

- 执行【图层】/【矢量蒙版】/【显示全部】命令，可创建显示整个图层中图像的矢量蒙版。

- 执行【图层】/【矢量蒙版】/【隐藏全部】命令，可创建隐藏整个图层中图像的矢量蒙版。
- 当图像文件中有路径存在且处于显示状态时，执行【图层】/【矢量蒙版】/【当前路径】命令，可创建显示形状内容的矢量蒙版。

在【图层】或【路径】面板中单击矢量蒙版缩览图，将其设置为当前状态，然后利用【钢笔】工具或【路径编辑】工具更改路径的形状，即可编辑矢量蒙版。

在【图层】面板中选择要编辑的矢量蒙版层，然后执行【图层】/【栅格化】/【矢量蒙版】命令，可将矢量蒙版转换为图层蒙版。

3. 停用或启用蒙版

添加蒙版后，执行【图层】/【图层蒙版】/【停用】或【图层】/【矢量蒙版】/【停用】命令，可将蒙版停用，此时【图层】面板中蒙版缩览图上会出现一个红色的交叉符号，且图像文件中会显示不带蒙版效果的图层内容。

完成图层蒙版的创建后，既可以应用蒙版使其更改永久化，也可以扔掉蒙版而不应用更改，操作如下。

- 执行【图层】/【图层蒙版】/【应用】命令或单击【图层】面板下方的 按钮，在弹出的询问面板中单击 应用 按钮，即可在当前层中应用图层蒙版。
- 执行【图层】/【图层蒙版】/【删除】命令或单击【图层】面板下方的 按钮，在弹出的询问面板中单击 删除 按钮，即可在当前层中取消图层蒙版。

4. 删除矢量蒙版

- 将矢量蒙版缩览图拖曳到【图层】面板下方的 按钮上。
- 选择矢量蒙版，执行【图层】/【矢量蒙版】/【删除】命令。
- 在【图层】面板中，当矢量蒙版层为工作层时，按 Delete 键，可直接将该图层删除。

5. 取消图层与蒙版的链接

默认情况下，图层和蒙版处于链接状态，当使用【移动】工具移动图层或蒙版时，该图层及其蒙版会在图像文件中一起移动，取消它们的链接后可以进行单独移动。

- 执行【图层】/【图层蒙版】/【取消链接】或【图层】/【矢量蒙版】/【取消链接】命令，即可将图层与蒙版之间取消链接。
- 在【图层】面板中单击图层缩览图与蒙版缩览图之间的图标，链接图标消失，表明图层与蒙版之间已取消链接；当在此处再次单击，链接图标出现时，表明图层与蒙版之间又重建链接。

6. 选择图层上的不透明区域

通过载入图层，可以快速选择图层上的所有不透明区域；通过载入蒙版，可以将蒙版的边界作为选区载入。按住 Ctrl 键单击【图层】面板中的图层或蒙版缩览图，即可在图像文件中载入以所有不透明区域形成的选区或以蒙版为边界的选区。如果当前图像文件中有选区，按住 Ctrl+Shift 组合键单击【图层】面板中的图层或蒙版缩览图，可向现有的选区中添加要载入的选区，以生成新的选区。按住 Ctrl+Alt 组合键单击【图层】面板中的图层或蒙版缩览图，可在现有的选区中减去要载入的选区，以生成新的选区。按住 Ctrl+Alt+Shift 组合键单击【图层】面板中的图层或蒙版缩览图，可将现有的选区与要载入的选区相交，生成新的选区。

7. **剪贴蒙版**

剪贴蒙版是由基底图层和内容图层创建的，将两个或两个以上的图层创建剪贴蒙版后，可用剪贴蒙版中最下方的图层（基底图层）形状来覆盖上面的图层（内容图层）内容。例如，一个图像的剪贴蒙版中下方图层为某个形状，上面的图层为图像或者文字，如果将上面的图层都创建为剪贴蒙版，则上面图层的图像只能通过下面图层的形状来显示其内容，如图8-3所示。

图8-3 剪贴蒙版

（1） 创建剪贴蒙版。

- 在【图层】面板中选择最下方图层上面的一个图层，然后执行【图层】/【创建剪贴蒙版】命令，即可在该图层与其下方的图层创建剪贴蒙版（注意，背景图层无法创建剪贴蒙版）。
- 按住 Alt 键将鼠标光标放置在【图层】面板中要创建剪贴蒙版的两个图层中间的线上，当鼠标光标显示为 形状时，单击即可创建剪贴蒙版。

（2） 释放剪贴蒙版。

- 在【图层】面板中，选择剪贴蒙版中的任一图层，然后执行【图层】/【释放剪贴蒙版】命令，即可释放剪贴蒙版，还原图层相互独立的状态。
- 按住 Alt 键将鼠标光标放置在分隔两组图层的线上，当鼠标光标显示为 形状时，单击即可释放剪贴蒙版。

下面灵活运用图层的蒙版功能来制作双胞胎效果，打开的图片及合成后的效果如图 8-4 所示。

图8-4 打开的图片及合成后的效果

【操作步骤】

STEP 1 打开素材文件中名为“人物 01.jpg”和“人物 02.jpg”的图片文件。

STEP 2 选择 工具，按住 Shift 键，将“人物 02”移动复制到“人物 01”文件中生成“图层 1”，然后将“图层 1”的【不透明度】选项的参数设置为“70%”。

STEP 3 按住 Shift 键，将“图层 1”中的内容水平向右移动，然后将“图层 1”的【不透明度】选项的参数设置为“100%”，移动后图片的位置如图 8-5 所示。

> **知识提示** 此处首先将“图层 1”的【不透明度】选项参数设置为“70%”，目的是通过上方的图像能看清下方的图像，在向右移动“图层 1”中的图像时，能确定其位置；然后再将【不透明度】选项的参数设置为“100%”，目的是要进行颜色调整，以使两个图像的颜色统一。

STEP 4 按 Ctrl+M 组合键，在弹出的【曲线】对话框中调整曲线形态，如图 8-6 所示。

图8-5 图片放置的位置

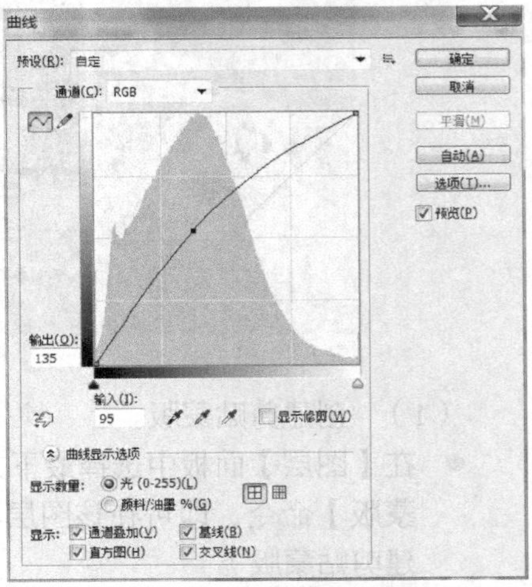

图8-6 【曲线】对话框

STEP 5 单击 确定 按钮，调整后的图像效果如图 8-7 所示。

STEP 6 单击【图层】面板下方的 按钮，为“图层 1”添加图层蒙版，然后将前景色设置为黑色。

STEP 7 选择 工具，设置合适的笔头大小后，在画面中两图像的交界位置拖曳鼠标光标，描绘黑色以编辑图层蒙版，此时鼠标光标经过的区域即会被隐藏，最终效果如图 8-8 所示。

图8-7 调整后的图像效果

图8-8 编辑蒙版后的效果

STEP 8 按 Shift+Ctrl+S 组合键，将文件另命名为“制作双胞胎效果.psd”保存。

任务二　给图像合成蓝天白云效果

本任务来为图像添加蓝天白云效果，来进一步讲解图层蒙版的运用。用到的素材图片及合成后的效果如图 8-9 所示。

图8-9　素材图片及合成后的效果

【操作步骤】

STEP 1　打开素材文件中名为“人物 03.jpg”和“蓝天白云.jpg”的图片文件。

STEP 2　将“蓝天白云”图片移动复制到“人物”文件中生成“图层 1”，再按 Ctrl+T 组合键，为复制入的图片添加自由变换框，并将其调整至如图 8-10 所示的形态，然后按 Enter 键，确认图片的变换操作。

STEP 3　将“图层 1”的图层混合模式设置为“正片叠底”，更改混合模式后的效果如图 8-11 所示。

图8-10　调整后的图片形态

图8-11　更改混合模式后的效果

STEP 4　按 Ctrl+M 组合键，在弹出的【曲线】对话框中调整曲线形态，如图 8-12 所示，然后单击 确定 按钮，调整后的图像效果如图 8-13 所示。

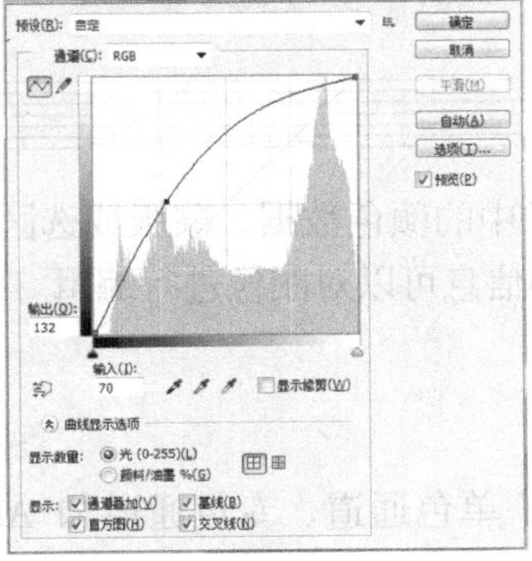

图8-12　【曲线】对话框

图8-13　调整后的图像效果

STEP 5 再次按 Ctrl+M 组合键，在弹出的【曲线】对话框中调整曲线形态，如图 8-14 所示，然后单击 确定 按钮，调整后的图像效果如图 8-15 所示。

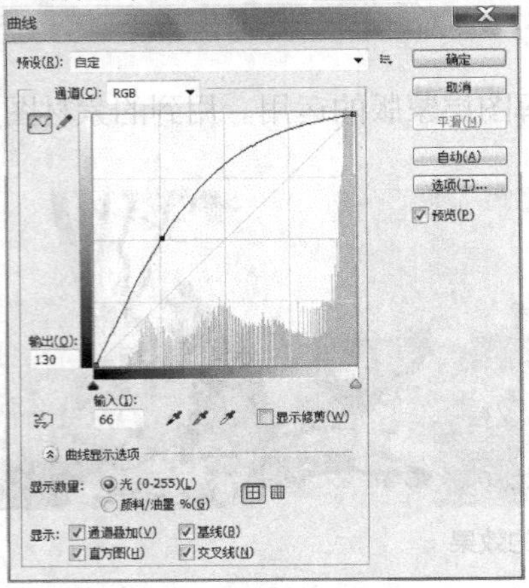

图8-14 【曲线】对话框

图8-15 调整后的图像效果

STEP 6 单击【图层】面板下方的 按钮，为“图层 1”添加图层蒙版，然后利用 工具，在画面中喷绘黑色编辑蒙版，编辑蒙版后的画面效果如图 8-16 所示。

STEP 7 新建“图层 2”，并将其图层混合模式设置为“颜色”，然后将前景色设置为淡蓝色（R:200,G:255,B:255）。

STEP 8 选择 工具，在属性栏中设置一柔边缘笔头，并将【不透明度】的参数设置为“50%”，然后在海面位置喷绘前景色，效果如图 8-17 所示。

图8-16 编辑蒙版后的效果

图8-17 喷绘颜色后的效果

STEP 9 按 Shift+Ctrl+S 组合键，将文件另命名为“添加蓝天白云.psd”保存。

任务三 利用通道抠选白色婚纱

通道是保存不同颜色信息的灰度图像，可以存储图像中的颜色数据、蒙版或选区。每一幅图像都有一个或多个通道，通过编辑通道中存储的各种信息可以对图像进行编辑。

【知识准备】

1. 通道类型

根据通道存储的内容不同，通道可以分为复合通道、单色通道、专色通道和 Alpha 通道，如图 8-18 所示。

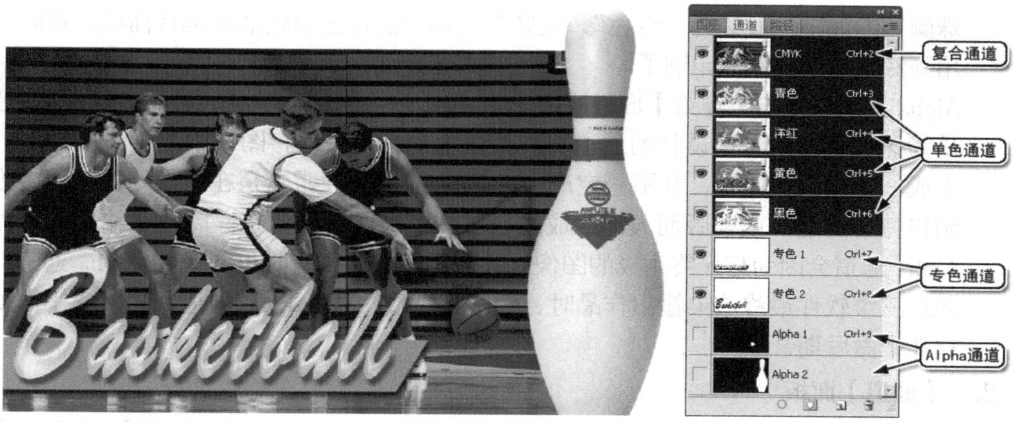

图8-18 通道类型说明图

知识提示 Photoshop 中的图像都有一个或多个通道，图像中默认的颜色通道数取决于其颜色模式。每个颜色通道都存放图像颜色元素信息，图像中的色彩是通过叠加每一个颜色通道而获得的。在四色印刷中，青、品、黄、黑印版就相当于 CMYK 颜色模式图像中的 C、M、Y、K 4 个通道。

- 复合通道：不同模式的图像通道的数量也不一样，默认情况下，位图、灰度和索引模式的图像只有 1 个通道，RGB 和 Lab 模式的图像有 3 个通道，CMYK 模式的图像有 4 个通道。

  例如，打开一幅 RGB 色彩模式的图像，该图像包括 R、G、B 3 个通道。打开一幅 CMYK 色彩模式的图像，该图像包括 C、M、Y、K 4 个通道。为了便于理解，本书分别以 RGB 颜色模式和 CMYK 颜色模式的图像制作了如图 8-19 所示的通道原理图解。在图中，上面的一层代表叠加图像每一个通道后的图像颜色，下面的层代表拆分后的单色通道。

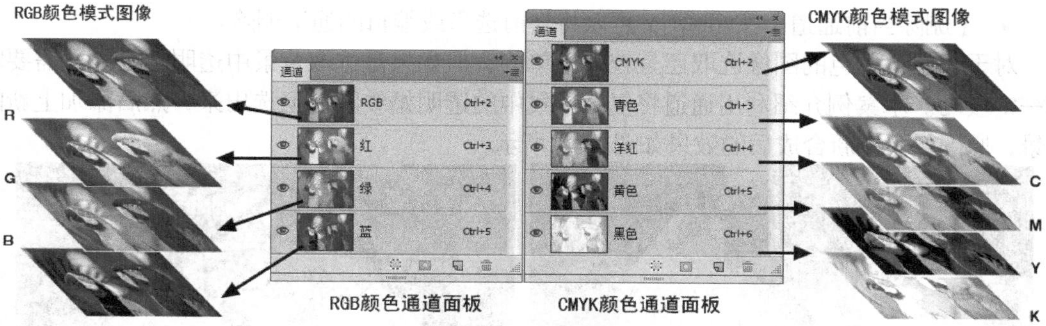

图8-19 RGB 和 CMYK 颜色模式的图像通道原理图解

- 单色通道：在【通道】面板中，单色通道都显示为灰色，它通过 0～256 级亮度的灰度表示颜色。在通道中很难控制图像的颜色效果，所以一般不采取直接修改颜色通道的方法改变图像的颜色。
- 专色通道：在处理颜色种类较多的图像时，为了让自己的印刷作品与众不同，往往要做一些特殊通道的处理。除了系统默认的颜色通道外，还可以创建专色通道，如增加印刷品的荧光油墨或夜光油墨，套版印制无色系（如烫金、烫银）等，这些特殊颜色的油墨一般称为“专色”，这些专色都无法用三原色油墨混合而成，这时就要用到专色通道与专色印刷了。

- Alpha 通道：单击【通道】面板底部的按钮，可创建一个 Alpha 通道。Alpha 通道是为保存选区而专门设计的通道，其作用主要是用来保存图像中的选区和蒙版。在生成一个图像文件时，并不一定产生 Alpha 通道，通常它是在图像处理过程中为了制作特殊的选区或蒙版而人为生成的，并从中提取选区信息。因此在输出制版时，Alpha 通道会因为与最终生成的图像无关而被删除。但有时也要保留 Alpha 通道，比如在三维软件最终渲染输出作品时，会附带生成一张 Alpha 通道，用以在平面处理软件中做后期合成。

2. **【通道】面板**

利用【通道】面板可以完成创建、复制或删除通道等操作。执行【窗口】/【通道】命令，即可在工作区中显示【通道】面板。下面介绍一下面板中各按钮的功能和作用。

- 【指示通道可见性】图标：此图标与【图层】面板中的图标的作用是相同的，多次单击可以使通道在显示或隐藏之间切换。注意，当【通道】面板中某一单色通道被隐藏后，复合通道会自动隐藏；当选择或显示复合通道后，所有的单色通道也会自动显示。
- 通道缩览图：图标右侧为通道缩览图，其作用是显示通道的颜色信息。
- 通道名称：通道缩览图的右侧为通道名称，它能使用户快速识别各种通道。通道名称的右侧为切换该通道的快捷键。
- 【将通道作为选区载入】按钮：单击此按钮，或按住 Ctrl 键单击某通道，可以将该通道中颜色较淡的区域载入为选区。
- 【将选区存储为通道】按钮：当图像中有选区时，单击此按钮，可以将图像中的选区存储为 Alpha 通道。
- 【创建新通道】按钮：可以创建一个新的通道。
- 【删除当前通道】按钮：可以将当前选择或编辑的通道删除。

对于背景是单色的图像选取还是较为简单的，但如果是选取背景中透明的婚纱还需要掌握一定技巧。本案例介绍利用通道将复杂背景中的透明婚纱图像抠选出来，然后添加上新的背景，原图像及重新合成后的效果如图 8-20 所示。

图8-20　原图像及重新合成后的效果

【操作步骤】

STEP 1　打开素材文件中名为“婚纱照.jpg”的图片文件。

STEP 2 调出【通道】面板，分别单击面板中的“红”“绿”“蓝”通道，查看图像的颜色对比效果，通过观察，会发现蓝色通道中的人物与背景对比最为强烈。

STEP 3 将明暗对比明显的“蓝”通道设置为工作状态，再单击面板底部⬚按钮，载入“蓝”通道的选区，然后按 Ctrl+2 组合键转换到 RGB 通道模式，载入的选区形状如图 8-21 所示。

图8-21 载入的选区形状

STEP 4 返回到【图层】面板中新建“图层 1”，将图层混合模式设置为“滤色”，并为“图层 1”填充红色，在【色板】中选择的颜色及填充的图层如图 8-22 所示，填充颜色后的效果如图 8-23 所示。

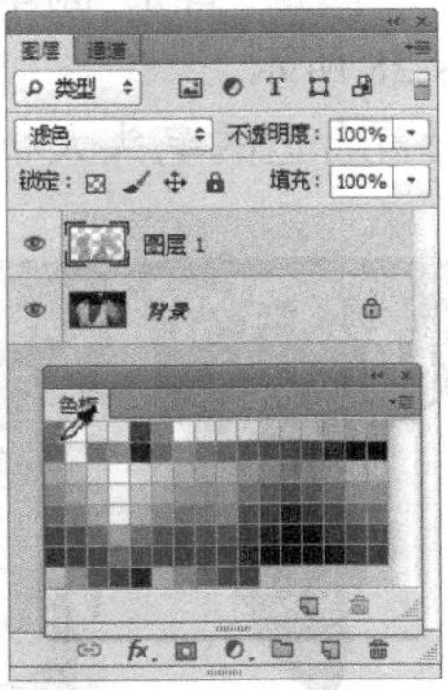

图8-22 选择的颜色及填充的图层

图8-23 填充红色后的效果

STEP 5 新建“图层 2”，将图层混合模式设置为“滤色”，并为“图层 2”填充绿色，在【色板】中选择的颜色及填充的图层如图 8-24 所示，填充颜色后的效果如图 8-25 所示。

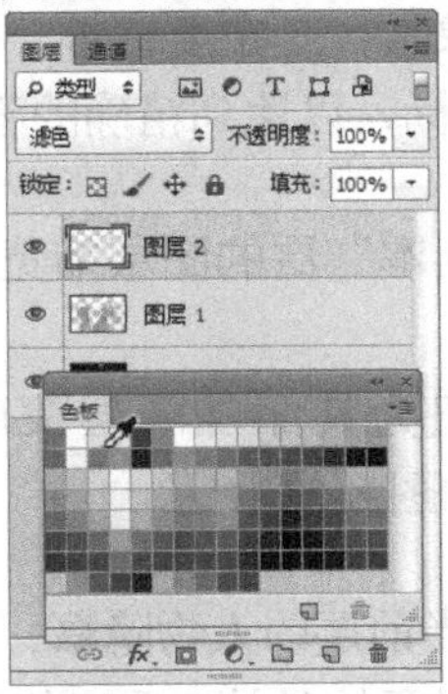

图8-24 选择的颜色及填充的图层

图8-25 填充绿色后的效果

STEP 6 新建“图层 3”，将图层混合模式设置为“滤色”，并为“图层 3”填充蓝色，在【色板】中选择的颜色及填充的图层如图 8-26 所示，填充颜色后的效果如图 8-27 所示。

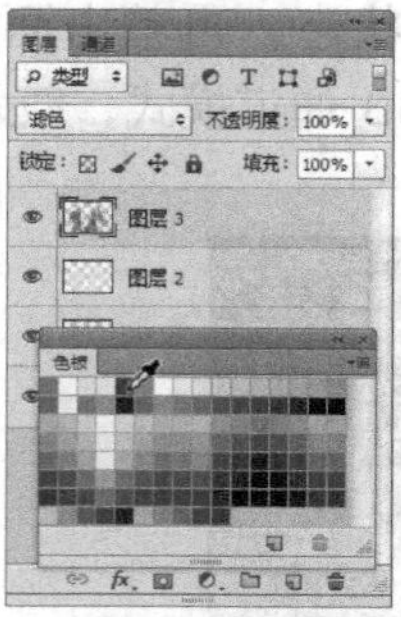

图8-26 选择的颜色及填充的图层

图8-27 填充蓝色后的效果

STEP 7 按 Ctrl+D 组合键去除选区，然后按两次 Ctrl+E 组合键将“图层 3”和“图层 2”向下合并到“图层 1”中。

STEP 8 将“背景”层复制生成为“背景 副本”层，然后为“背景”层填充上深蓝色（R:30,G:35,B:130）。

STEP 9 将“背景 副本”层设置为当前层，再单击【图层】面板底部的按钮，为“背景 副本”层添加图层蒙版。

STEP 10 选择工具，单击属性栏中的按钮，在弹出的【画笔选项】面板中将【硬度】选项的参数设置为“50%”，然后依次设置合适的笔头大小在“背景 副本”层的蒙版中绘制黑色编辑蒙版，将除人物以外的图像隐藏，效果如图 8-28 所示。

STEP 11 将“图层 1”设置为当前层，选择工具，设置合适的笔头大小后，在画面中将除人物外的其他部分擦除，最终效果如图 8-29 所示。

图8-28 编辑蒙版后的效果

图8-29 擦除后的效果

知识提示 在编辑图层蒙版及擦除“图层 1”中的图像时，一定要仔细，特别是人物的周围，要先将笔头设小，然后慢慢地拖曳鼠标，以达到精确的程度。

STEP 12 按住 Ctrl 键单击如图 8-30 所示“背景 副本”层的图层缩览图加载人物选区。

STEP 13 确认“图层 1”为工作层，单击按钮为其添加图层蒙版，然后按 Ctrl+I 组合键进行反相，生成的图层蒙版缩览图及画面效果如图 8-31 所示。

知识提示 此处为“图层 1”添加图层蒙版，目的是将当前层的人物隐藏，即显示出原来图像中的人物效果，而“图层 1”中仍保留显示的只是选取出的婚纱。

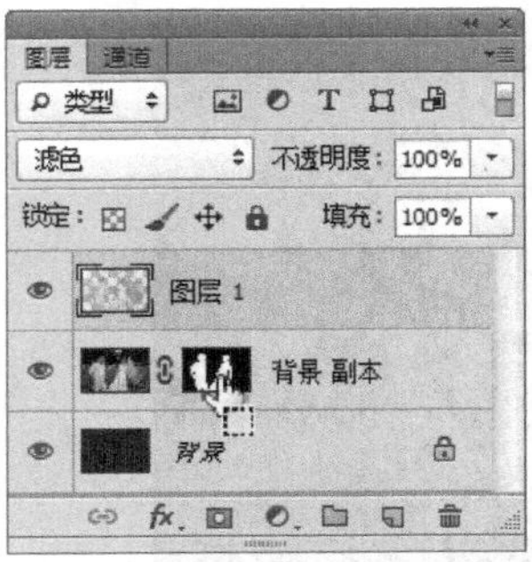

图8-30 按住 Ctrl 键单击图层缩览图

图8-31 生成的图层蒙版缩览图及画面效果

STEP 14 至此，婚纱选取完成，按 Shift+Ctrl+S 组合键，将此文件另命名为“选取婚纱.psd”保存。

接下来，将选择的图像移动复制到新的场景中。

STEP 15 打开素材文件中名为“秋景.jpg”的图片文件，如图 8-32 所示。

STEP 16 将“选取婚纱”文件设置为工作状态，然后将“背景 副本”层和“图层 1”同时选中，并将其移动复制到“秋景.jpg”文件中。

STEP 17 利用【编辑】/【自由变换】命令将复制入的人物图像调整合适的大小后放置到如图 8-33 所示的位置。

图8-32 打开的图片

图8-33 图像放置的位置

STEP 18 按 Shift+Ctrl+S 组合键，将此文件另命名为“合成婚纱背景.psd”保存。

任务四 利用通道选取复杂图像

根据通道中单色通道的明暗分布情况，再加上少许的编辑，可以把通道中的白色区域转换成选区，从而达到选取指定图像的目的。对于利用路径或其他选取工具很难实现的图像选取，也许利用通道就会非常容易地把图像选取出来。下面通过案例来学习利用通道增加图像与背景的对比度，从而把需要的图像在背景中选取出来。

> **知识提示**
>
> 在通道中，白色代替图像的透明区域，表示要处理的部分，可以直接添加选区；黑色表示不需处理的部分，不能直接添加选区。

利用通道命令将杂乱的树枝在背景中选出，然后为其更换背景。原图像及更改背景后的效果如图 8-34 所示。

图8-34 原图像及更改背景后的效果

【操作步骤】

STEP 1 打开素材文件中名为“树枝.jpg”的图片文件。

STEP 2 打开【通道】面板，将明暗对比较明显的“蓝”通道复制生成为“蓝 副本”通道。

STEP 3 执行【图像】/【调整】/【色阶】命令，在弹出的【色阶】对话框中设置参数，如图 8-35 所示。

STEP 4 单击 确定 按钮，调整后的图像效果如图 8-36 所示。

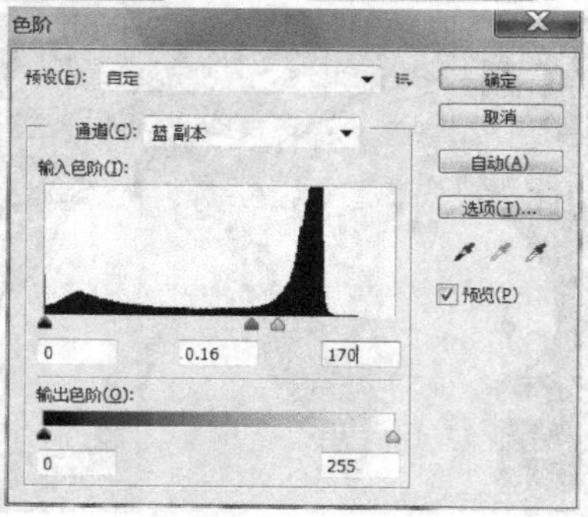

图8-35 【色阶】对话框

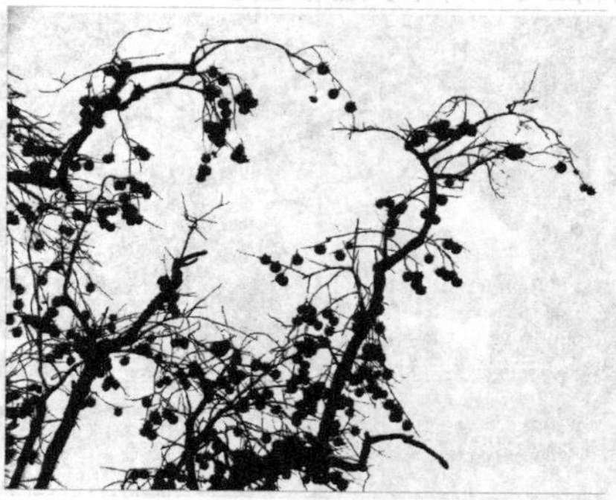

图8-36 调整后的效果

STEP 5 将前景色设置为白色，然后利用 工具，在画面中的左上角位置喷绘白色，效果如图 8-37 所示。

STEP 6 按 Ctrl+I 组合键，将画面反相显示，效果如图 8-38 所示。

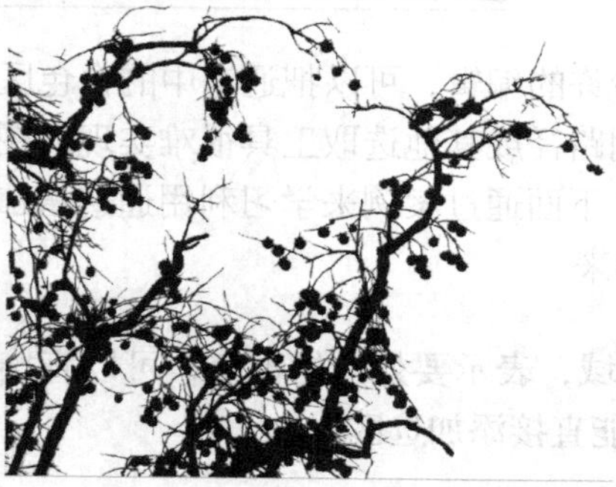

图8-37 喷绘白色后的效果

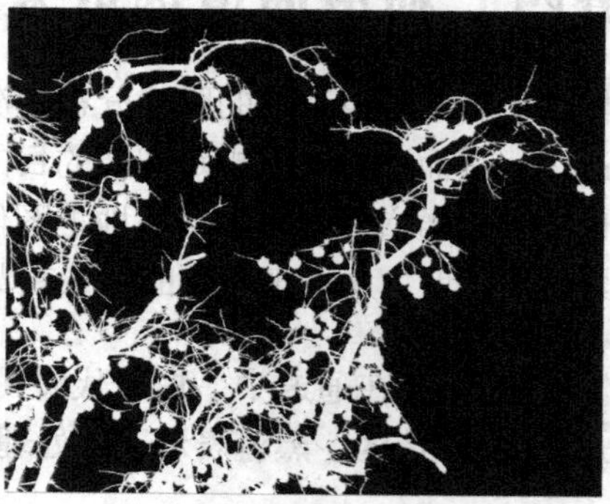

图8-38 反相显示后的效果

STEP 7 单击【通道】面板底部 按钮，载入“蓝 副本”通道的选区，然后按 Ctrl+2 组合键转换到 RGB 通道模式，载入的选区形态如图 8-39 所示。

STEP 8 按 Ctrl+J 组合键，将选区中的内容通过复制生成“图层 1”，然后将“背景”层隐藏，选取的树枝效果如图 8-40 所示。

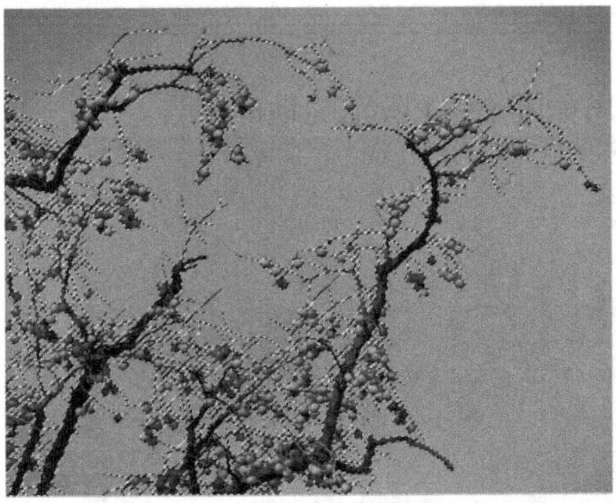

图8-39 载入的选区

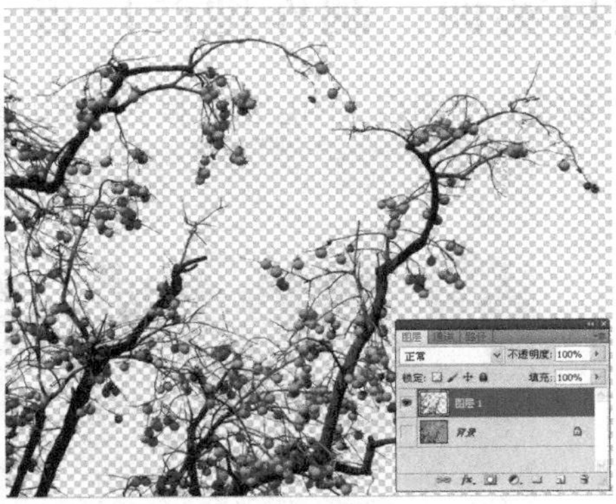

图8-40 选取的树枝效果

STEP 9 打开素材文件中名为“背景.jpg”的图片文件，如图 8-41 所示。

STEP 10 将“风景”图片移动复制到“树枝”文件中生成“图层 2”，再按 Ctrl+T 组合键，为其添加自由变换框，并将其调整至如图 8-42 所示的形态，然后按 Enter 键，确认图片的变换操作。

图8-41 打开的图片

图8-42 调整后的图片形态

STEP 11 执行【图层】/【排列】/【后移一层】命令，将“图层 2”调整至“图层 1”的下方，调整图层堆叠顺序后的效果如图 8-43 所示。

图8-43 调整图层堆叠顺序后的效果

STEP 12 按 Shift+Ctrl+S 组合键，将文件另命名为“替换背景.psd”保存。

项目实训　制作地产广告

综合运用图层、图层混合模式及图层蒙版制作出如图 8-44 所示的地产广告。

图8-44　设计完成的地产广告

【操作步骤】

STEP 1　新建一个【宽度】为“30 厘米”,【高度】为“20 厘米”,【分辨率】为“120 像素/英寸”,【颜色模式】为“RGB 颜色”,【背景内容】为青灰色（R:223,G:233,B:228）的文件。

STEP 2　打开素材文件中名为“山水.jpg”的文件，将其移动复制到新建文件中生成“图层 1”。

STEP 3　按 Ctrl+T 组合键为复制入的图片添加自由变换框，并将其调整至如图 8-45 所示的形状，然后按 Enter 键确认图像的变换操作。

STEP 4　按住 Ctrl 键单击“图层 1”的图层缩览图加载选区，然后将前景色设置为黑色，背景色设置为灰绿色（R:90,G:125,B:130）。

STEP 5　选择渐变工具，新建“图层 2”，按住 Shift 键为选区由上至下填充由前景色到背景色的线性渐变色，效果如图 8-46 所示，然后按 Ctrl+D 组合键删除选区。

图8-45　调整后的图像形状

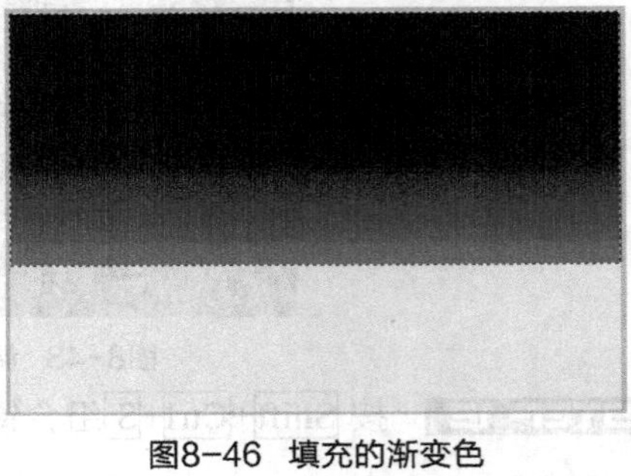

图8-46　填充的渐变色

STEP 6 在【图层】面板中将“图层 2”调整至“图层 1”的下方，然后将“图层 1”的图层混合模式设置为“明度”，生成的效果如图 8-47 所示。

STEP 7 打开素材文件中名为“盘子和花.psd”的文件，然后将“图层 1”和“图层 2”同时选中，并利用工具将选择的图像移动复制到新建文件中。

STEP 8 将“花”和“盘子”图形分别调整大小后，放置到如图 8-48 所示的位置。

图8-47 设置图层混合模式后的效果

图8-48 图像放置的位置

STEP 9 打开素材文件中名为“别墅.jpg”的文件，然后将其移动复制到新建文件中生成“图层 5”。

STEP 10 按 Ctrl+T 组合键为复制入的图片添加自由变换框，并将其调整至如图 8-49 所示的大小及位置，然后按 Enter 键确认图像的变换操作。

STEP 11 执行【图层】/【图层蒙版】/【隐藏全部】命令，为“图层 5”添加图层蒙版。

STEP 12 将前景色设置为白色，然后选择工具，设置合适的笔头大小后沿盘子的中心位置拖曳鼠标，将该区域的图像显示，效果如图 8-50 所示。

图8-49 调整后的图像形状

图8-50 编辑蒙版后的效果

STEP 13 单击“图层 5”的图层缩览图，然后按 Ctrl+U 组合键，在弹出的【色相/饱和度】对话框中设置参数，如图 8-51 所示。

STEP 14 单击 确定 按钮，图像调整颜色后的效果如图 8-52 所示。

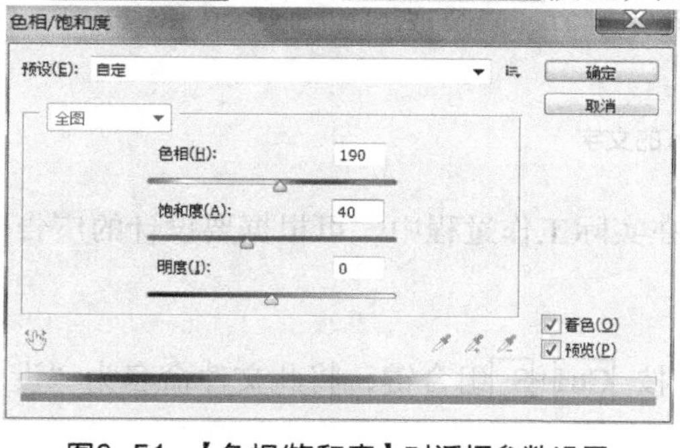

图8-51 【色相/饱和度】对话框参数设置

图8-52 调整颜色后的效果

STEP 15 新建“图层 6”，并将其调整至“图层 4”的下方位置，然后选择工具，设置合适的笔头大小后在盘子的下方位置描绘黑色，制作出盘子的投影效果，如图 8-53 所示。

STEP 16 利用 T 工具在画面的上方位置依次输入如图 8-54 所示的黑色文字和字母。

图8-53 喷绘出的投影效果

【精品篇】
感受灵山
GANSHOU LINGSHAN
Feel ryozen

图8-54 输入的文字和字母

STEP 17 新建“图层 7”，利用工具绘制出如图 8-55 所示的选区，并为其填充上深红色（R:110,G:5,B:5），然后按 Ctrl+D 组合键删除选区。

STEP 18 利用 T 工具在深红色图形上输入如图 8-56 所示的白色文字。

感受灵山
Feel ryozen

图8-55 绘制的选区

典范
感受灵
Feel ryozen

图8-56 输入的文字

STEP 19 利用 T 工具依次输入如图 8-57 所示的黑色文字。

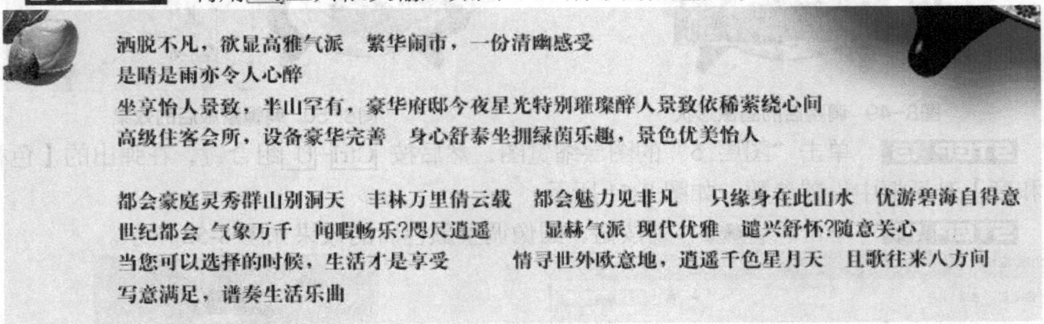
洒脱不凡，欲显高雅气派 繁华闹市，一份清幽感受
是晴是雨亦令人心醉
坐享怡人景致，半山罕有，豪华府邸今夜星光特别璀璨醉人景致依稀萦绕心间
高级住客会所，设备豪华完善 身心舒泰坐拥绿茵乐趣，景色优美怡人
都会豪庭灵秀群山别洞天 丰林万里倩云裁 都会魅力见非凡 只缘身在此山水 优游碧海自得意
世纪都会 气象万千 闲暇畅乐?咫尺逍遥 显赫气派 现代优雅 谴兴舒怀?随意关心
当您可以选择的时候，生活才是享受 情寻世外欧意地，逍遥千色星月天 且歌往来八方间
写意满足，谱奏生活乐曲

图8-57 输入的文字

知识提示

此处的文字为随意输入，读者在实际工作过程中，可根据要设计的广告内容进行输入。

STEP 20 至此，地产广告已设计完成，按 Ctrl+S 组合键，将此文件命名为“设计地产广告.psd”保存。

项目拓展 分离与合并通道

在图像处理过程中，有时需要将通道分离为多个单独的灰度图像，然后重新进行合并，对其进行编辑处理，从而制作出各种特殊的图像效果。下面以案例的形式来讲解。

【操作步骤】

STEP 1 打开素材文件中名为“风景.jpg”的图片文件，如图 8-58 所示。

STEP 2 在【通道】面板中单击右上角的按钮，在弹出的下拉菜单中执行【分离通道】命令，此时原图像被关闭，生成的灰度图像以原文件名和通道缩写形式重新命名，它们分别置于不同的图像窗口中，相互独立，如图 8-59 所示。

图8-58 打开的图片

图8-59 分离通道后生成的灰度图像

STEP 3 在【通道】面板中单击右上角的按钮，在弹出的下拉菜单中执行【合并通道】命令，弹出如图 8-60 所示的【合并通道】对话框。

- 【模式】：用于指定合并图像的颜色模式，下拉列表中有“RGB 颜色”、“CMYK 颜色”、“Lab 颜色”和“多通道”4 种颜色模式。
- 【通道】：决定合并图像的通道数目，该数值由图像的颜色模式决定。当选择“多通道”模式时，可以有任意多的通道数目。

STEP 4 在【模式】下拉列表中选择“RGB 颜色”通道，然后单击 确定 按钮。

STEP 5 在再次弹出的【合并 RGB 通道】对话框中分别设置各通道应用的灰度图像，如图 8-61 所示。

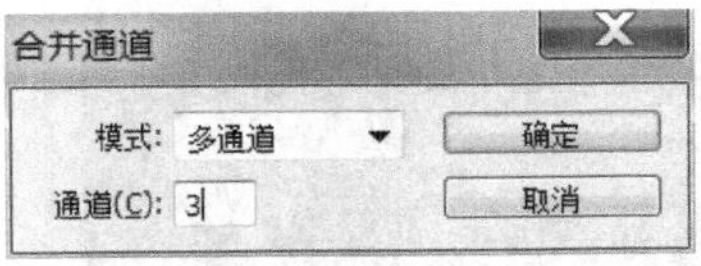

图8-60 【合并通道】对话框

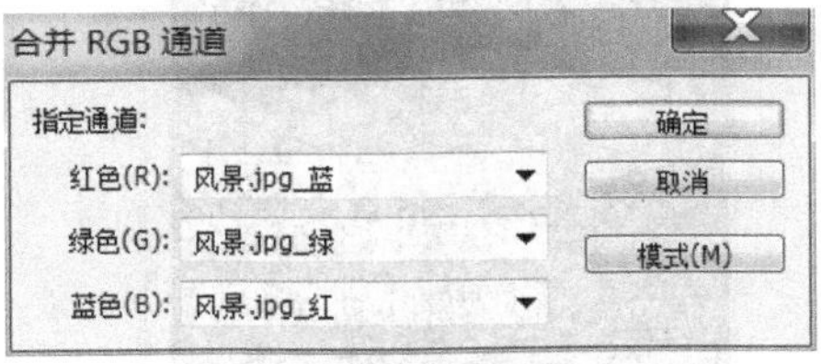

图8-61 【合并 RGB 通道】对话框

STEP 6 单击 确定 按钮，即可将图像合成，生成的效果如图 8-62 所示。

STEP 7 按 Ctrl+S 组合键，将合成后的图像文件命名为“合并通道效果 1.jpg”保存。

图像文件执行【分离通道】命令后，如对灰度图像文件进行了颜色调整，再次合并通道后，将生成不同的色调效果。

STEP 8 在【通道】面板中单击右上角的按钮，在弹出的下拉菜单中再次执行【分离通道】命令。

STEP 9 确认分离出来的“合并通道_蓝”灰色图像文件处于当前状态，执行【图像】/【调整】/【曲线】命令（快捷键为Ctrl+M组合键），在弹出的【曲线】对话框中，将鼠标光标放置到预览窗口中的斜线上，按下鼠标左键并向左上方拖曳，将曲线调整至如图8-63所示的形状。

图8-62 互换通道后合成的效果

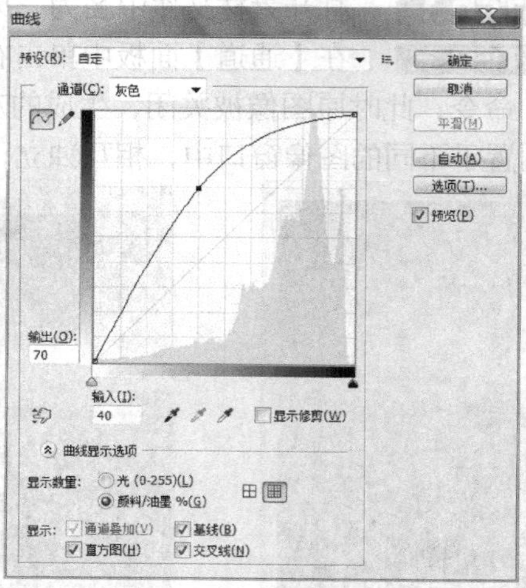

图8-63 调整后的曲线形状

STEP 10 单击 确定 按钮，图像调整后的效果如图8-64所示。

STEP 11 在【通道】面板中单击右上角的按钮，在弹出的下拉菜单中执行【合并通道】命令，弹出【合并通道】对话框。

STEP 12 在【模式】下拉列表中选择“RGB 颜色”通道，然后单击 确定 按钮。

STEP 13 在再次弹出的【合并 RGB 通道】对话框中单击 确定 按钮，即可将图像合成，生成的效果如图8-65所示。

图8-64 图像调整后的效果

图8-65 通道调色后合成的效果

STEP 14 按Ctrl+S组合键，将合成后的图像文件命名为“合并通道效果2.jpg”保存。

习题

1. 在素材文件中打开名为“人物 04.jpg”和“人物 05.jpg”的图片文件，如图 8-66 所示。用本项目介绍的蒙版操作，将“人物 05”文件中的人物换成“人物 04”文件中的人物，人物换头后的效果如图 8-67 所示。

图8-66 打开的图片

图8-67 人物换头后的效果

2. 在素材文件中打开名为“人物 06.jpg”和“竹林.jpg”的图片文件，如图 8-68 所示。利用本项目介绍的选取婚纱操作方法，制作出如图 8-69 所示的婚纱图像合成效果。

图8-68 打开的图片

图8-69 合成效果

项目九 图像颜色的调整

PART 9

本项目介绍菜单栏中的【图像】/【调整】命令，【调整】菜单下的命令主要是对图像或图像某一部分的颜色、亮度、饱和度及对比度等进行调整，使用这些命令可以使图像产生多种色彩上的变化。另外，在对图像的颜色进行调整时要注意选区的添加与运用。

知识技能目标

- 掌握各【图像】/【调整】命令的功能及使用方法。
- 学会利用颜色调整命令来调整不同情况和要求的照片颜色。
- 学会图像色调及人像肤色的矫正方法。
- 学会利用调整命令制作特殊的艺术色调。
- 学会各种调整命令的综合运用。

任务一　基本调色

执行【图像】/【调整】命令，系统将弹出如图 9-1 所示的【调整】子菜单。

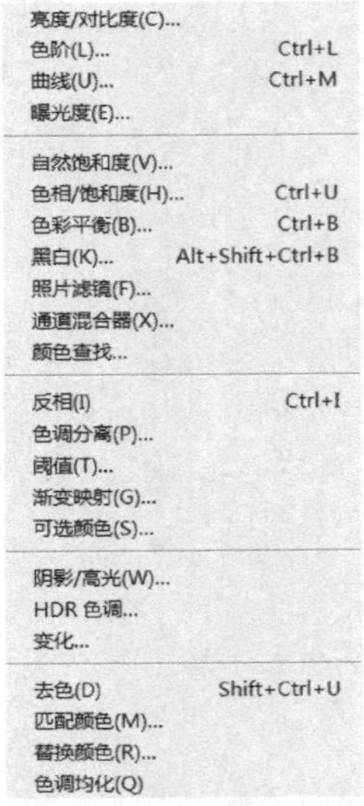

图9-1 【图像】/【调整】子菜单

- 【亮度/对比度】命令：通过设置不同的数值及调整滑块的不同位置，来改变图像的亮度及对比度。
- 【色阶】命令：可以调节图像各个通道的明暗对比度，从而改变图像。
- 【曲线】命令：通过调整曲线的形状来改变图像各个通道的明暗数量，从而改变图像的色调。
- 【曝光度】命令：可以在线性空间中调整图像的曝光数量、位移和灰度系数，进而改变当前颜色空间中图像的亮度和明度。
- 【自然饱和度】命令：可以直接调整图像的饱和度。
- 【色相/饱和度】命令：可以调整图像的色相、饱和度和亮度，它既可以作用于整个画面，也可以对指定的颜色单独调整，并可以为图像染色。

- 【色彩平衡】命令：通过调整各种颜色的混合量来调整图像的整体色彩。如果在【色彩平衡】对话框中勾选【保持亮度】复选框，对图像进行调整时，可以保持图像的亮度不变。
- 【黑白】命令：可以快速将彩色图像转换为黑白图像或单色图像，同时保持对各颜色的控制。
- 【照片滤镜】命令：此命令可以模仿在相机镜头前面加彩色滤镜，以便调整通过镜头传输的光的色彩平衡和色温，使图像产生不同颜色的滤色效果。
- 【通道混合器】命令：可以通过混合指定的颜色通道来改变某一颜色通道的颜色，进而影响图像的整体效果。
- 【颜色查找】命令：该命令是 Photoshop CS6 版本的新增功能。主要作用是对图像色彩进行校正，实现高级色彩的变化。该命令虽然不是最好的精细色彩调整工具，但它却可以在短短几秒钟内创建多个颜色版本，用来找大体感觉的色彩非常方便。
- 【反相】命令：可以将图像中的颜色以及亮度全部反转，生成图像的反相效果。
- 【色调分离】命令：可以自行指定图像中每个通道的色调级数目，然后将这些像素映射在最接近的匹配色调上。
- 【阈值】命令：通过调整滑块的位置可以调整【阈值色阶】值，从而将灰度图像或彩色图像转换为高对比度的黑白图像。
- 【渐变映射】命令：可以将选定的渐变色映射到图像中以取代原来的颜色。
- 【可选颜色】命令：可以调整图像的某一种颜色，从而影响图像的整体色彩。
- 【阴影/高光】命令：可以校正由强逆光而形成剪影的照片或者校正由于太接近相机闪光灯而有些发白的焦点。
- 【HDR 色调】命令：可用来修补太亮或太暗的图像，制作出高动态范围的图像效果。
- 【变化】命令：可以调整图像或选区的色彩、对比度、亮度和饱和度等。
- 【去色】命令：可以将原图像中的颜色删除，使图像以灰色的形式显示。
- 【匹配颜色】命令：可以将一个图像（原图像）的颜色与另一个图像（目标图像）相匹配。使用此命令，还可以通过更改亮度和色彩范围以及中和色调调整图像中的颜色。
- 【替换颜色】命令：可以用设置的颜色样本来替换图像中指定的颜色范围，其工作原理是先用【色彩范围】命令选取要替换的颜色范围，再用【色相/饱和度】命令调整选取图像的色彩。
- 【色调均化】命令：可以将通道中最亮和最暗的像素定义为白色和黑色，然后按照比例重新分配到画面中，使图像中的明暗分布更加均匀。

（一） 给汽车换色

下面灵活运用各种调整命令对图像中汽车的颜色进行调整，原图像及调整后的效果如图 9-2 所示。

图9-2 原图像及调整后的效果

【操作步骤】

STEP 1 打开素材文件中名为“汽车.jpg”的图片文件。

STEP 2 执行【选择】/【色彩范围】命令，弹出【色彩范围】对话框，将鼠标光标移动到如图 9-3 所示的位置单击，吸取要选择的颜色范围。

STEP 3 在【色彩范围】对话框中设置各项参数，如图 9-4 所示。

图9-3 鼠标光标放置的位置

图9-4 设置的颜色容差值

STEP 4 单击 确定 按钮，生成的选区如图 9-5 所示。

STEP 5 单击【图层】面板下方的 按钮，在弹出的菜单命令中选择【色相/饱和度】命令，此时系统会自动弹出【属性】面板，设置各项参数，如图 9-6 所示。

> **知识提示** 在调整图像的颜色时，用户要学会灵活运用填充层和调整层。在调整过程中，如果用户对填充的颜色或调整的颜色效果不满意，可随时重新调整或删除填充层和调整层，原图像并不会被破坏。

图9-5 生成的选区

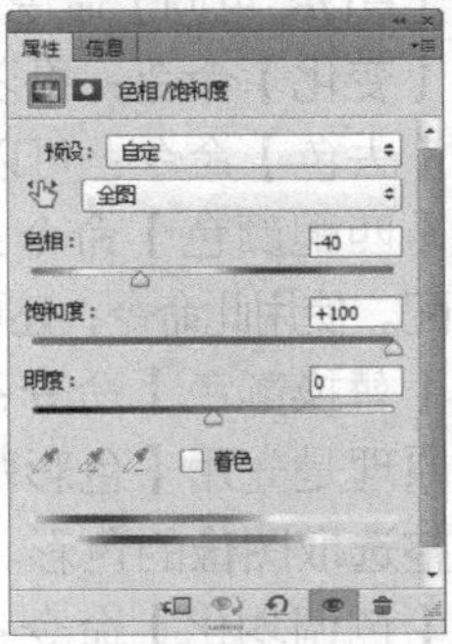

图9-6 设置的颜色参数

STEP 6 此时【图层】面板中会自动生成一个调整层，汽车图片调色后的效果及【图层】面板如图 9-7 所示。

图9-7 汽车调色后的效果及生成的调整层

知识提示 此处先创建选区再调整颜色，目的是只给选区内的图像调色，如果不创建选区，将是对整个图像进行调色。

接下来，再利用【色阶】命令对汽车的颜色进行调整。

STEP 7 单击“色相/饱和度 1”调整层前面的图标，将该层隐藏，然后按住 Ctrl 键单击“色相/饱和度 1”调整层的图层蒙版缩览图，加载汽车的选区。

STEP 8 再次单击【图层】面板下方的按钮，在弹出的菜单命令中选择【色阶】命令，在弹出的色阶【属性】面板中，分别调整【RGB】和【红】通道的各项参数，如图 9-8 所示，图像调整后的颜色如图 9-9 所示。

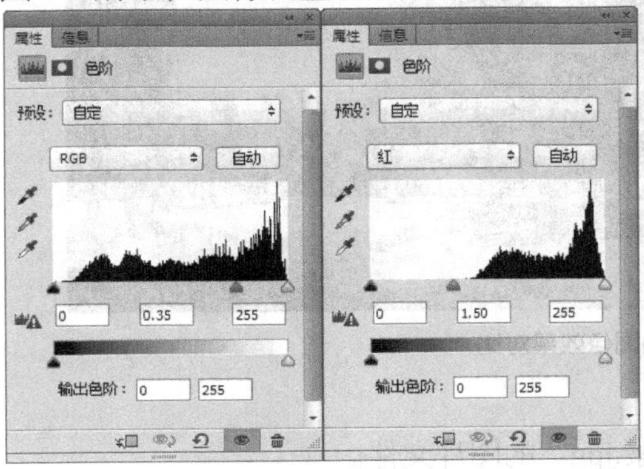

图9-8 调整的参数

图9-9 汽车调色后的效果

最后，再利用填充层来调整汽车的颜色。

STEP 9 单击“色阶 1”调整层前面的图标，将该层隐藏，然后按住 Ctrl 键单击“色相/饱和度 1”调整层的图层蒙版缩览图，加载汽车的选区。

STEP 10 再次单击【图层】面板下方的按钮，在弹出的菜单命令中选择【纯色】命令，在弹出的【拾色器】面板中将颜色设置为红色（R:255）。

STEP 11 单击 确定 按钮，图像效果如图 9-10 所示。

STEP 12 在【图层】面板中将生成“颜色填充 1”层的图层混合模式设置为“柔光”，生成的图像效果如图 9-11 所示。

图9-10 添加颜色后的效果

图9-11 设置图层混合模式后的效果

STEP 13 按 Shift+Ctrl+S 组合键，将当前文件另命名为“给汽车换颜色.psd”保存。

知识提示

通过以上的案例，让我们明白了要调整图像的颜色其实有很多种方法。这就需要读者对每一个命令都熟练掌握，只有这样，才能在实际工作过程中灵活运用。

（二） 使春天的景象变成金黄色的秋天

下面灵活运用【色相/饱和度】命令将春天的图像调整为金秋效果，调整前后的图像效果对比如图 9-12 所示。

图9-12 调整前后的图像效果对比

【操作步骤】

STEP 1 打开素材文件中名为“绿色风景.jpg”的图片文件。

STEP 2 单击【图层】面板下方的 按钮，在弹出的菜单命令中选择【色相/饱和度】命令，在弹出的【属性】面板中单击 全图 按钮，然后在弹出的列表中选择“绿色”。

STEP 3 设置各项参数，如图 9-13 所示，画面调整后的效果如图 9-14 所示。

知识提示

由于图像的整体色调为绿色，因此首先要对绿色进行调整，将其调整为秋天的色调。

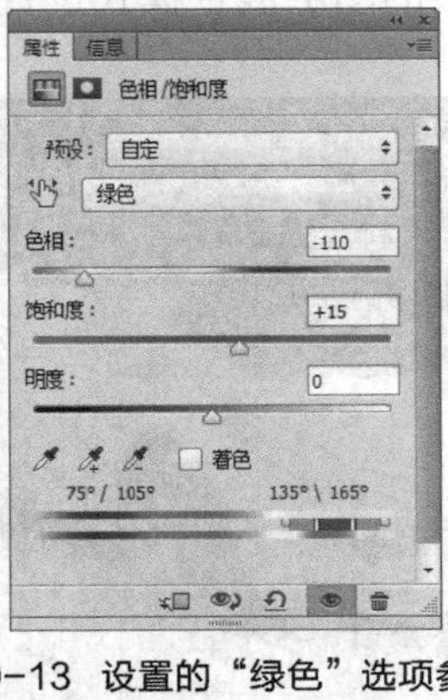

图9-13 设置的“绿色”选项参数

图9-14 调整颜色后的效果

此时，图像已基本调整为秋天的色调了，但通过图示可以看出两个问题，一是黄色有些太艳；另一个是右上角还有一部分颜色与整体色调不太协调。接下来我们继续调整。

STEP 4 在【属性】面板中单击 绿色 按钮，在弹出的列表中选择“黄色”，然后设置选项参数，如图 9-15 所示。

STEP 5 再单击 黄色 按钮，在弹出的列表中选择“青色”，然后设置选项参数，如图 9-16 所示。

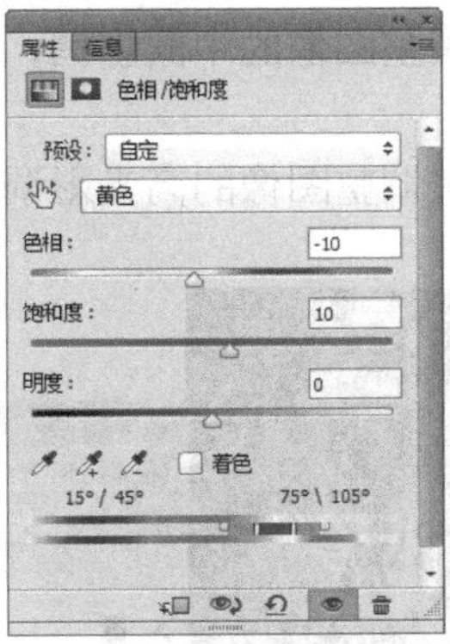

图9-15 设置的“黄色”选项参数

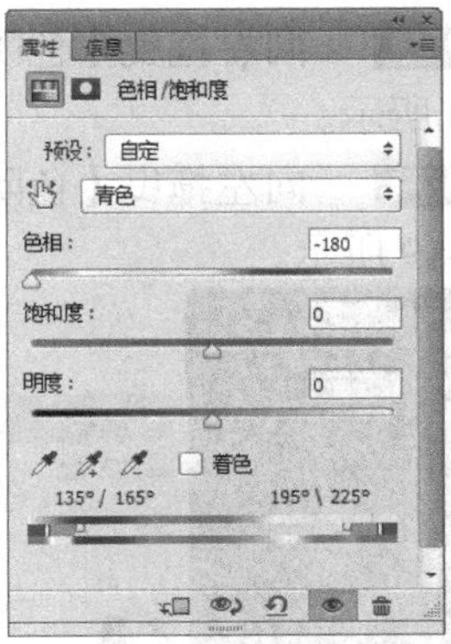

图9-16 设置的“青色”选项参数

STEP 6 至此，图像颜色调整完成，按 Shift+Ctrl+S 组合键，将文件另命名为“季节变换.psd”保存。

任务二 对图像颜色进行矫正

Photoshop 软件中提供了很多类型的图像色彩校正命令，利用这些命令可以将彩色图像调整成黑白或单色效果，也可以给黑白图像上色使其焕然一新。无论图像曝光过度或曝光不足，都可以利用不同的矫正命令进行弥补，从而达到令人满意的、可用于打印输出的图像文件。

（一） 调整曝光不足的照片

在测光不准的情况下，很容易使所拍摄的照片出现曝光过度或曝光不足的情况，本节就介绍利用【图像】/【调整】/【色阶】命令对曝光不足的照片进行修复调整，调整前后的图像效果对比如图 9-17 所示。

图9-17 原图与调整后的图像效果对比

【操作步骤】

STEP 1 打开素材文件中名为“首饰.jpg”的图片文件。

通过观察图像，我们发现整幅图像过于暗淡，没有高光，下面利用【色阶】命令对其进行调整。

STEP 2 单击【图层】面板下方的按钮，在弹出的菜单命令中选择【色阶】命令。在弹出【属性】面板中的“直方图”中也可以看出图像中没有“高光”部分的像素，所有的像素都分布在“暗调”周围。

STEP 3 向左拖曳【色阶】对话框中中间的滑块调整图像的中间影调，调整后的效果如图 9-18 所示。

STEP 4 向左拖曳【色阶】对话框中最右侧的滑块调整图像的高光影调，调整后的效果如图 9-19 所示。

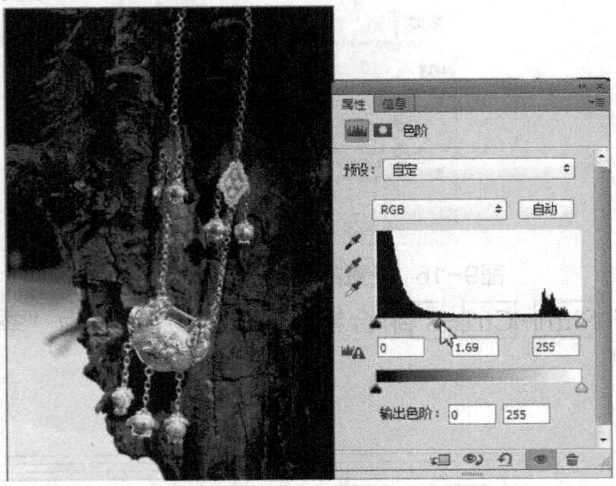

图9-18 调整后的效果（1）

图9-19 调整后的效果（2）

STEP 5 此时颜色已经很理想了，按 Shift+Ctrl+S 组合键，将文件另命名为“调整曝光不足的照片.jpg”保存。

（二） 矫正人像皮肤颜色

标准人像照片的背景一般都相对简单，拍摄时调焦较为准确，用光讲究，曝光充足，皮肤、服饰都会得到真实的质感表现。在夜晚或者光源不理想的环境下拍摄的照片，往往会出现人物肤色偏色或不真实的情况。下面介绍肤色偏色的矫正方法，使照片中的人物肤色更加真实，调整前后的图像效果对比如图 9–20 所示。

图9–20 调整前后的图像效果对比

【操作步骤】

STEP 1 打开素材文件中名为“人物 01.jpg”的图片文件。

通过照片发现图像偏绿，下面首先就要将“绿”通道的颜色减少。

STEP 2 单击【图层】面板底部的按钮，在弹出的菜单中选择【曲线】命令，在弹出的【曲线】面板中单击 RGB 按钮，选择“绿”通道，然后调整曲线形状，如

图 9-21 所示，降低绿色饱和度后的图像效果如图 9-22 所示。

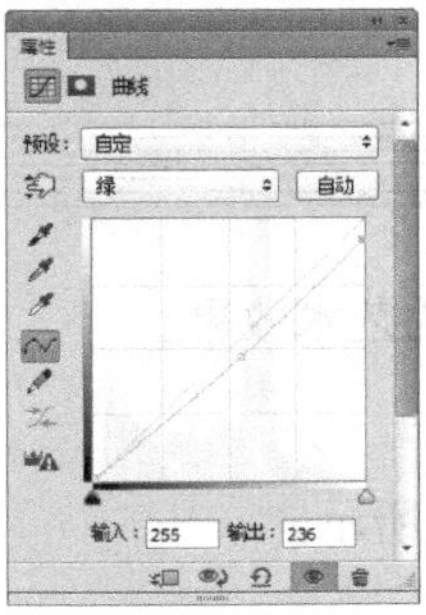

图9-21 调整后的曲线形态

图9-22 调整后的图像效果

STEP 3 单击 绿 按钮，选择“蓝”通道，然后调整曲线的形态，如图 9-23 所示，增加蓝色后的图像效果如图 9-24 所示。

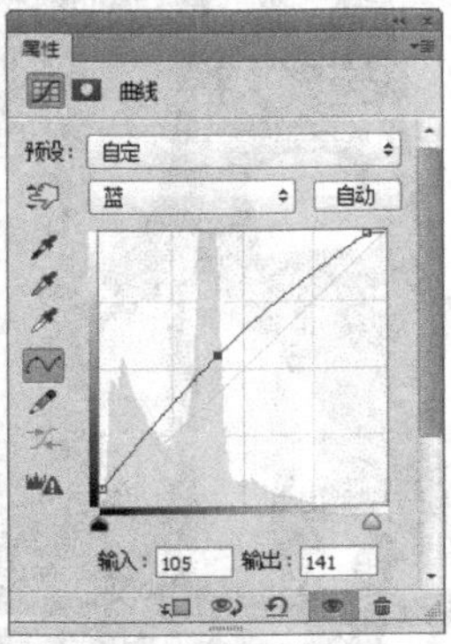

图9-23 调整的曲线形态

图9-24 调整颜色后的图像

至此，图像颜色基本矫正，下面稍微给图像添加一些红色，使人物的肤色显得红润。再整体调整一个 RGB 通道，即可完成图像颜色的矫正。

STEP 4 单击 蓝 按钮，选择“红”通道，然后调整曲线的形态如图 9-25 所示。

STEP 5 单击 红 按钮，选择“RGB”通道，然后根据当前图像颜色的实际情况再进行提亮处理，曲线形态如图 9-26 所示，调整后的图像效果如图 9-27 所示。

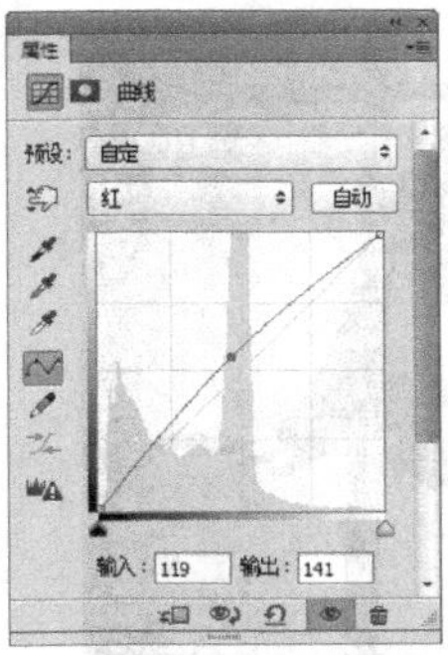

图9-25 调整的红通道曲开形态

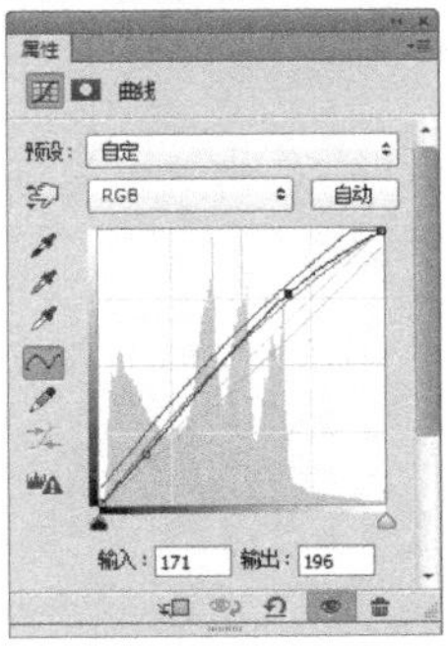

图9-26 调整的整体曲线形态

图9-27 图像调整后的效果

知识提示

在利用【曲线】命令矫正图像颜色时，读者要仔细进行实验和反复调整，直到调整出真实的颜色为止。

STEP 6 按Shift+Ctrl+S组合键，将文件另命名为“矫正图像色调.psd”保存。

任务三　制作特殊效果

灵活运用图像调整命令，还可以将图像调整为各种特殊的艺术效果。

（一） 颓废效果

下面利用【去色】命令制作图像的颓废效果，如图 9-28 所示。

【操作步骤】

STEP 1 打开素材文件中名为“人物 02.jpg”的图片文件，如图 9-29 所示。

图9-28　制作的颓废效果

图9-29　打开的图片文件

STEP 2 按Ctrl+J组合键，将“背景”层通过复制生成“图层 1”，然后执行【图像】/【调整】/【去色】命令，将图像的颜色去除。

STEP 3 单击【图层】面板下方的按钮，在弹出的菜单中选择【曲线】命令，在弹出的【属性】面板中调整曲线形态，如图 9-30 所示，调整后的图像效果如图 9-31 所示。

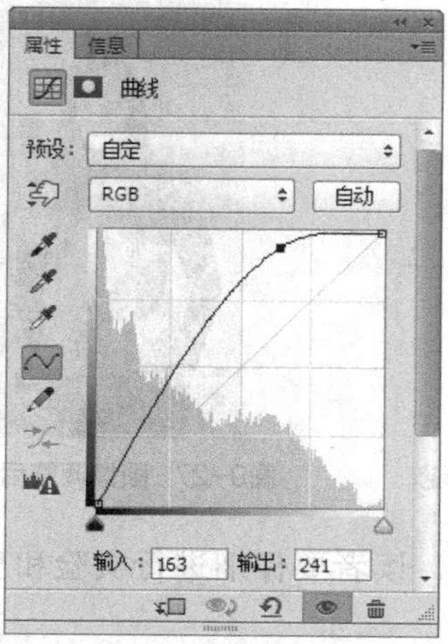

图9-30　【属性】面板

图9-31　调整后的图像效果

STEP 4 再次单击【图层】面板下方的 按钮，在弹出的菜单中选择【亮度/对比度】命令，在弹出的【属性】面板中设置参数，如图9-32所示，调整后的图像效果如图9-33所示。

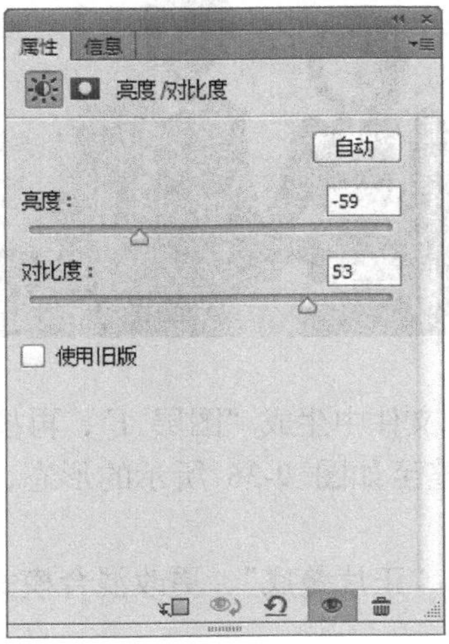

图9-32 【属性】面板

图9-33 调整后的图像效果

STEP 5 按 Shift+Ctrl+S 组合键，将文件另命名为“制作颓废效果.psd”保存。

（二） 制作老照片效果

下面来灵活运用图层混合模式及各种调整命令，将图像制作为老照片效果，如图9-34所示。

图9-34 制作的老照片效果

【操作步骤】

STEP 1 打开素材文件中名为“旧纸张.jpg”和“人物 03.jpg”的文件，如图9-35所示。

图9-35 打开的图片

STEP 2 将人物图片移动复制到“旧纸张.jpg”文件中生成“图层 1”，再按 Ctrl+T 组合键，为复制入的图片添加自由变换框，并将其调整至如图 9-36 所示的形态，然后按 Enter 键，确认图像的变换操作。

STEP 3 将“图层 1”的图层混合模式设置为“正片叠底”，更改混合模式后的效果如图 9-37 所示。

图9-36 调整后的图片形态

图9-37 更改混合模式后的效果

STEP 4 单击【图层】面板下方的按钮，为“图层 1”添加图层蒙版，然后利用工具，在画面中喷绘黑色编辑蒙版，效果如图 9-38 所示。

图9-38 编辑蒙版后的效果

STEP 5 单击【图层】面板下方的 按钮，在弹出的菜单中选择【色阶】命令，在弹出的【属性】面板中设置参数，如图 9-39 所示，调整后的图像效果如图 9-40 所示。

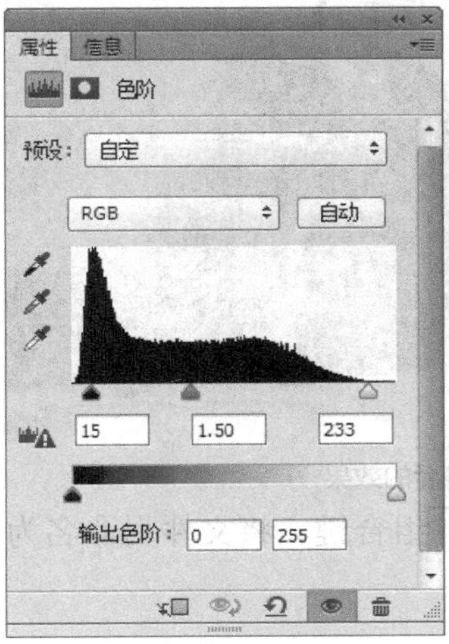

图9-39 【属性】面板

图9-40 调整后的效果

STEP 6 再次单击【图层】面板下方的 按钮，在弹出的菜单中选择【色相/饱和度】命令，在弹出的【属性】面板中设置参数，如图 9-41 所示，调整后的图像效果如图 9-42 所示。

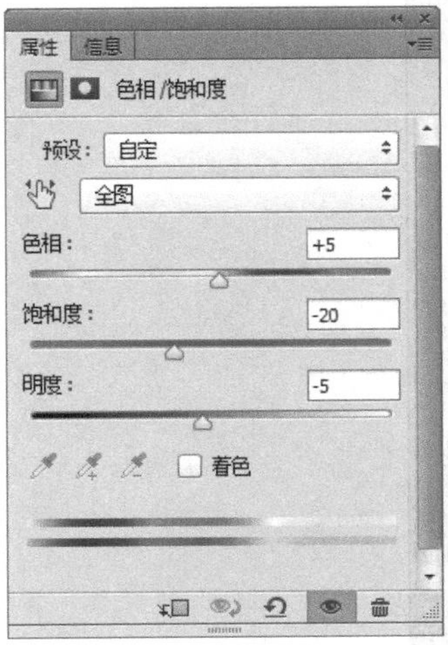

图9-41 【属性】面板

图9-42 调整后的效果

STEP 7 继续单击【图层】面板下方的 按钮，在弹出的菜单中选择【黑白】命令，在弹出的【属性】面板中设置参数，如图 9-43 所示，调整后的图像效果如图 9-44 所示。

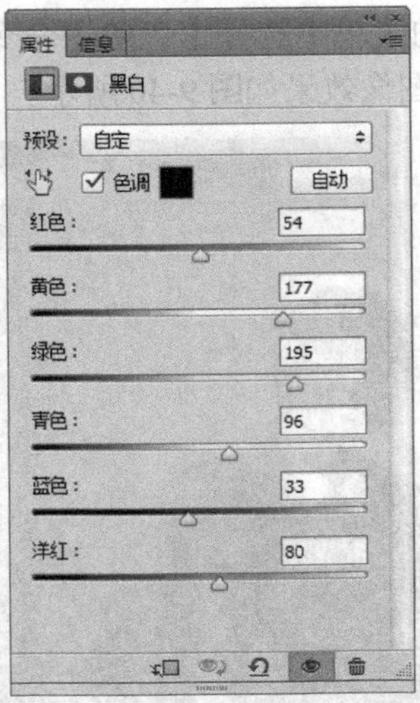

图9-43 【属性】面板

图9-44 调整后的效果

STEP 8 至此，老照片效果调整完成，按 Shift+Ctrl+S 组合键，将文件另命名为“制作旧照片.psd”保存。

项目实训一 打造艺术婚纱照

灵活运用图层混合模式、图层蒙版及各种调整命令，将婚纱照片调整为如图 9-45 所示的艺术效果。

图9-45 调整的艺术效果

【操作步骤】

STEP 1 打开素材文件中名为“婚纱照 01.jpg”的图片文件，如图 9-46 所示。

STEP 2 将“背景”层复制生成为“背景 副本”层，然后将图层混合模式设置为“正片叠底”，更改混合模式后的效果如图 9-47 所示。

STEP 3 单击【图层】面板底部的按钮，为“背景 副本”层添加图层蒙版，然后利用工具，在画面中喷绘黑色编辑蒙版，将人物原来的颜色显示出来，效果如图 9-48 所示。

图9-46 打开的图片

图9-47 更改混合模式后的效果

图9-48 编辑蒙版后的效果

STEP 4 单击【图层】面板下方的按钮，在弹出的菜单中选择【色相/饱和度】命令，在弹出的【属性】面板中设置参数，如图 9-49 所示，调整后的图像效果如图 9-50 所示。

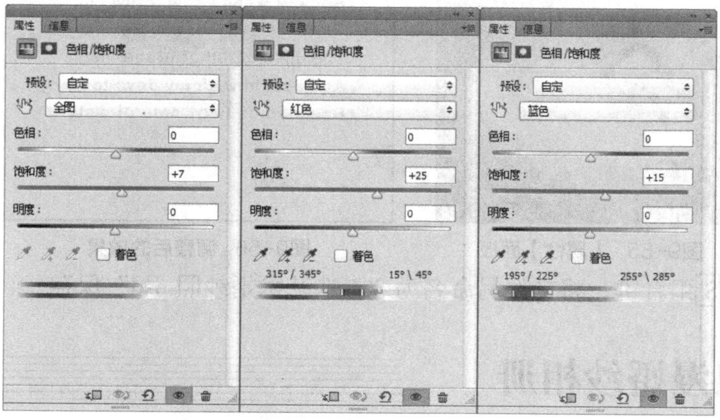

图9-49 设置的【色相/饱和度】参数

图9-50 调整后的图像效果（1）

STEP 5 再次单击【图层】面板下方的按钮，在弹出的菜单中选择【色彩平衡】命令，在弹出的【属性】面板中设置参数，如图 9-51 所示，调整后的图像效果如图 9-52 所示。

STEP 6 按住 Ctrl 键单击“背景 副本”层的图层蒙版缩览图加载选区，然后依次将“色相/饱和度 1”层和“色彩平衡 1”层设置为工作层，分别单击按钮，为其添加图层蒙版，还原最初的人物肤色，效果如图 9-53 所示。

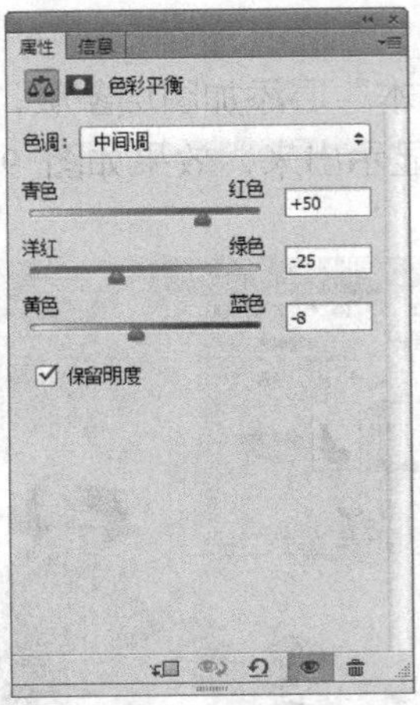

图9-51 设置的【色彩平衡】参数

图9-52 调整后的图像效果（2）

图9-53 编辑蒙版后的图像效果

STEP 7 继续单击【图层】面板下方的按钮，在弹出的菜单中选择【曲线】命令，在弹出的【属性】面板中调整曲线形态，如图 9-54 所示，调整后的图像效果如图 9-55 所示。

STEP 8 利用T工具，依次输入如图 9-56 所示的蓝色（R:10,G:20,B:130）英文字母，即可完成艺术婚纱照的制作。

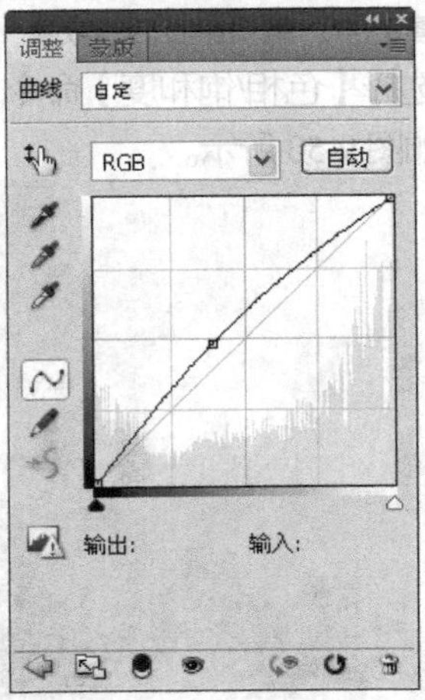

图9-54

图9-55 【属性】面板

图9-56 调整后的效果

STEP 9 按Shift+Ctrl+S组合键，将文件另命名为“打造艺术婚纱照.psd”保存。

项目实训二 制作浪漫婚纱相册

综合运用各种调整命令及前面学过的工具按钮和菜单命令制作浪漫的婚纱相册，最终效果如图 9–57 所示。

【操作步骤】

STEP 1 打开素材文件中名为“婚纱照 02.jpg”的图片文件，如图 9-58 所示。

图9-57 制作的婚纱相册效果

图9-58 打开的图片

STEP 2 单击【图层】面板下方的按钮，在弹出的菜单中选择【可选颜色】命令，在弹出的【属性】面板中设置参数，如图 9-59 所示，调整后的图像效果如图 9-60 所示。

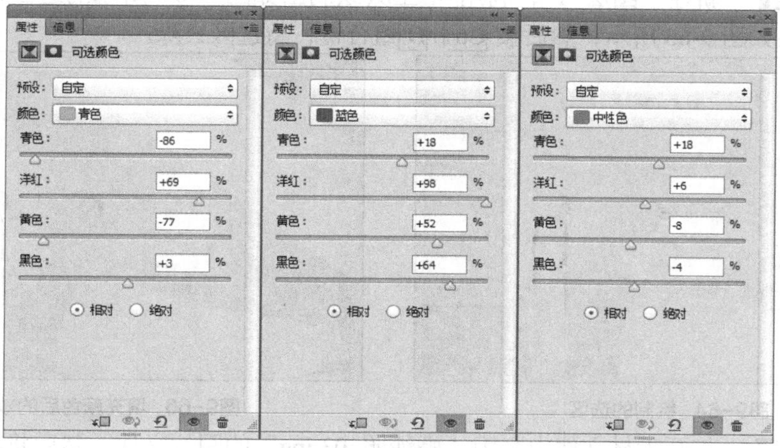

图9-59 设置的【可选颜色】参数

STEP 3 确认“选取颜色 1”调整层的蒙版缩览图处于工作状态，然后利用工具，在画面中喷绘黑色编辑蒙版，使海面还原原来的颜色，效果如图 9-61 所示。

图9-60 调整后的图像效果

图9-61 编辑蒙版后的效果

STEP 4 单击【图层】面板下方的按钮，在弹出的菜单中选择【色阶】命令，在弹出的【属性】面板中设置参数形态，如图 9-62 所示。

STEP 5 确认“色阶 1”调整层的蒙版缩览图处于工作状态，然后利用工具，在画面中喷绘黑色编辑蒙版，效果如图 9-63 所示。

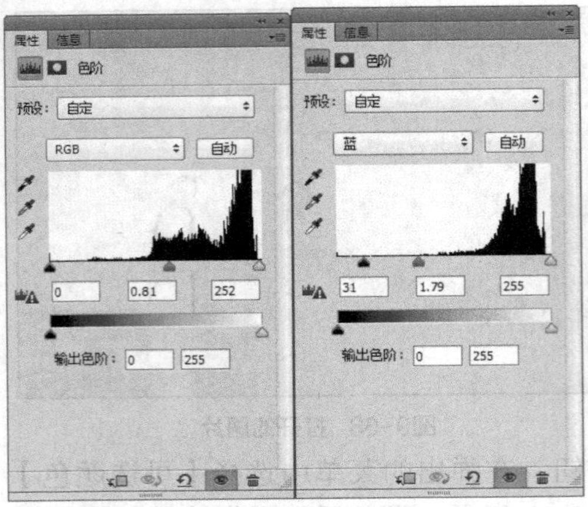

图9-62 【属性】面板

图9-63 编辑蒙版后的效果

STEP 6 新建“图层 1”，利用工具绘制出如图 9-64 所示的选区，并为其填充上白色，效果如图 9-65 所示，然后按 Ctrl+D 组合键，将选区去除。

图9-64 绘制的选区

图9-65 填充颜色后的效果

STEP 7 打开素材文件中名为“婚纱照 03.jpg”的图片文件，然后将其移动复制到“婚纱照 02”文件中生成“图层 2”。

STEP 8 按 Ctrl+T 组合键，为复制入的图片添加自由变换框，并将其调整至如图 9-66 所示的形态，然后按 Enter 键，确认图像的变换操作。

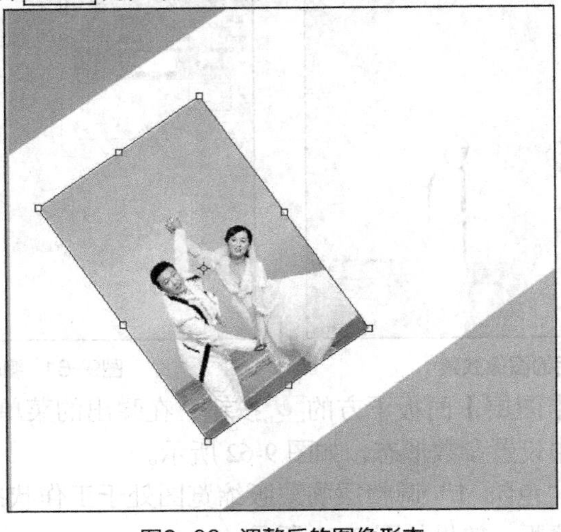

图9-66 调整后的图像形态

STEP 9 执行【图层】/【图层样式】/【描边】命令，在弹出的【图层样式】对话框中设置参数，如图 9-67 所示。

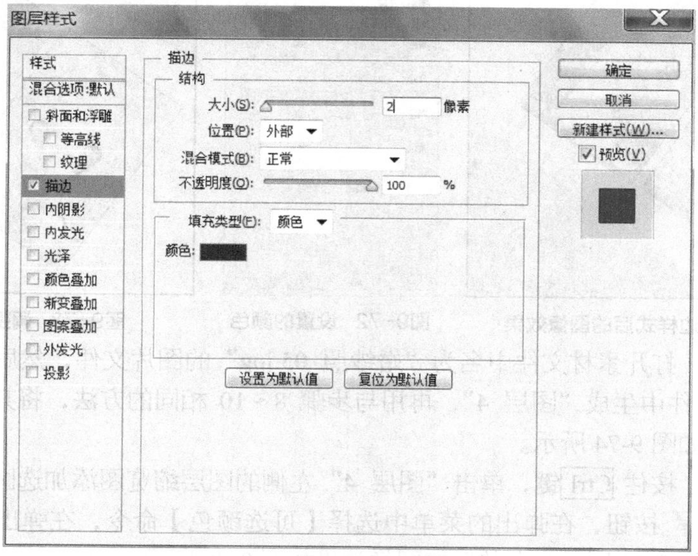

图9-67 【图层样式】对话框

STEP 10 单击 确定 按钮，添加描边样式后的图像效果如图 9-68 所示。

STEP 11 按住 Ctrl 键，单击“图层 2”左侧的图层缩览图添加选区，然后单击【图层】面板下方的 按钮，在弹出的菜单中选择【可选颜色】命令，在弹出的【属性】面板中设置参数，如图 9-69 所示，调整后的图像效果如图 9-70 所示。

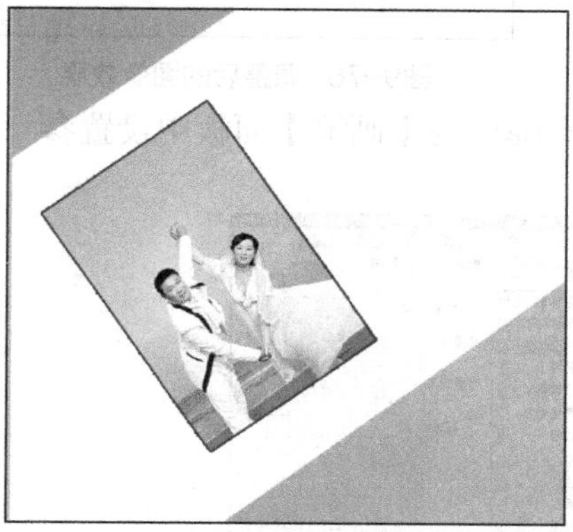

图9-68 添加描边样式后的图像效果

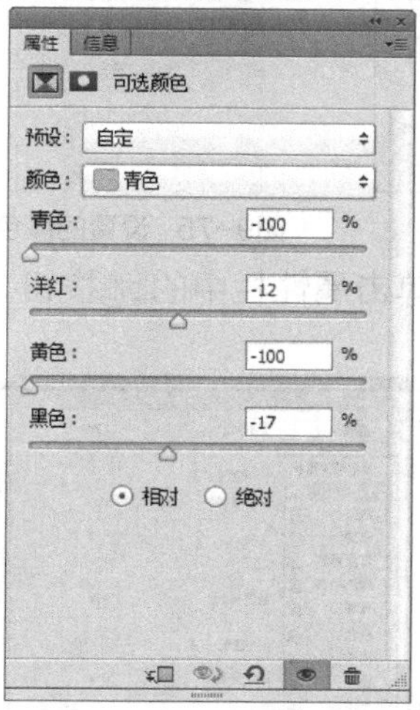

图9-69 设置的颜色参数

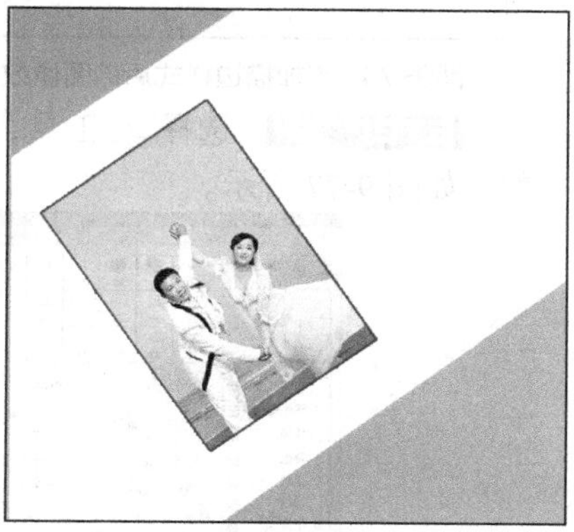

图9-70 调整后的图像效果

STEP 12 打开素材文件中名为“婚纱照 04.jpg”的图片文件，然后将其移动复制到“婚纱照 02”文件中生成“图层 3”，再用与步骤 8～10 相同的方法，将其调整大小后添加描边样式，效果如图 9-71 所示。

STEP 13 按住 Ctrl 键，单击“图层 3”左侧的图层缩览图添加选区，然后单击【图层】面板下方的 按钮，在弹出的菜单中选择【可选颜色】命令，在弹出的【属性】面板中设置参数，如图 9-72 所示，调整后的图像效果如图 9-73 所示。

图9-71 添加描边样式后的图像效果

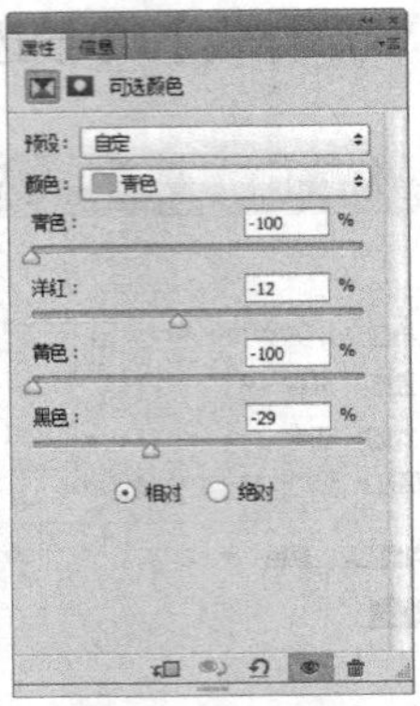

图9-72 设置的颜色

图9-73 调整后的图像效果

STEP 14 打开素材文件中名为“婚纱照 05.jpg”的图片文件，然后将其移动复制到“婚纱照 02”文件中生成“图层 4”，再用与步骤 8～10 相同的方法，将其调整大小后添加描边样式，效果如图 9-74 所示。

STEP 15 按住 Ctrl 键，单击“图层 4”左侧的图层缩览图添加选区，然后单击【图层】面板下方的按钮，在弹出的菜单中选择【可选颜色】命令，在弹出的【属性】面板中设置参数，如图 9-75 所示，调整后的图像效果如图 9-76 所示。

图9-74 添加描边样式后的图像效果

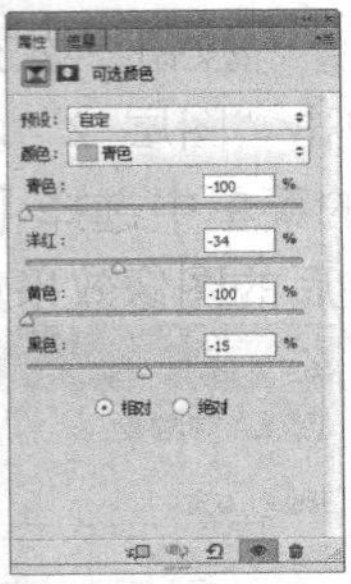

图9-75 设置的颜色

图9-76 调整后的图像效果

STEP 16 选择工具，单击属性栏中的按钮，在弹出的【画笔】面板中设置参数，如图 9-77 所示。

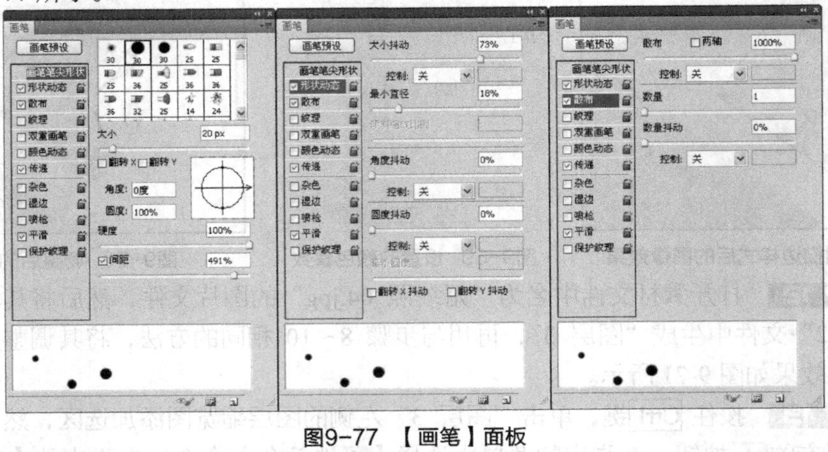

图9-77 【画笔】面板

STEP 17 新建“图层 5”，再将前景色设置为白色，然后在画面中按住鼠标左键并拖曳，喷绘出如图 9-78 所示的白色杂点。

STEP 18 新建“图层 6”，选择[◯]工具，按住 Shift 键，绘制出如图 9-79 所示的浅蓝色（R:190,G:195,B:245）圆形图形。

图9-78 喷绘出的杂点

图9-79 绘制的圆形图形

STEP 19 按住 Ctrl+Alt 组合键，将鼠标光标移动至选区内按住鼠标左键并依次拖曳复制图形，并将复制出的图形调整大小后分别放置到如图 9-80 所示的位置，然后按 Ctrl+D 组合键，将选区去除。

STEP 20 利用[T]工具，输入如图 9-81 所示的白色英文字母，然后将其【不透明度】选项的参数设置为“70%”。

图9-80 复制出的图形放置的位置

图9-81 输入的英文字母

STEP 21 按 Ctrl+T 组合键，为英文字母添加自由变换框，并将其调整至如图 9-82 所示的形态，然后按 Enter 键，确认文字的变换操作。

STEP 22 选择[形状]工具，并在属性栏中选择[路径]选项，然后单击【形状】选项右侧的[▾]按钮，在弹出的【自定形状】面板中选取如图 9-83 所示的形状图形。

图9-82 调整后的文字形态

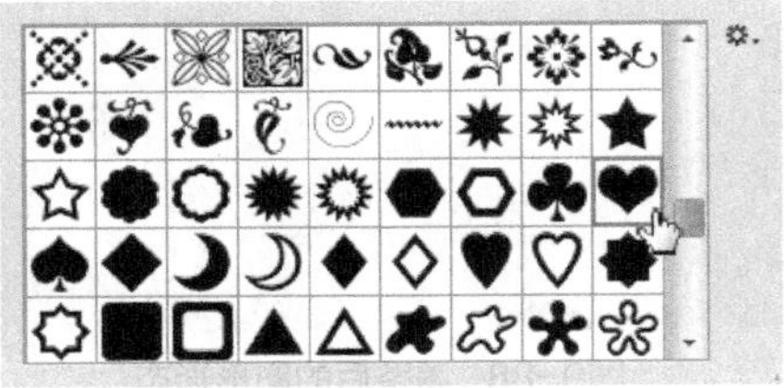

图9-83 【自定形状】面板

STEP 23 按住Shift键，在画面中按住鼠标左键并拖拽，绘制出如图 9-84 所示的“心形”路径。

STEP 24 新建“图层 7”，然后将前景色设置为白色。

STEP 25 选择工具，设置笔头大小为“6 像素”，然后单击【路径】面板下方的按钮，用设置的画笔描绘路径，隐藏路径后效果如图 9-85 所示。

图9-84 绘制的路径

图9-85 描绘路径后的效果

STEP 26 执行【图层】/【图层样式】/【外发光】命令，在弹出的【图层样式】对话框中设置参数，如图 9-86 所示。

STEP 27 单击确定按钮，添加外发光样式后的图形效果如图 9-87 所示。

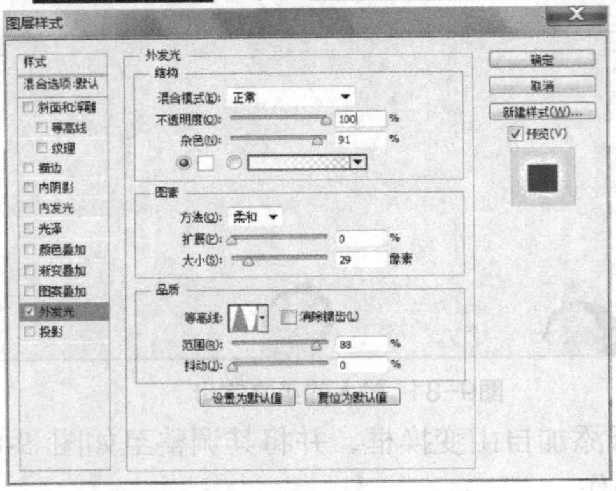

图9-86 【图层样式】对话框

图9-87 添加外发光样式后的图形效果

STEP 28 将“图层 7”复制生成为“图层 7 副本”，然后利用【编辑】/【自由变换】命令，将其调整至如图 9-88 所示的形态。

至此，浪漫婚纱相册已制作完成，其整体效果如图 9-89 所示。

图9-88 调整后的图形形态

图9-89 制作完成的婚纱相册

STEP 29 按Shift+Ctrl+S组合键，将文件另命名为“制作浪漫婚纱相册.psd”保存。

项目拓展 打造静物的艺术色调

下面灵活运用各种调整命令来打造静物的艺术色调，效果如图 9-90 所示。

【操作步骤】

STEP 1 打开素材文件中名为“静物.jpg”的图片文件，如图 9-91 所示。

图9-90 打造静物的艺术色调

图9-91 打开的图片

STEP 2 单击【图层】面板下方的 按钮，在弹出的菜单中选择【色相/饱和度】命令，在弹出的【属性】面板中设置参数，如图 9-92 所示，调整后的图像效果如图 9-93 所示。

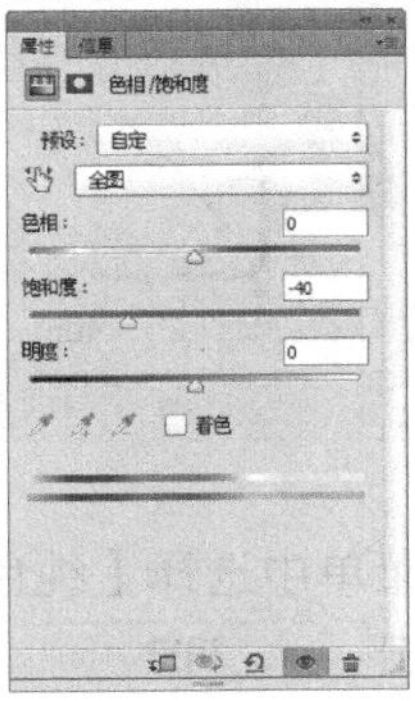

图9-92 【属性】面板

图9-93 调整后的图像效果

STEP 3 单击【图层】面板下方的 按钮，在弹出的菜单中选择【可选颜色】命令，在弹出的【属性】面板中设置参数，如图 9-94 所示，调整后的图像效果如图 9-95 所示。

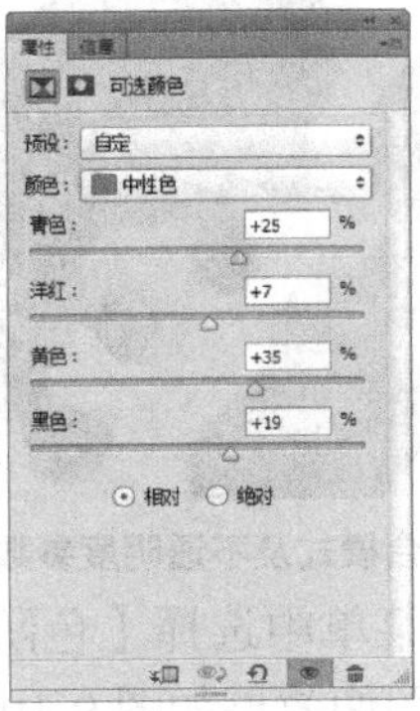

图9-94 【属性】面板

图9-95 调整后的图像效果

STEP 4 单击【图层】面板下方的 按钮，在弹出的菜单中选择【色彩平衡】命令，在弹出的【属性】面板中设置参数，如图 9-96 所示，调整后的图像效果如图 9-97 所示。

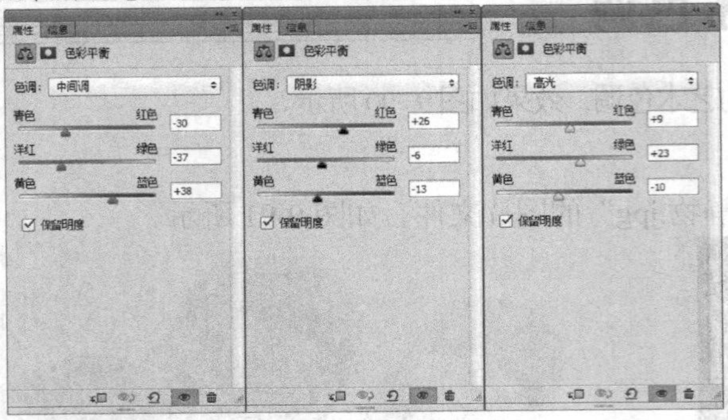

图9-96 【属性】面板

图9-97 调整后的图像效果

STEP 5 按 Shift+Ctrl+Alt+E 组合键，盖印图层生成“图层 1”，然后单击【图层】面板下方的 按钮，在弹出的菜单中选择【曲线】命令，在弹出的【属性】面板中调整曲线形态，如图 9-98 所示，调整后的图像效果如图 9-99 所示。

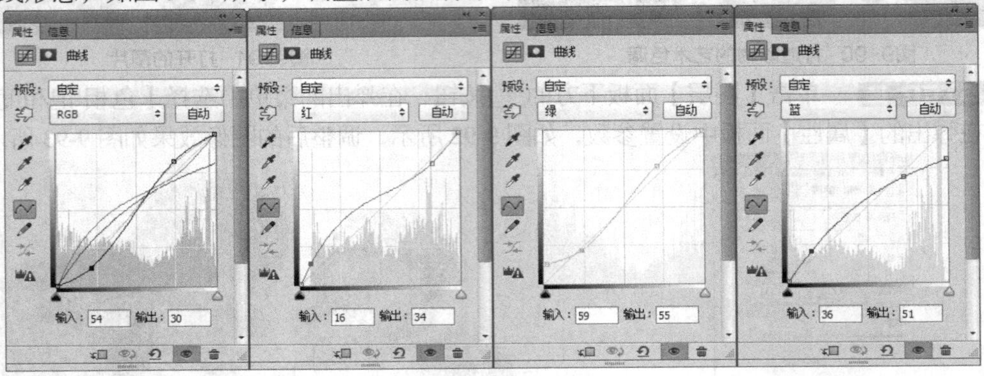

图9-98 【属性】面板

STEP 6 单击【图层】面板下方的 按钮，在弹出的菜单中选择【纯色】命令，在弹出的【拾色器】对话框中设置颜色为蓝色（R:102），然后单击 确定 按钮。

STEP 7 将“颜色填充 1”调整层的图层混合模式设置为“排除”，【不透明度】的参数设置为“30%”，更改混合模式及不透明度参数后的效果如图 9-100 所示。

图9-99 调整后的图像效果

图9-100 更改混合模式及不透明度参数后的效果

STEP 8 单击【图层】面板下方的 按钮，在弹出的菜单中选择【色阶】命令，在弹出的【属性】面板中设置参数，如图 9-101 所示，调整后的图像效果如图 9-102 所示。

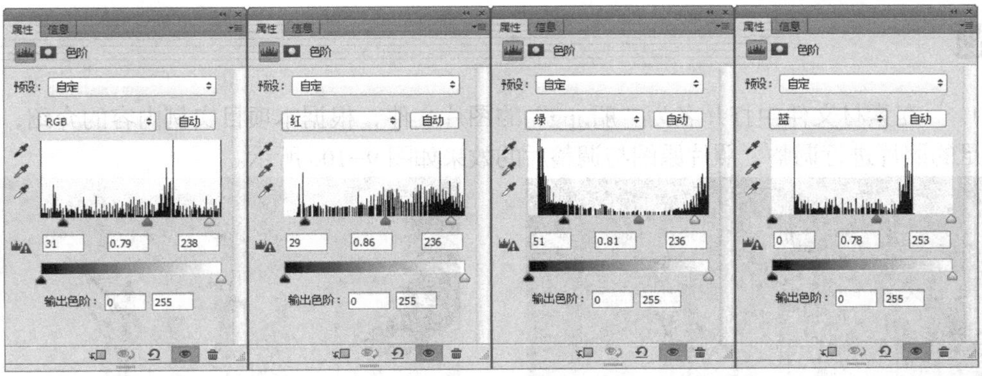

图9-101 设置的参数

STEP 9 新建“图层 2”，利用工具，为其由中心向外填充从暗红色（R:50,G:5,B:5）到透明的径向渐变色，效果如图 9-103 所示。

图9-102 调整后的图像效果

图9-103 填充渐变色后的效果

STEP 10 将“图层 2”的图层混合模式设置为“线性加深”，然后单击按钮，为“图层 2”添加图层蒙版，并利用工具在画面的中心位置喷绘黑色编辑蒙版，效果如图 9-104 所示。

STEP 11 利用T工具，在画面的右下角依次输入如图 9-105 所示的白色英文字母。

图9-104 编辑蒙版后的效果

图9-105 输入的英文字母

STEP 12 按 Shift+Ctrl+S 组合键，将文件另命名为“打造静物的艺术色调.pad”保存。

习题

1. 在素材文件中打开名为“船.jpg”的图片文件，根据本项目实例内容的介绍，将曝光不足的照片进行调整，照片原图与调整后的效果如图 9-106 所示。

图9-106 照片原图与调整后的效果

2. 在素材文件中打开名为“人物 04.jpg”的图片文件，利用【照片滤镜】命令调整照片的色温，照片原图与调整后的效果如图 9-107 所示。

图9-107 照片原图与调整后的效果

3. 在素材文件中打开名为“人物 05.jpg”的图片文件，利用【变化】命令调整单色照片，原图及调整后的效果如图 9-108 所示。

图9-108 照片原图与调整后的效果

4. 在素材文件中打开名为“人物 06.jpg”的图片文件，根据本项目学过的【调整】命令将照片调整成彩色效果，原图及调整后的效果如图 9-109 所示。

图9-109 照片原图与上色后的效果

项目十 滤镜应用

PART 10

滤镜是 Photoshop 中最精彩的内容，应用滤镜可以制作出多种不同的图像艺术效果以及各种类型的艺术效果字。Photoshop CS6 的【滤镜】菜单中共有 100 多种滤镜命令，每个命令都可以单独使图像产生不同的效果，也可以利用滤镜库为图像应用多种滤镜效果。

滤镜命令的使用方法非常简单，只要在相应的图像上执行相应的滤镜命令，然后在弹出的对话框中设置不同的选项和参数就可直接出现效果。限于篇幅，本项目只通过列举几种效果来介绍常用滤镜命令的使用方法，希望能够起到抛砖引玉的作用。同时，也希望读者通过本项目的学习，能够掌握单个滤镜命令和多种滤镜命令综合运用的方法，以便在将来的实际工作中灵活运用。

知识技能目标

- 学会利用【滤镜】菜单命令制作特殊艺术效果的方法。
- 学会制作背景模糊效果的方法。
- 学会制作水质感文字的方法。
- 学会制作日出和发射光线的方法。
- 学会制作素描和竹简画效果的方法。
- 学会制作涂鸦板和彩色星球效果的方法。

任务一 制作背景模糊效果

选择菜单栏中的【滤镜】命令，弹出的菜单如图 10-1 所示。

【知识准备】

- 【上次滤镜操作】命令：默认情况下显示为灰色，当执行任意【滤镜】命令后，此处将显示刚才执行的滤镜命令名称，选择该命令，可使图像重复执行上一次所使用的滤镜。
- 【转换为智能滤镜】命令：可将当前对象转换为智能对象。当将图像转换为智能对象后，在使用滤镜时原图像将不会被破坏。智能滤镜作为图层效果存储在【图层】面板中，并可以随时重新调整这些滤镜的参数。
- 【滤镜库】命令：可以累积应用滤镜，并多次应用单个滤镜。还可以重新排列滤镜并更改已应用每个滤镜的设置等，以便实现所需的效果。

- 【自适应广角】命令：对于摄影师以及喜欢拍照的摄影爱好者来说，拍摄风景或者建筑物时必然要使用广角镜头。但用广角镜头拍摄的照片，都会有镜头畸变的情况，让照片边角位置出现弯曲变形。而该命令可以对镜头产生的畸变进行处理，得到一张完全没有畸变的照片。
- 【镜头校正】命令：该命令可以根据各种相机与镜头的测量自动校正，轻易消除桶状和枕状变形、相片周边暗角，以及造成边缘出现彩色光晕的色相差。
- 【液化】命令：使用此命令，可以使图像产生各种各样的图像扭曲变形效果。
- 【油画】命令：使用此命令，可以将图像快速处理成油画效果。
- 【消失点】命令：可以在打开的【消失点】对话框中通过绘制的透视线框来仿制、绘制和粘贴与选定图像周围区域相类似的元素进行自动匹配。
- 【风格化】命令：可以使图像产生各种印象派及其他风格的画面效果。

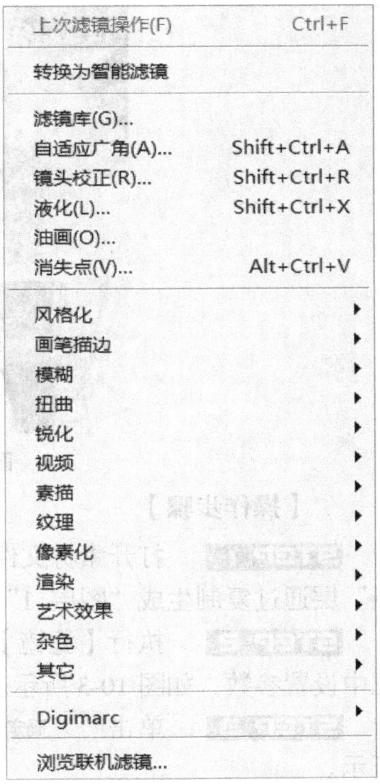

图10-1　【滤镜】菜单

- 【画笔描边】命令：在图像中增加颗粒、杂色或纹理，从而使图像产生多样的艺术画笔绘画效果。
- 【模糊】命令：可以使图像产生模糊效果。
- 【扭曲】命令：可以使图像产生多种样式的扭曲变形效果。
- 【锐化】命令：将图像中相邻像素点之间的对比度增加，使图像更加清晰化。
- 【视频】命令：该命令是 Photoshop 的外部接口命令，用于从摄像机输入图像或将图像输出到录像带上。
- 【素描】命令：可以使用前景色和背景色置换图像中的色彩，从而生成一种精确的图像艺术效果。
- 【纹理】命令：可以使图像产生多种多样的特殊纹理及材质效果。
- 【像素化】命令：可以使图像产生分块，呈现出由单元格组成的效果。
- 【渲染】命令：使用此命令，可以改变图像的光感效果。例如，可以模拟在图像场景中放置不同的灯光，产生不同的光源效果、夜景等。
- 【艺术效果】命令：可以使 RGB 模式的图像产生多种不同风格的艺术效果。
- 【杂色】命令：可以使图像按照一定的方式混合入杂点，制作着色像素图案的纹理。
- 【其它】命令：使用此命令，读者可以设定和创建自己需要的特殊效果滤镜。
- 【Digimarc】(作品保护）命令：将自己的作品加上标记，对作品进行保护。
- 【浏览联机滤镜】命令：使用此命令可以到网上浏览外挂滤镜。

我们经常会看到拍摄花和昆虫等照片时，摄影师会将背景拍得很模糊，以突出要拍摄的对象。而利用 Photoshop 中的滤镜也可以制作出这种效果，原图与制作的背景模糊效果对比如图 10-2 所示。

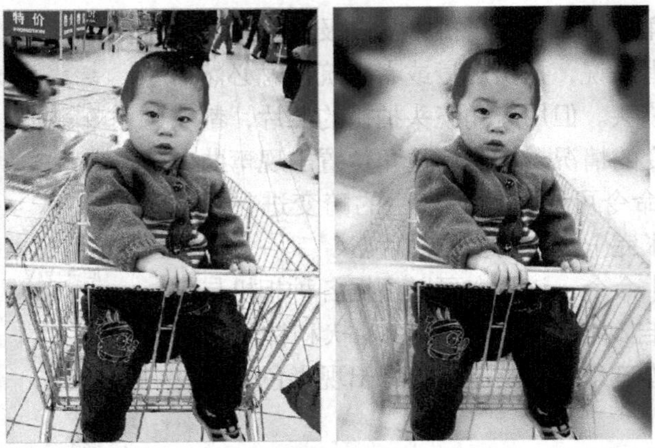

图10-2 原图与背景模糊后的效果对比

【操作步骤】

STEP 1 打开素材文件中名为“儿童.jpg”的图片文件，按 Ctrl+J 组合键，将“背景”层通过复制生成“图层 1”。

STEP 2 执行【滤镜】/【模糊】/【高斯模糊】命令，在弹出的【高斯模糊】对话框中设置参数，如图 10-3 所示。

STEP 3 单击 确定 按钮，执行【高斯模糊】命令后的图像效果如图 10-4 所示。

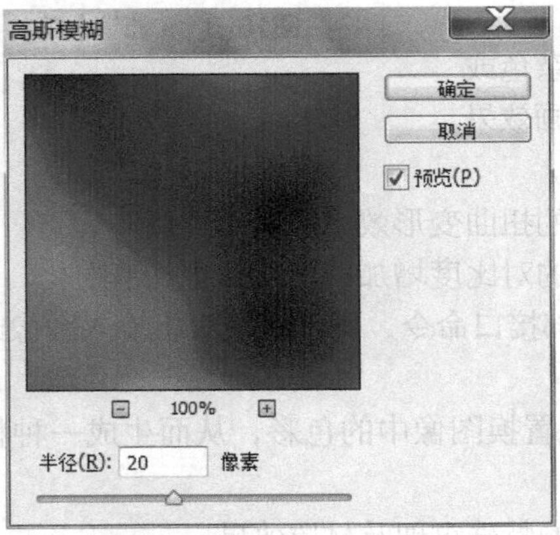

图10-3 【高斯模糊】对话框

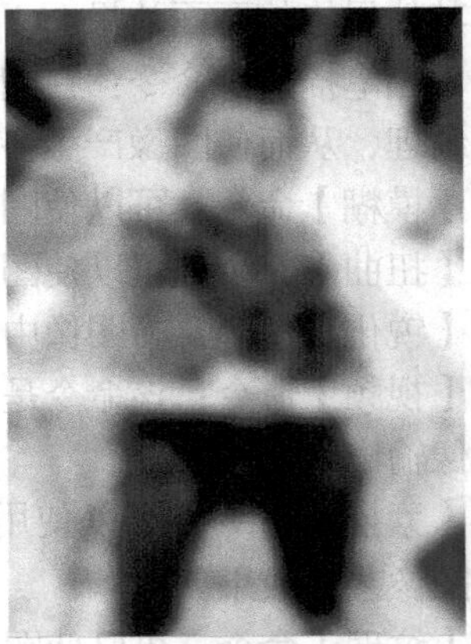

图10-4 高斯模糊后的效果

STEP 4 单击【图层】面板下方的按钮，为“图层 1”添加图层蒙版，然后利用工具，在画面中喷绘黑色编辑蒙版，将人物恢复到原来的清晰效果，如图 10-5 所示。

STEP 5 按 Shift+Ctrl+S 组合键，将文件另命名为“制作景深效果.psd”保存。

任务二 打造水质感文字

下面主要利用【滤镜】/【画笔描边】/【成角的线条】和【滤镜】/【渲染】/【光照效果】命令及结合【图层样式】命令，制作出如图 10-6 所示的水质感文字效果。

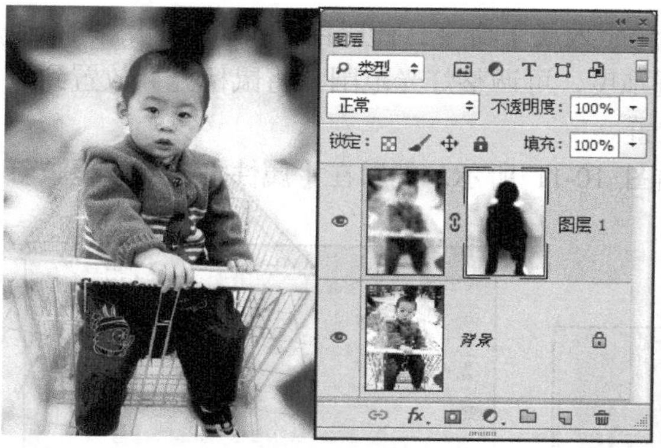

图10-5 编辑蒙版后的效果

图10-6 制作出的水质感文字效果

【操作步骤】

STEP 1 新建一个【宽度】为“20 厘米”,【高度】为“15 厘米”,【分辨率】为“120 像素/英寸”,【颜色模式】为“RGB 颜色”,【背景内容】为白色的文件。

STEP 2 执行【滤镜】/【杂色】/【添加杂色】命令，在弹出的【添加杂色】对话框中设置参数，如图 10-7 所示。

STEP 3 单击 确定 按钮，执行【添加杂色】命令后的画面效果如图 10-8 所示。

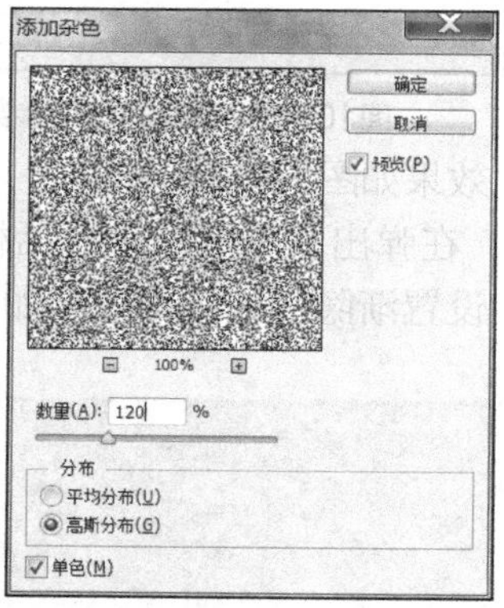

图10-7 【添加杂色】对话框

图10-8 执行【添加杂色】命令后的效果

STEP 4 执行【滤镜】/【画笔描边】/【成角的线条】命令，在弹出的【成角的线条】对话框中设置参数，如图 10-9 所示。

STEP 5 单击 确定 按钮，执行【成角的线条】命令后的效果如图 10-10 所示。

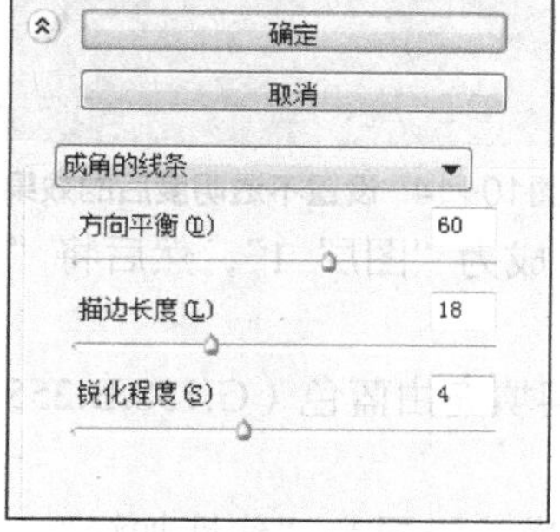

图10-9 设置的选项参数

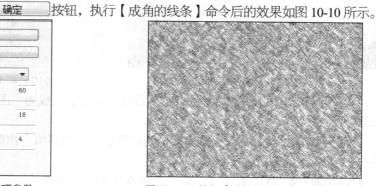

图10-10 执行【成角的线条】命令后的效果

STEP 6 执行【滤镜】/【渲染】/【光照效果】命令，此时图像文件中即添加相应的灯光，将鼠标光标放置到白色的小圆点位置拖曳，可调整灯光范围；将鼠标光标放置到灯光范围内按下鼠标左键并拖曳，可调整光源位置。

STEP 7 在图像文件中调整灯光，如图 10-11 所示，然后在【属性】面板中设置灯光的参数，如图 10-12 所示。

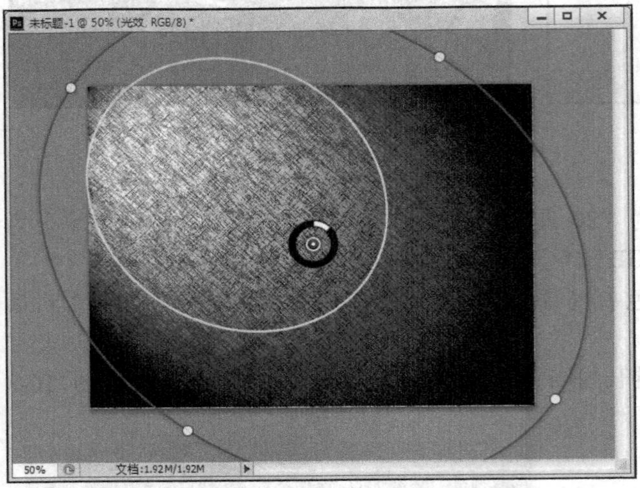

图10-11 调整的灯光范围及位置

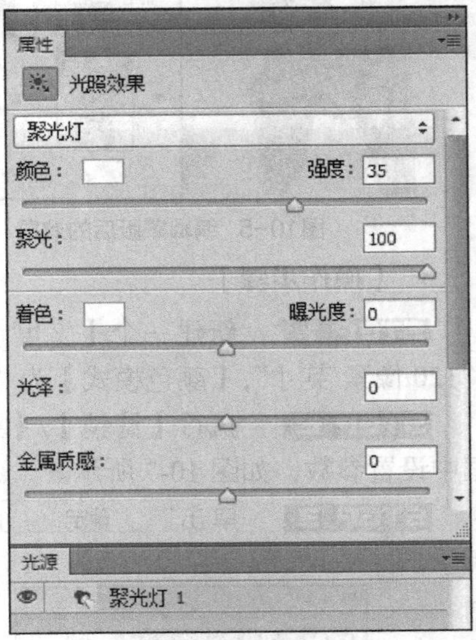

图10-12 设置的选项参数

STEP 8 单击 确定 按钮，完成灯光的添加，效果如图 10-13 所示。

STEP 9 执行【编辑】/【渐隐光照效果】命令，在弹出的【渐隐】对话框中设置【不透明度】的参数为“35%”，单击 确定 按钮，设置渐隐后的画面效果如图 10-14 所示。

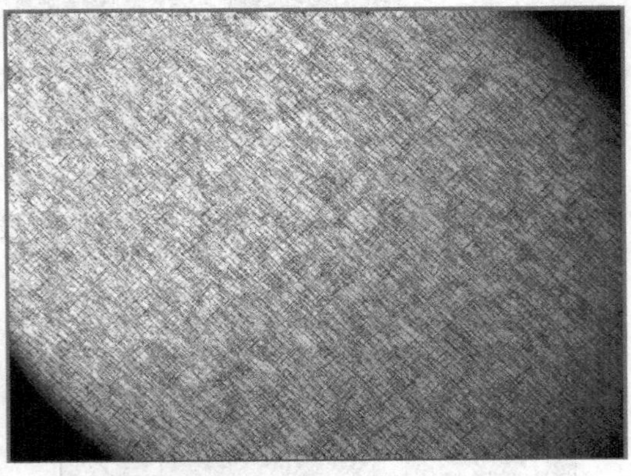

图10-13 执行【光照效果】命令后的效果

图10-14 设置不透明度后的效果

STEP 10 按 Ctrl+J 组合键将“背景”层复制生成为“图层 1”，然后将“图层 1”隐藏。

STEP 11 将“背景”层设置为当前层，然后为其填充由蓝色（G:158,B:255）到黑色的径向渐变色，如图 10-15 所示。

STEP 12 将“图层 1”显示，并将其图层混合模式设置为“线性加深”，更改混合模式后的效果如图 10-16 所示。

图10-15 填充的渐变色

图10-16 更改混合模式后的效果

STEP 13 按 D 键将前景色和背景色设置为默认的黑色和白色，然后新建“图层2”，并为其填充白色。

STEP 14 执行【滤镜】/【渲染】/【云彩】命令，为图层添加由前景色与背景色混合而成的云彩效果，然后利用 T 工具输入如图 10-17 所示的黑色英文字母。

STEP 15 将“图层 2”设置为工作层，执行【滤镜】/【素描】/【图章】命令，在弹出的【图章】对话框中将【明/暗平衡】参数设置为“25”；【平滑度】参数设置为“45”，单击 确定 按钮，执行【图章】命令后的画面效果如图 10-18 所示。

图10-17 输入的字母

图10-18 执行【图章】命令后的效果

知识提示

此处生成的效果可能会与本例给出的不一样，这是由于在执行【滤镜】/【渲染】/【云彩】命令时生成的效果就不同。因为【云彩】命令是一个随机性的命令，每执行一次生成的效果都会不相同，而这并不影响下面的操作，希望读者注意。

STEP 16 将“Drops”文字层设置为当前层，然后按 Ctrl+E 组合键，将其合并到“图层 2”中。

STEP 17 选择 工具，将鼠标光标移动到白色区域单击创建选区，然后按 Delete 键，将选区中的白色删除，只保留文字及黑色色块即可。

STEP 18 执行【滤镜】/【模糊】/【高斯模糊】命令，在弹出的【高斯模糊】对话框中将【半径】的参数设置为“2”像素，然后单击 确定 按钮。

STEP 19 执行【图层】/【图层样式】/【混合选项】命令，在弹出的【图层样式】对话框中设置参数，如图 10-19 所示。

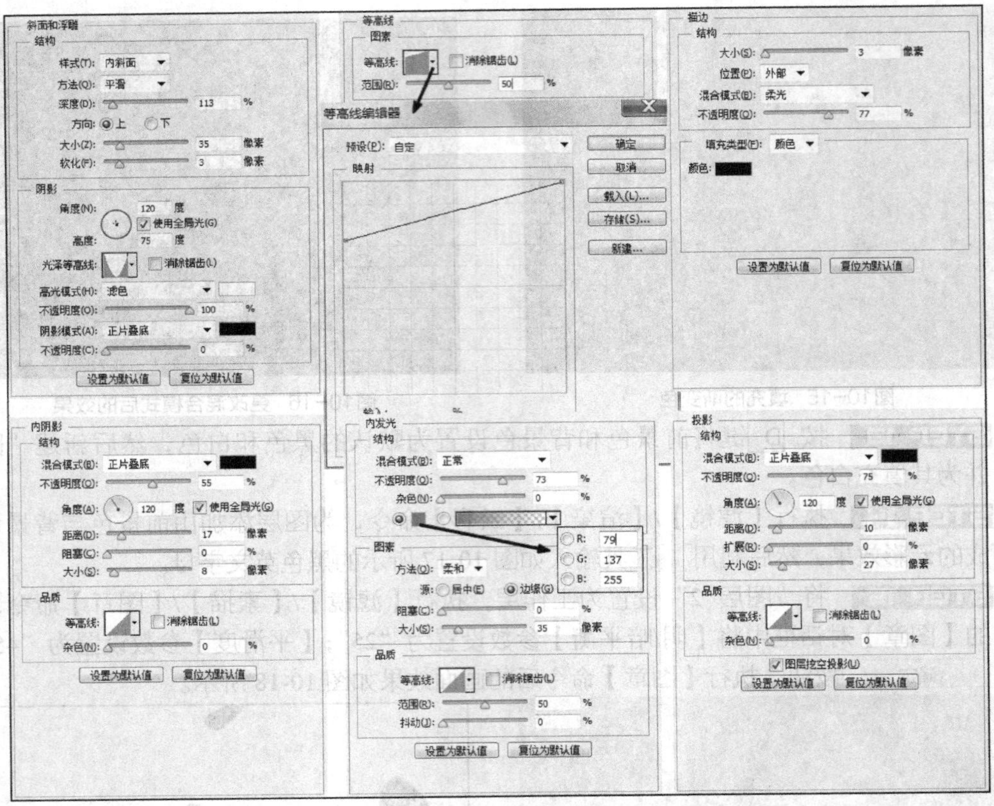

图10-19 【图层样式】对话框参数设置

STEP 20 单击 确定 按钮，添加图层样式后的文字效果如图 10-20 所示。

STEP 21 将“图层 2”的【填充】参数设置为“0%”，即可完成水质感文字的制作，如图 10-21 所示。

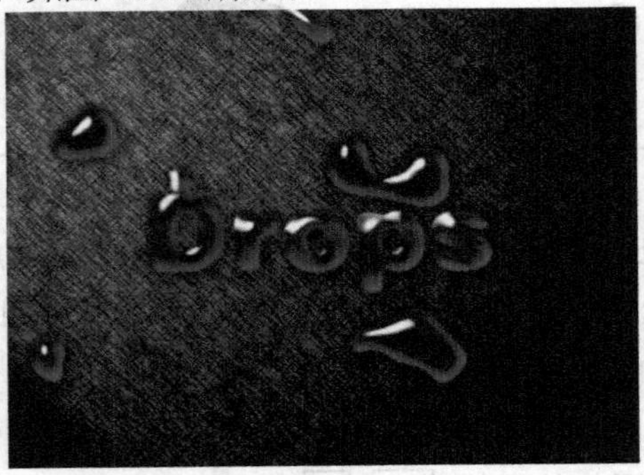

图10-20 添加图层样式后的文字效果

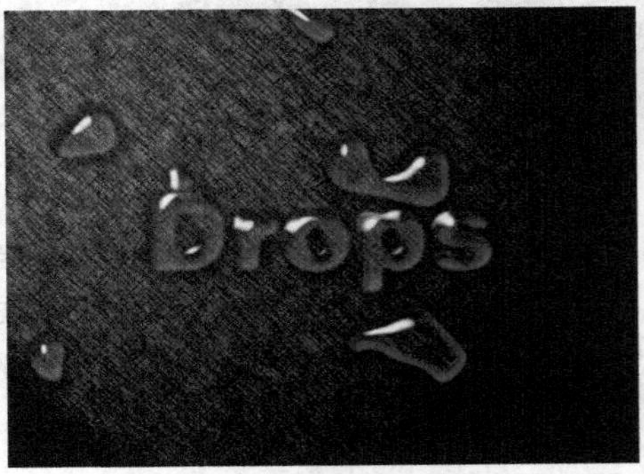

图10-21 制作的水质感文字

STEP 22 按 Ctrl+S 组合键，将文件命名为“水质感文字.psd”保存。

任务三 打造日出效果

灵活运用【滤镜】/【渲染】/【镜头光晕】命令及工具和各种调整层命令，将一幅风景画调整为日出时的效果，原图像及调整后的效果如图 10–22 所示。

图10-22 原图像及调整的日出效果

【操作步骤】

STEP 1 打开素材文件中名为“风景.jpg”的图片文件。

STEP 2 新建“图层 1”，然后将前景色设置为黑色。

STEP 3 选择工具，在属性栏中设置一较大的柔边圆笔头，并将【不透明度】的参数设置为“30%”，然后在画面的下方位置按住鼠标左键并拖曳，喷绘出如图 10-23 所示的黑色。

STEP 4 新建“图层 2”，然后将前景色设置为深黄色（R:170,G:100,B:25）。

STEP 5 继续利用工具，在画面的上方位置按住鼠标左键并拖曳，喷绘出如图 10-24 所示的深黄色。

图10-23 喷绘的出的黑色

图10-24 喷绘的出的深黄色

STEP 6 单击【图层】面板下方的按钮，在弹出的菜单中选择【曲线】命令，在弹出的【调整】面板中调整曲线形态，如图 10-25 所示，调整后的效果如图 10-26 所示。

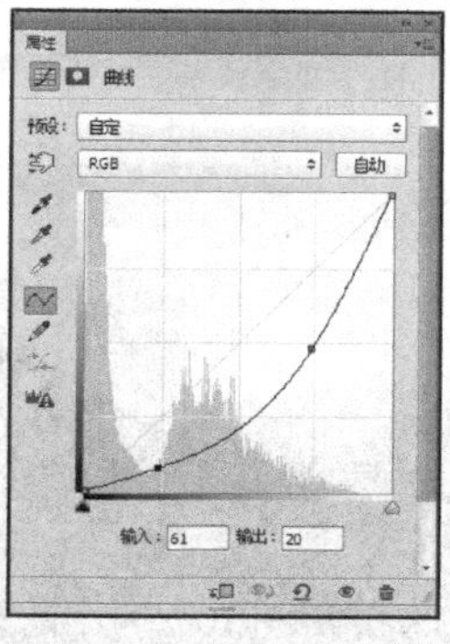

图10-25 【调整】面板

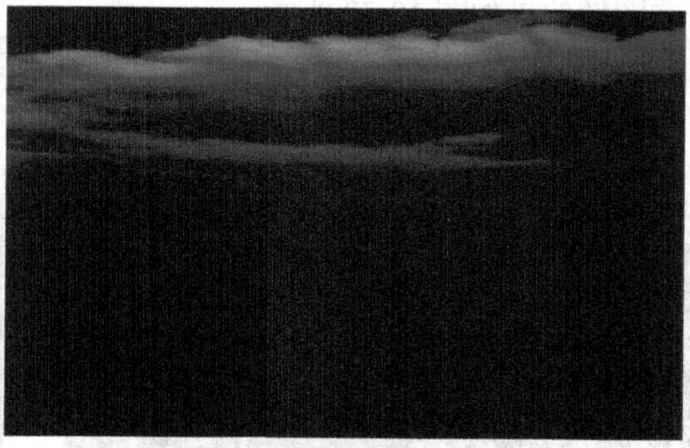

图10-26 调整后的图像效果

STEP 7 在“曲线”调整层的下方新建“图层 3”，并为其填充上黑色，然后执行【滤镜】/【渲染】/【镜头光晕】命令，在弹出的【镜头光晕】对话框中设置参数如图 10-27

所示。

STEP 8 单击确定按钮，执行【镜头光晕】命令后的效果如图 10-28 所示。

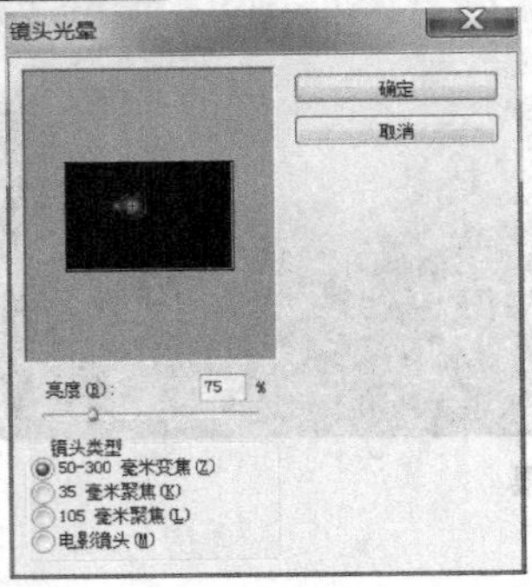

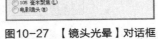

图10-27 【镜头光晕】对话框

图10-28 执行【镜头光晕】命令后的效果

STEP 9 将“图层 3”的图层混合模式设置为“线性减淡（添加）”，更改混合模式后的效果如图 10-29 所示。

STEP 10 将前景色设置为黄色（R:255,G:225,B:20），再选择工具，在属性栏中设置一较大的柔边圆笔头，并将【不透明度】的参数设置为“30%”，然后在画面的上方位置按住鼠标左键并拖曳，喷绘出如图 10-30 所示的黄色。

图10-29 更改混合模式后的效果

图10-30 喷绘出的颜色

STEP 11 继续利用工具，在光晕的中心位置喷绘白色，效果如图 10-31 所示。

STEP 12 执行【滤镜】/【模糊】/【高斯模糊】对话框，在弹出的【高斯模糊】对话框中将【半径】的参数设置为“10”像素，单击确定按钮，执行【高斯模糊】命令后的图像效果如图 10-32 所示。

图10-31 喷绘出的颜色

图10-32 执行【高斯模糊】命令后的效果

STEP 13 单击【图层】面板下方的按钮，在弹出的菜单中选择【色阶】命令，在弹出的【调整】面板中设置参数，如图 10-33 所示，调整后的效果如图 10-34 所示。

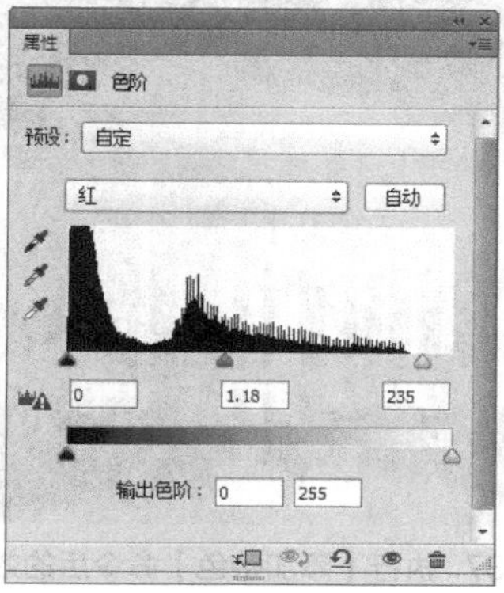

图10-33 【调整】面板

图10-34 调整后的效果

STEP 14 按 Shift+Ctrl+S 组合键，将文件另命名为“日出效果.psd”保存。

任务四 制作光线效果

综合运用【滤镜】/【杂色】/【添加杂色】、【滤镜】/【模糊】/【动感模糊】以及【高斯模糊】滤镜命令，制作发射光线效果。原图像及添加发射光线后的效果如图 10-35 所示。

图10-35 原图像及添加发射光线后的效果

【操作步骤】

STEP 1 打开素材文件中名为“黄昏.jpg”的图片文件。

STEP 2 选择[]工具，激活属性栏中的[]按钮，在画面中依次绘制出如图 10-36 所示的矩形选区。

STEP 3 新建“图层 1”，为选区填充白色，然后按 Ctrl+D 组合键，将选区去除。

STEP 4 执行【滤镜】/【杂色】/【添加杂色】命令，在弹出的【添加杂色】对话框中点选【高斯分布】单选项，然后将【数量】的参数设置为“100%”。

STEP 5 单击 确定 按钮，执行【添加杂色】命令后的效果如图 10-37 所示。

图10-36 绘制的选区

图10-37 执行【添加杂色】命令后的效果

STEP 6 执行【滤镜】/【模糊】/【动感模糊】命令，在弹出的【动感模糊】对话框中将【角度】的参数设置为“90”度，【距离】的参数设置为“100”像素。

STEP 7 单击 确定 按钮，执行【动感模糊】命令后的效果如图10-38所示。

STEP 8 按 Ctrl+T 组合键，为“图层 1”中的图形添加自由变换框，然后按住 Ctrl 键，将其调整至如图10-39所示的形态。

图10-38 执行【动感模糊】命令后的效果

图10-39 跳帧改后的图形形态

STEP 9 按 Enter 键确认图形的变换操作，然后再次执行【滤镜】/【模糊】/【动感模糊】命令，在弹出的【动感模糊】对话框中将【距离】的参数设置为“30”像素。

STEP 10 单击 确定 按钮，执行【动感模糊】命令后的效果如图10-40所示。

STEP 11 按 Ctrl+U 组合键，在弹出的【色相/饱和度】对话框中将【明度】的参数设置为“80”，单击 确定 按钮，调亮后的图形效果如图10-41所示。

图10-40 执行【动感模糊】命令后的效果

图10-41 调亮后的效果

STEP 12 执行【滤镜】/【模糊】/【高斯模糊】命令，在弹出的【高斯模糊】对话框中将【半径】的参数设置为“20”像素。

STEP 13 单击 确定 按钮，即可完成发射光线效果的制作。按 Shift+Ctrl+S 组合键，将文件另命名为“制作光线效果.psd”保存。

任务五　制作非主流涂鸦板

综合运用几种滤镜命令，制作出如图 10−42 所示的非主流涂鸦板效果。

图10−42　制作出的涂鸦板效果

【操作步骤】

STEP 1 新建一个【宽度】为“20 厘米”,【高度】为“15 厘米”,【分辨率】为“120 像素/英寸”,【颜色模式】为“RGB 颜色”,【背景内容】为白色的文件。

STEP 2 按 D 键将前景色和背景色设置为默认的黑色和白色，然后执行【滤镜】/【渲染】/【云彩】命令，为“背景”层添加由前景色与背景色混合而成的云彩效果，如图 10-43 所示。

STEP 3 执行【滤镜】/【素描】/【绘图笔】命令，在弹出的【绘图笔】对话框中设置参数，如图 10-44 所示。

STEP 4 单击 确定 按钮，执行【绘图笔】命令后的图像效果如图 10-45 所示。

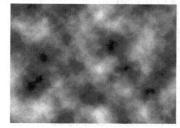

图10−43　添加的云彩效果

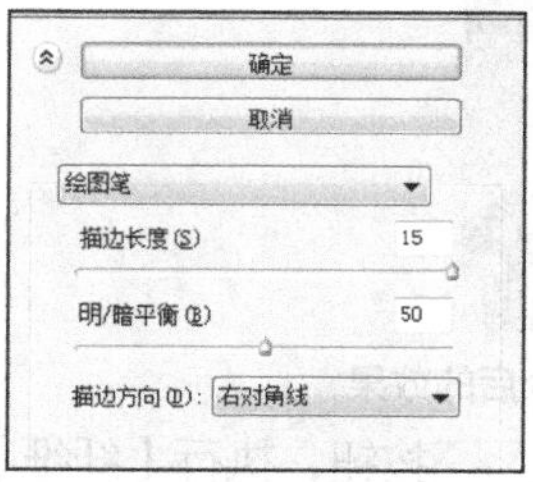

图10−44　【绘图笔】对话框参数

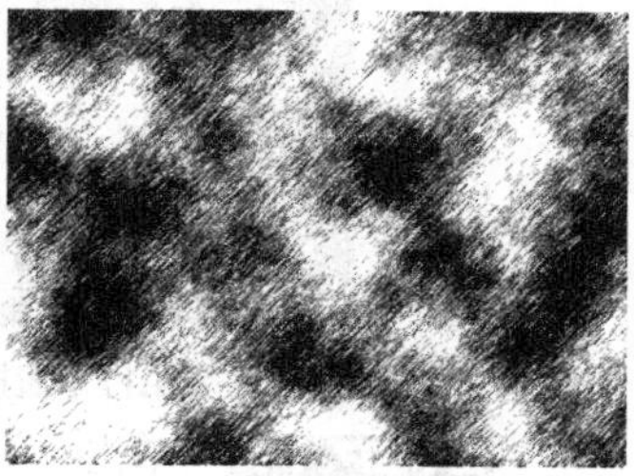

图10−45　执行【绘图笔】命令后的

STEP 5 执行【滤镜】/【模糊】/【高斯模糊】命令，在弹出的【高斯模糊】对话框中将【半径】的参数设置为“5”像素。

STEP 6 单击 确定 按钮，执行【高斯模糊】命令后的图像效果如图 10-46 所示。

STEP 7 执行【滤镜】/【扭曲】/【置换】命令，弹出【置换】对话框，设置选项及参数，如图 10-47 所示。

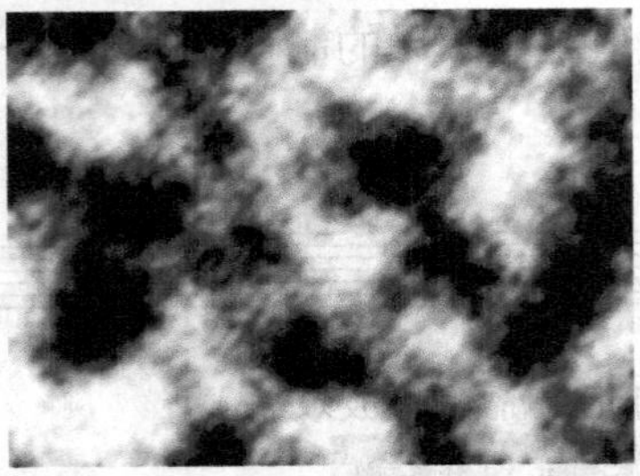

图10-46 【高斯模糊】命令后的效果

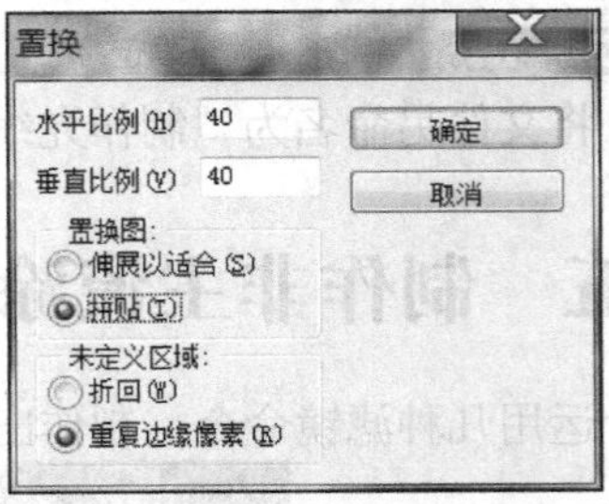

图10-47 【置换】对话框

STEP 8 单击 确定 按钮，然后在弹出的【选择一个置换图】对话框中选择素材文件中名为“图案.psd”的图像文件。

STEP 9 单击 打开(O) 按钮，置换图像后的画面效果如图 10-48 所示。

STEP 10 执行【图像】/【图像旋转】/【90 度（顺时针）】命令，将图像窗口顺时针旋转，效果如图 10-49 所示。

图10-48 置换图像后的效果

图10-49 旋转图像后的效果

STEP 11 按 Ctrl+F 组合键重复执行【置换】命令，生成的画面效果如图 10-50 所示。

STEP 12 执行【图像】/【旋转画布】/【90 度（逆时针）】命令，将画布逆时针旋转。

STEP 13 新建“图层 1”，并为其填充上白色，然后执行【滤镜】/【渲染】/【纤维】命令，在弹出的【纤维】对话框中设置参数，如图 10-51 所示。

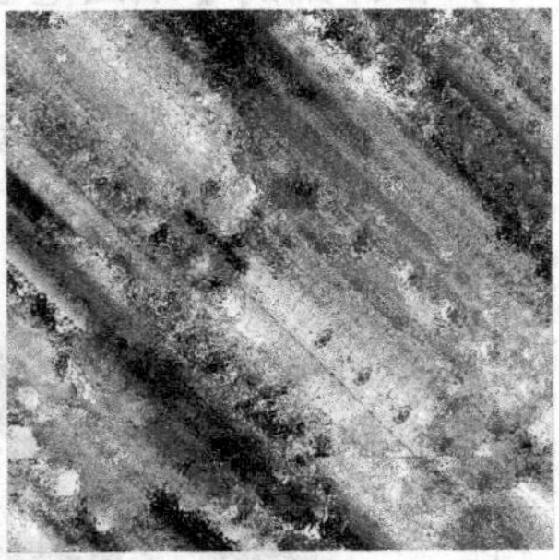

图10-50 重复执行【置换】命令后的效果

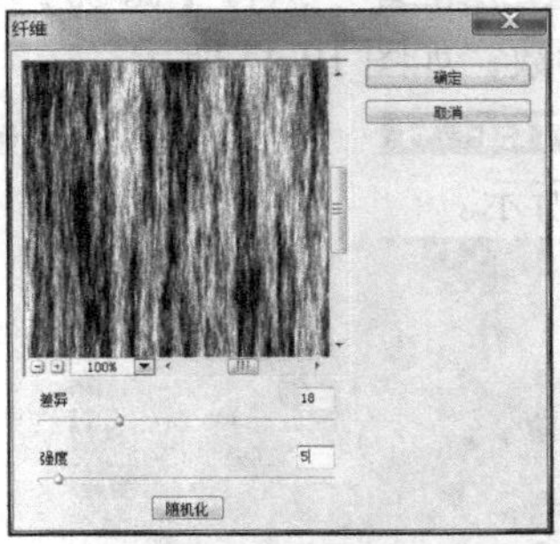

图10-51 【纤维】对话框参数设置

STEP 14 单击 确定 按钮，执行【纤维】命令后的画面效果如图 10-52 所示。

STEP 15 执行【滤镜】/【模糊】/【高斯模糊】命令，在弹出的【高斯模糊】对话框中将【半径】选项的参数设置为“5”像素。

STEP 16 单击 确定 按钮，执行【高斯模糊】命令后的画面效果如图 10-53 所示。

STEP 17 执行【滤镜】/【艺术效果】/【干画笔】命令，在弹出的【干画笔】对话框中设置参数，如图 10-54 所示。

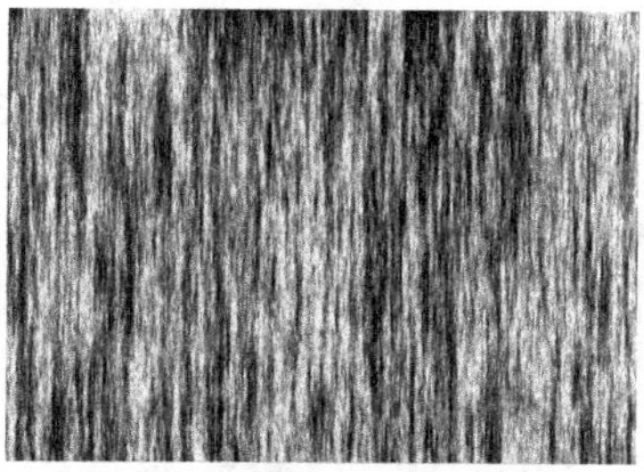
图10-52 执行【纤维】命令后的效果

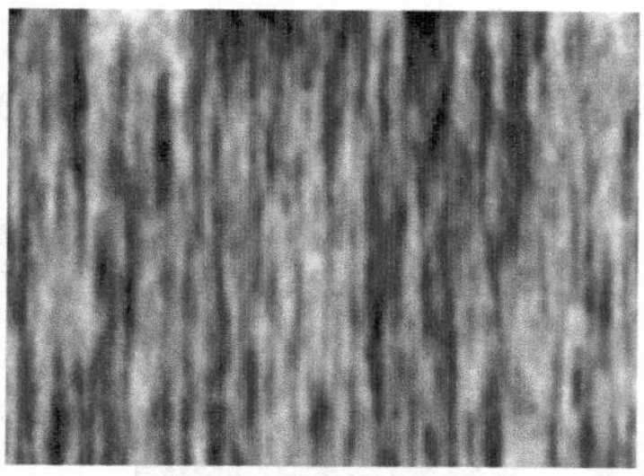
图10-53 执行【高斯模糊】命令后的

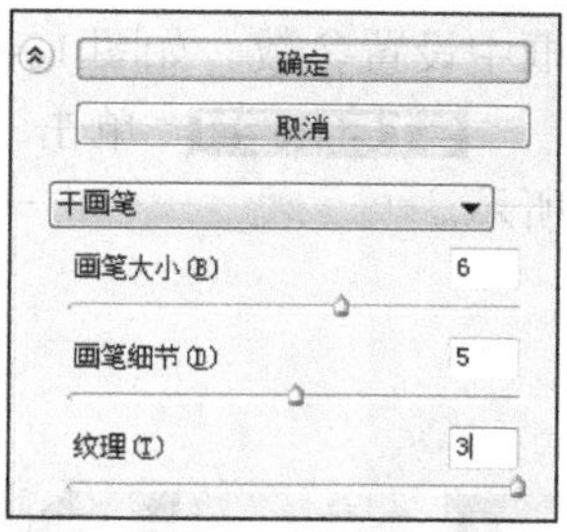

图10-54 【干画笔】对话框

STEP 18 单击 确定 按钮，执行【干画笔】命令后的效果如图 10-55 所示。

STEP 19 将“图层 1”的图层混合模式设置为“颜色加深”，更改混合模式后的画面效果如图 10-56 所示。

STEP 20 新建“图层 2”，并为其填充上白色，然后执行【滤镜】/【杂色】/【添加杂色】命令，在弹出的【添加杂色】对话框中设置参数，如图 10-57 所示。

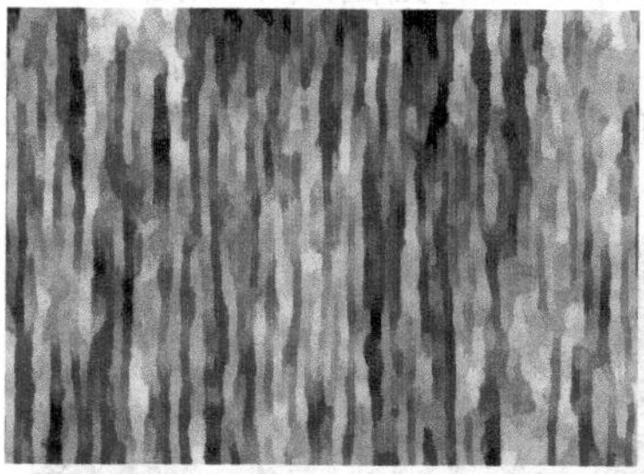
图10-55 执行【干画笔】命令后的

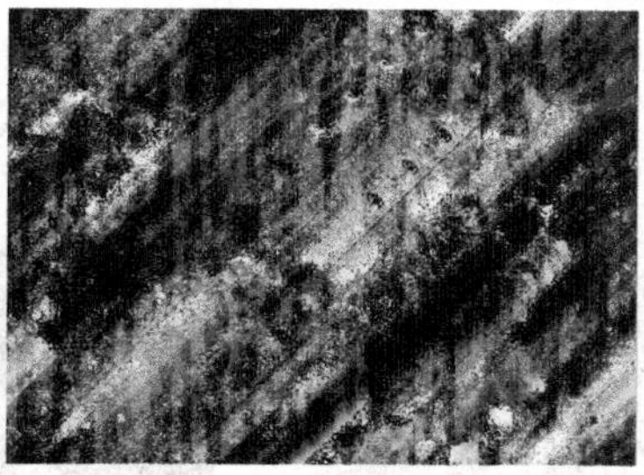
图10-56 更改混合模式后的效果

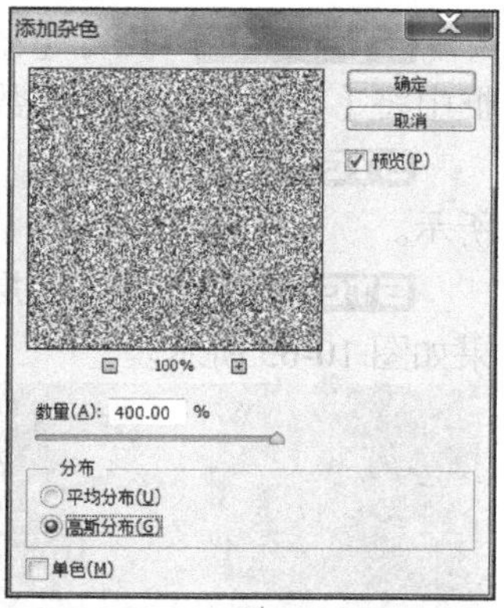

图10-57 【添加杂色】对话框

STEP 21 单击 确定 按钮，执行【添加杂色】命令后的画面效果如图 10-58 所示。

STEP 22 执行【滤镜】/【像素化】/【晶格化】命令，在弹出的【晶格化】对话框中将【单元格大小】选项的参数设置为“80”。

STEP 23 单击 确定 按钮，生成的晶格化效果如图 10-59 所示。

STEP 24 执行【图像】/【调整】/【照片滤镜】命令，在弹出的【照片滤镜】对话框中设置参数，如图 10-60 所示。

图10-58 【添加杂色】后的效果

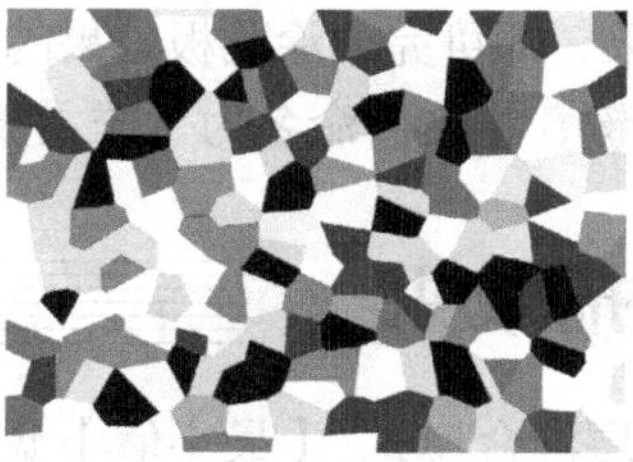
图10-59 执行【晶格化】命令

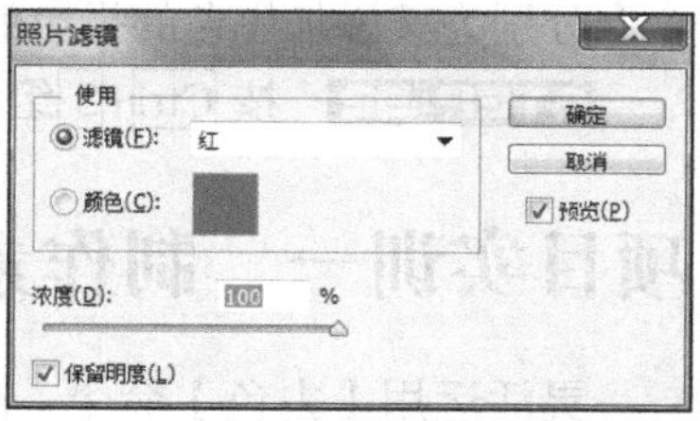

图10-60 【照片滤镜】对话框

STEP 25 单击 确定 按钮，调整后的图像颜色如图 10-61 所示。

STEP 26 执行【滤镜】/【模糊】/【动感模糊】命令，在弹出的【动感模糊】对话框中设置参数，如图 10-62 所示。

STEP 27 单击 确定 按钮，执行【动感模糊】命令后的画面效果如图 10-63 所示。

图10-61 调整后的图像颜色

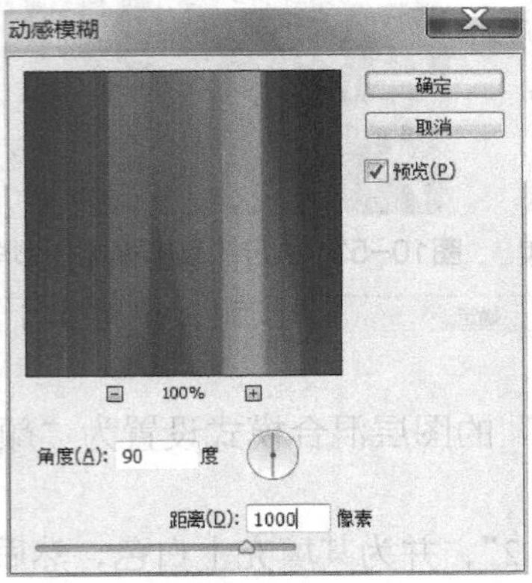

图10-62 【动感模糊】对话框

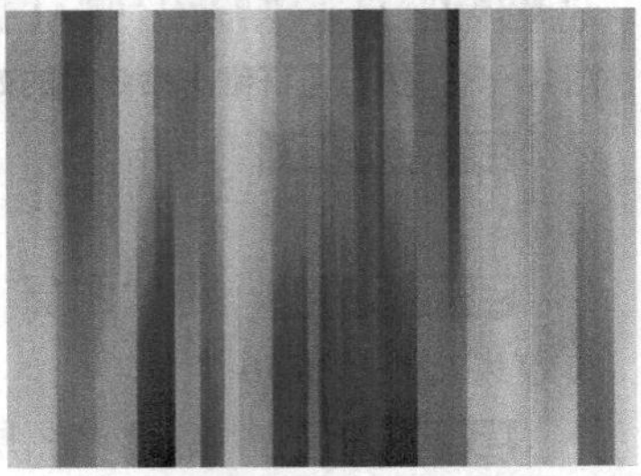

图10-63 执行【动感模糊】命令后

STEP 28 执行【滤镜】/【模糊】/【高斯模糊】命令，在弹出的【高斯模糊】对话框中将【半径】选项的参数设置为“20”像素。

STEP 29 单击 确定 按钮，执行【高斯模糊】命令后的画面效果如图 10-64 所示。

STEP 30 将“图层 2”的图层混合模式设置为“颜色”，更改混合模式后的画面效果如图 10-65 所示。

图10-64 执行【高斯模糊】命令后的画面效果

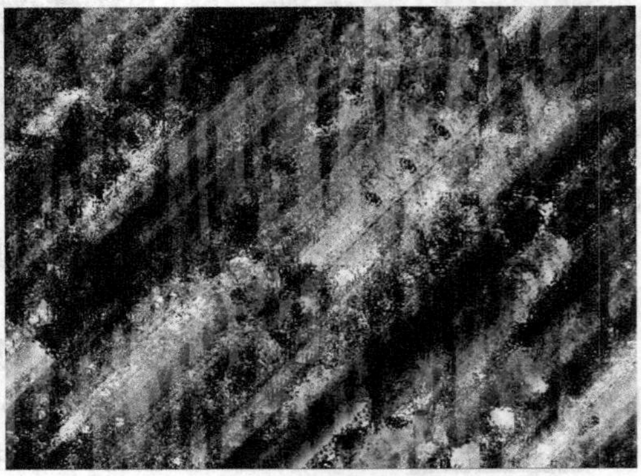

图10-65 更改混合模式后的画面效果

STEP 31 利用 T 工具依次输入白色文字，并利用【图层】/【图层样式】/【投影】命令分别为其添加黑色的投影效果，即可完成涂鸦板效果的制作。

STEP 32 按 Ctrl+S 组合键，将文件命名为“非主流涂鸦板.psd”保存。

项目实训一 制作素描效果

灵活运用【去色】命令、图层混合模式、【最小值】滤镜命令及图层蒙版，将人物照片制作为素描效果，如图 10−66 所示。

图10-66 原照片及制作的素描效果

【操作步骤】

STEP 1 打开素材文件中名为“人物 01.jpg”的图片文件。

STEP 2 执行【图像】/【调整】/【去色】命令，将图像中的颜色去除。

STEP 3 按 Ctrl+J 键，将“背景”层通过复制生成“图层 1”，然后按 Ctrl+I 组合键，将画面反相显示，效果如图 10-67 所示。

STEP 4 执行【滤镜】/【其他】/【最小值】命令，在弹出的【最小值】对话框中设置参数，如图 10-68 所示。

图10-67 反相显示后的效果

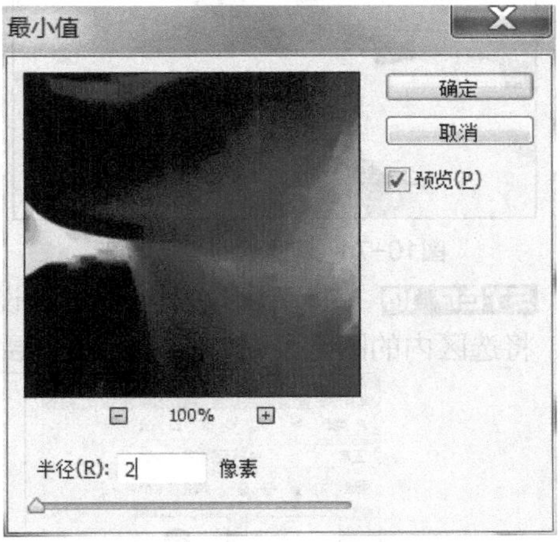

图10-68 更改混合模式后的效果

STEP 5 单击 确定 按钮，然后将“图层 1”的图层混合模式设置为“颜色减淡”，更改混合模式后的效果如图 10-69 所示。

STEP 6 执行【图层】/【图层样式】/【混合选项】命令，在弹出的【图层样式】对话框中按住 Alt 键，将鼠标光标放置到【下一图层】色标下方左边的三角形上，按住鼠标左键并向右拖曳进行调整，如图 10-70 所示。

图10-69 【最小值】对话框

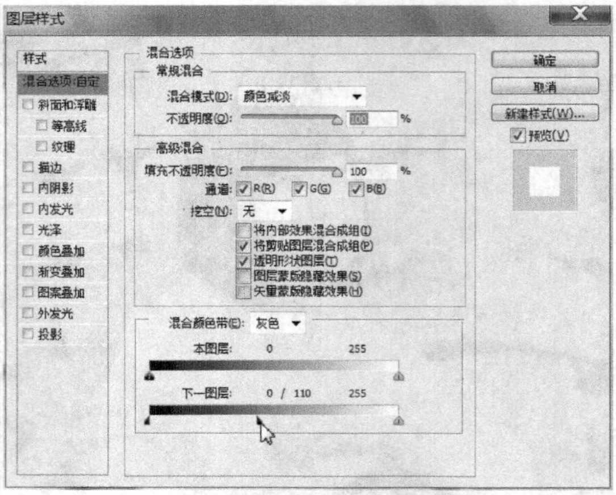

图10-70 【图层样式】对话框

STEP 7 单击 确定 按钮，调整后的图像效果如图 10-71 所示。至此，素描效果基本完成，下面利用图层蒙版将人物以外的图像隐藏。

STEP 8 新建“图层 2”，并为其填充白色，然后将“图层 2”隐藏。

STEP 9 将“图层 1”设置为工作层，然后利用工具创建如图 10-72 所示的选区。

图10-71 调整后的图像效果

图10-72 创建的选区

STEP 10 将“图层 2”显示并设置为工作层，然后单击【图层】面板下方的按钮，将选区内的图像隐藏，此时的【图层】面板及画面效果如图 10-73 所示。

图10-73 【图层】面板及隐藏图像后的效果

STEP 11 按 Shift+Ctrl+S 组合键，将文件另命名为“制作素描效果.psd”保存。

项目实训二　制作竹简画效果

灵活运用【滤镜】菜单下的【云彩】、【添加杂色】、【动感模糊】命令，及【图层样式】命令和图层混合模式来制作如图 10-74 所示的竹简画效果。

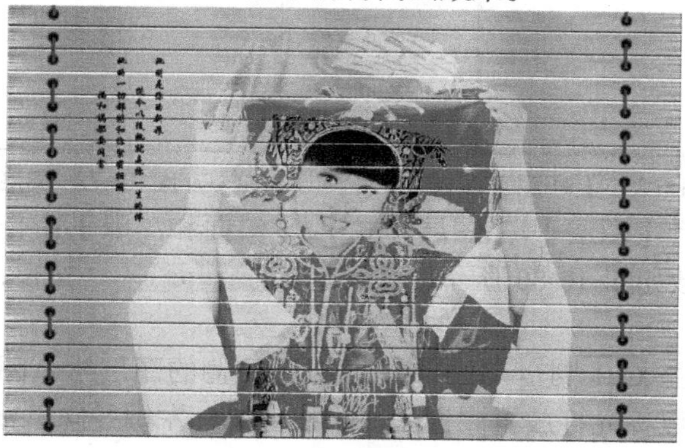

图10-74　制作的竹简画效果

【操作步骤】

STEP 1　新建一个【宽度】为“30 厘米”,【高度】为“1 厘米”,【分辨率】为“180 像素/英寸”,【颜色模式】为“RGB 颜色”,【背景内容】为“白色”的文件。

STEP 2　新建“图层 1”，然后将前景色设置为深黄色（R:200,G:165,B:70），背景色设置为白色。

STEP 3　执行【滤镜】/【渲染】/【云彩】命令，为“图层 1”添加由前景色与背景色混合而成的云彩效果，如图 10-75 所示。

图10-75　添加的云彩效果

STEP 4　执行【滤镜】/【杂色】/【添加杂色】命令，在弹出的【添加杂色】对话框中点选【平均分布】单选项，并勾选【单色】复选框，然后将【数量】的参数设置为“30%”。

STEP 5　单击 确定 按钮，执行【添加杂色】命令后的画面效果如图 10-76 所示。

图10-76　执行【添加杂色】命令后的画面效果

STEP 6　执行【滤镜】/【模糊】/【动感模糊】命令，在弹出的【动感模糊】对话框中，将【角度】选项的参数设置为“0”度;【距离】的参数设置为“180”像素。

STEP 7　单击 确定 按钮，执行【动感模糊】命令后的画面效果如图 10-77 所示。

图10-77　执行【动感模糊】命令后的画面效果

STEP 8　确认背景色为白色，然后执行【图像】/【画布大小】命令，在弹出的【画布大小】对话框中设置参数，如图 10-78 所示。

STEP 9 单击 确定 按钮，调整后的画布形态如图 10-79 所示。

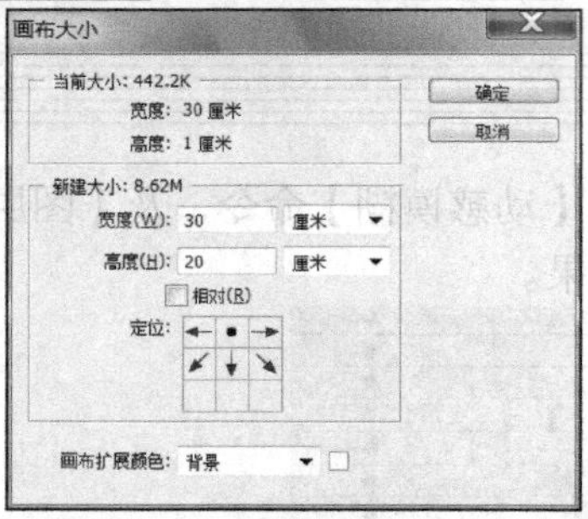

图10-78 【画布大小】对话框

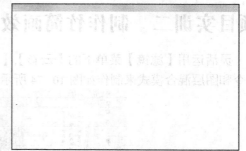

图10-79 调整后的画布形态

STEP 10 执行【图层】/【图层样式】/【斜面和浮雕】命令，在弹出的【图层样式】对话框中设置参数如图 10-80 所示，然后单击 确定 按钮，为图形添加斜面浮雕效果。

STEP 11 按住 Ctrl 键，单击“图层 1”左侧的图层缩览图添加选区，然后按住 Ctrl+Alt 组合键，将鼠标光标放置到选区内，按住鼠标左键并向下拖曳，依次移动复制图形，效果如图 10-81 所示。

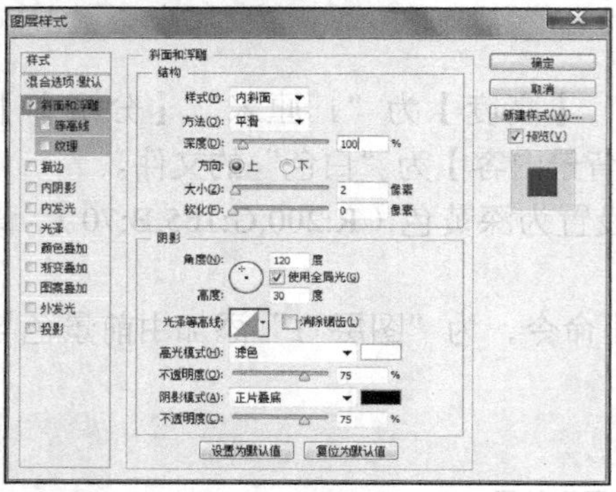

图10-80 【图层样式】对话框

图10-81 复制出的图形

STEP 12 执行【视图】/【新建参考线】命令，在弹出的【新建参考线】对话框中，将【位置】设置为“2 厘米”，然后单击 确定 按钮，此时即可在垂直方向的“2 厘米”位置添加一条参考线。

STEP 13 用与步骤 12 相同的方法，在垂直方向的“27.5 厘米”位置添加一条参考线，如图 10-82 所示。

STEP 14 新建“图层 2”，选择 工具，在属性栏中设置【主直径】为“35 px”，沿参考线依次喷绘出如图 10-83 所示的黑色圆点图形，然后按 Ctrl+H 组合键，将参考线隐藏。

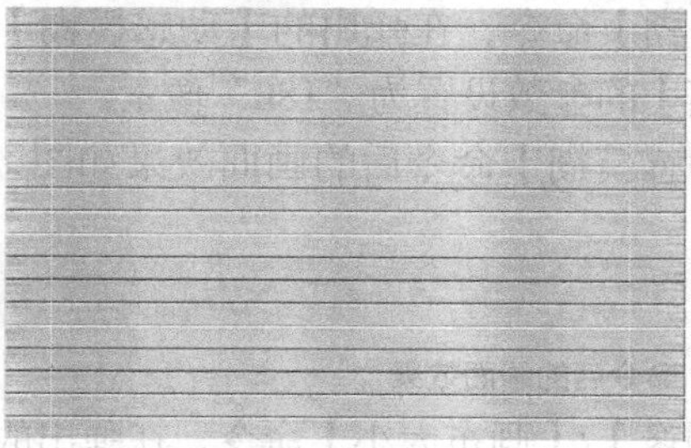

图10-82 添加的参考线

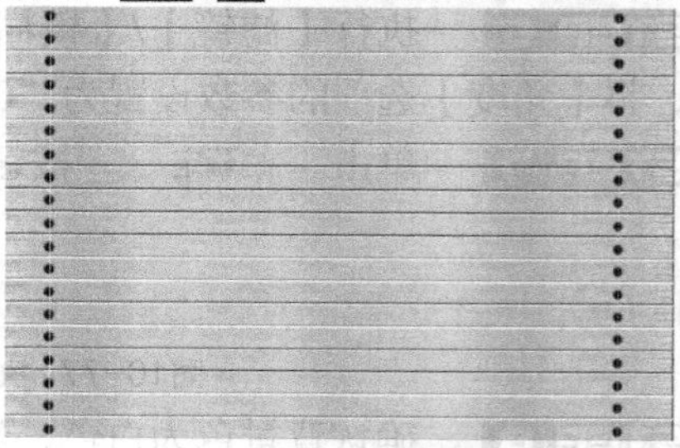

图10-83 绘制的黑色圆点

STEP 15 新建“图层 3”，然后将前景色设置为红褐色（R:150,G:90）。

STEP 16 选择工具，激活属性栏中的按钮，并将 粗细: 10 px 选项的参数设置为“10 px”，然后按住 Shift 键，依次绘制出如图 10-84 所示的直线。

STEP 17 执行【图层】/【图层样式】/【斜面和浮雕】命令，在弹出的【图层样式】对话框中设置参数如图 10-85 所示，然后单击 确定 按钮，为绘制的直线添加斜面浮雕效果。

图10-84 绘制的直线

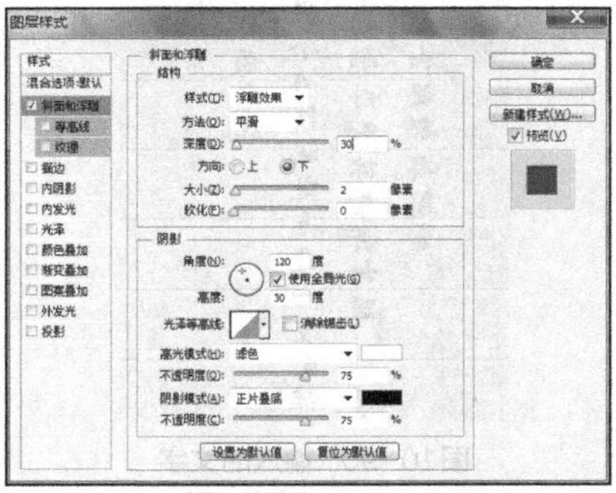

图10-85 【图层样式】对话框

STEP 18 选择工具，在两个黑色圆点之间绘制一矩形选区，然后按 Delete 键，将选择的内容删除，效果如图 10-86 所示。

STEP 19 用与步骤 18 相同的方法，依次将直线修剪至如图 10-87 所示的形态。

图10-86 删除后的效果

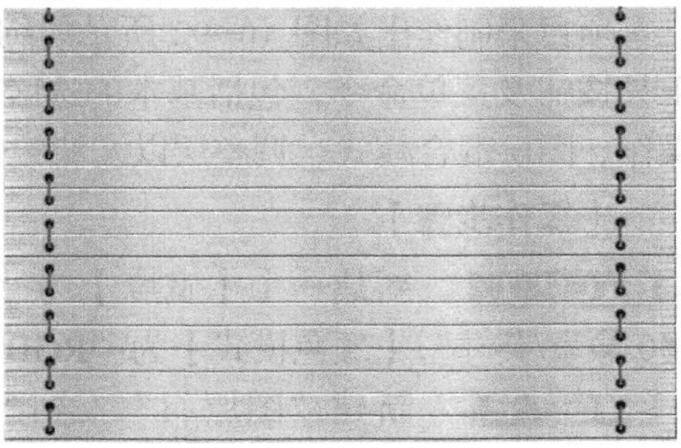

图10-87 修剪后的直线形态

STEP 20 打开素材文件中名为“人物 02.jpg”的图片文件，如图 10-88 所示。

STEP 21 按住 Shift 键，将打开的图片移动复制到新建文件中生成“图层 4”，然后将其图层混合模式设置为“颜色加深”，更改混合模式后的效果如图 10-89 所示。

图10-88 打开的图片

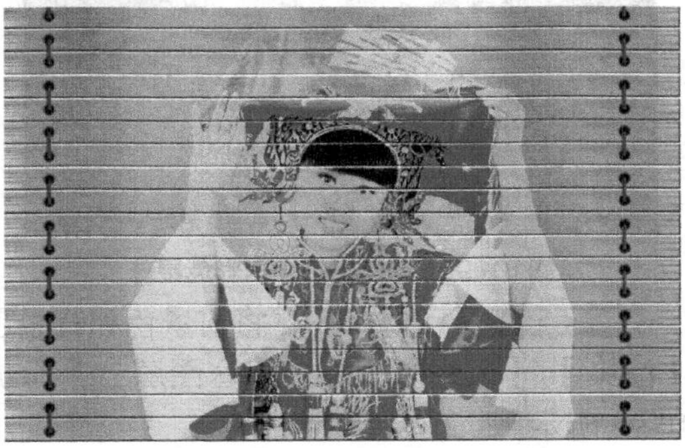

图10-89 更改混合模式后的效果

STEP 22 单击【图层】面板下方的按钮，为“图层 4”添加图层蒙版，然后利用工具，在画面中的人物周围喷绘灰色编辑蒙版，使当前的画面颜色更加符合竹签的颜色。

STEP 23 利用工具，输入如图 10-90 所示的黑色文字。

至此，竹筒画效果已制作完成，其整体效果如图 10-91 所示。

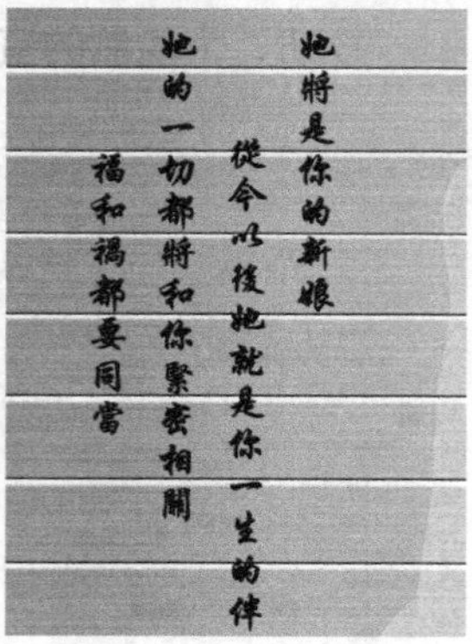

图10-90 输入的文字

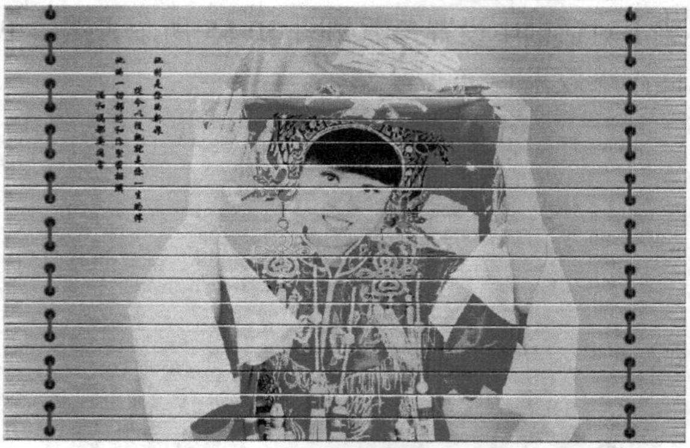
图10-91 制作完成的竹简画

STEP 24 按Ctrl+S组合键，将文件命名为“制作竹简画.psd”保存。

项目拓展 制作绚丽的彩色星球

本项目来制作出如图 10-92 所示的绚丽彩色星球效果。该案例综合运用了本书所学的各种工具按钮及菜单命令，包括基本的选区工具、变换操作、画笔设置及运用、图层样式、路径操作、图层混合模式、调整层以及滤镜命令等。

【操作步骤】

STEP 1 新建一个【宽度】为“20 厘米”，【高度】为“13 厘米”，【分辨率】为“150 像素/英寸”，【颜色模式】为“RGB 颜色”，【背景内容】为黑色的文件。

STEP 2 新建“图层 1”，选择工具，并设置属性栏中 羽化: 50 px 选项的参数为“50 px”，然后绘制出如图 10-93 所示的具有羽化性质的椭圆形选区。

图10-92 制作出的绚丽彩色星球

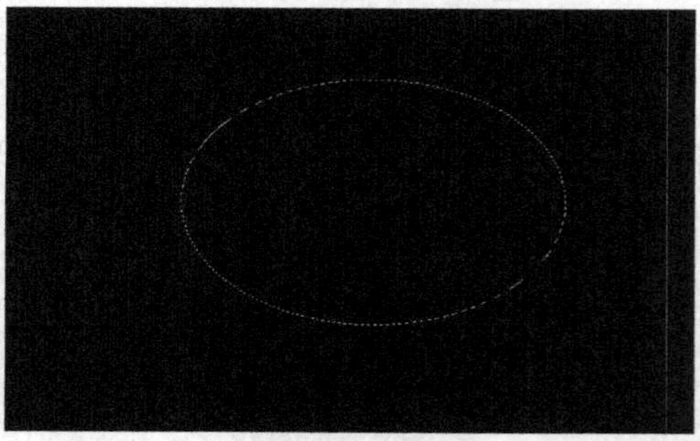
图10-93 绘制的选区

STEP 3 按 D 键将前景色和背景色设置为默认的黑色和白色，然后执行【滤镜】/【渲染】/【云彩】命令，为“图层 1”添加由前景色与背景色混合而成的云彩效果，如图 10-94 所示。

STEP 4 按 Ctrl+L 组合键，在弹出的【色阶】对话框中设置参数，如图 10-95 所示。

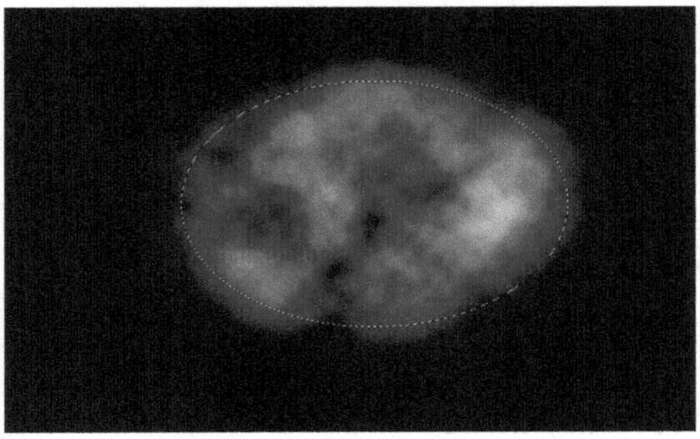

图10-94 添加的云彩效果

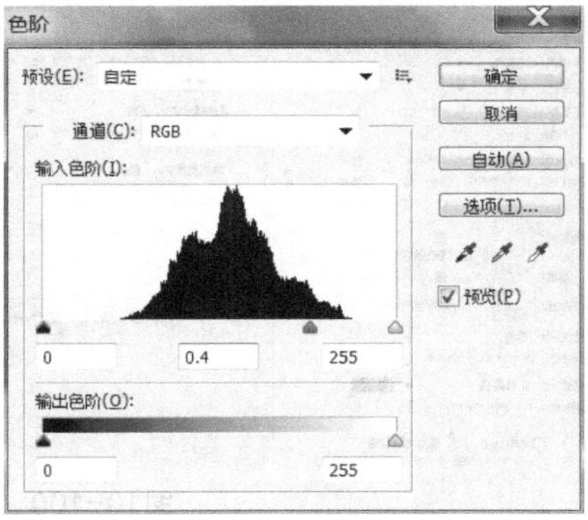

图10-95 【色阶】对话框参数设置

STEP 5 单击 确定 按钮，调整颜色后的图像效果如图 10-96 所示。

STEP 6 按 Ctrl+D 组合键将选区删除，然后执行【滤镜】/【扭曲】/【旋转扭曲】命令，在弹出的【旋转扭曲】对话框中将【角度】选项的参数设置为“999”度。

STEP 7 单击 确定 按钮，执行【旋转扭曲】命令后的图像效果如图 10-97 所示。

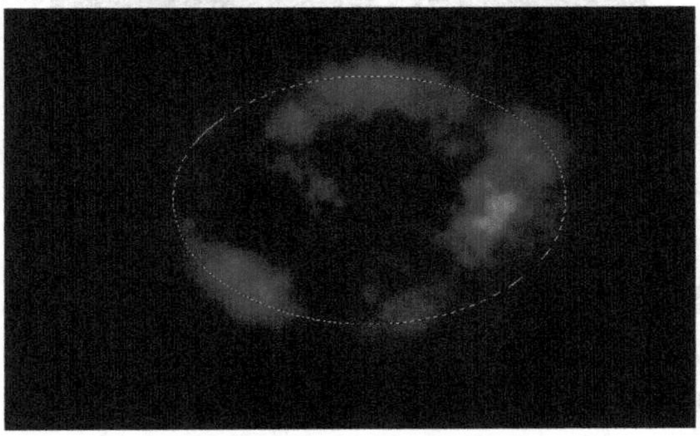

图10-96 调整颜色后的图像效果

图10-97 执行【旋转扭曲】命令后的图像效果

STEP 8 执行【编辑】/【变换】/【透视】命令，为图像添加透视变换框，并将其调整至如图 10-98 所示的透视形状，然后按 Enter 键确认图像的透视变换操作。

STEP 9 新建“图层 2”，利用 工具绘制出如图 10-99 所示的圆形选区，并为其填充黑色，然后按 Ctrl+D 组合键将选区删除。

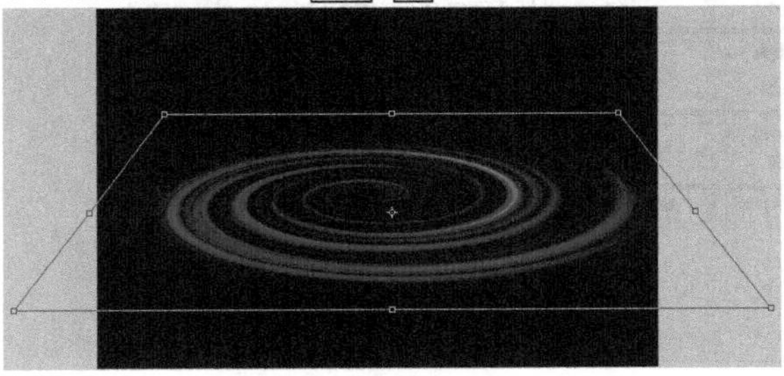

图10-98 调整后的图像形状

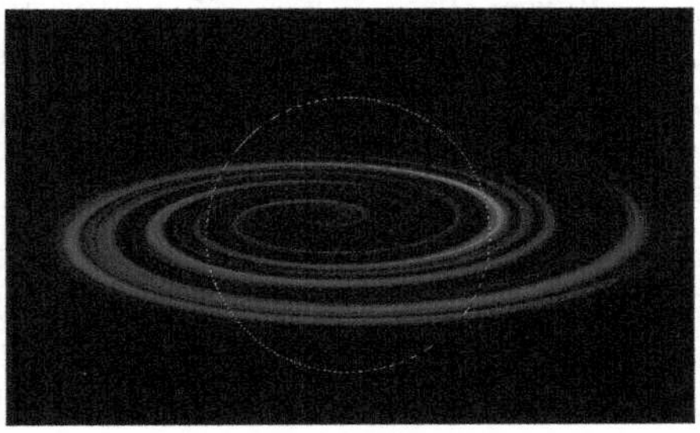

图10-99 绘制的选区

STEP 10 执行【图层】/【图层样式】/【混合选项】命令，在弹出的【图层样式】对话框中设置各项参数，如图 10-100 所示。

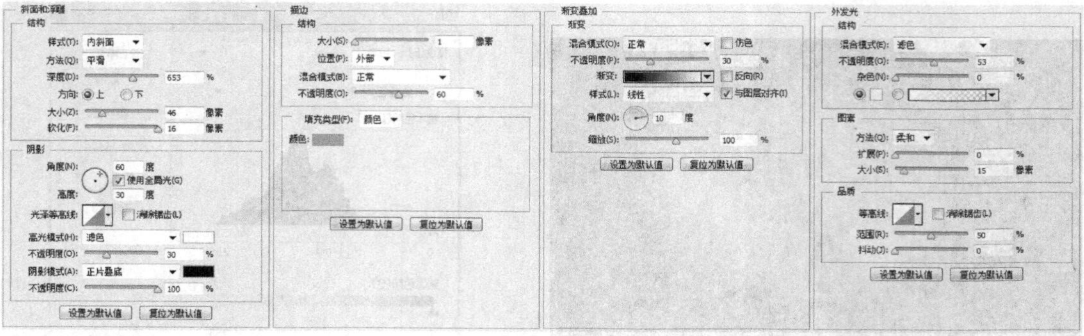

图10-100 【图层样式】对话框参数设置

STEP 11 单击 确定 按钮，添加图层样式后的图像效果如图 10-101 所示。

STEP 12 将“图层 2”调整至“图层 1”的下方位置，调整图层堆叠顺序后的画面效果如图 10-102 所示。

图10-101 添加图层样式后的图像效果

图10-102 调整图层堆叠顺序后的画面效果

STEP 13 新建“图层 3”，并将其调整至“图层 2”的下方，然后将前景色设置为白色。

STEP 14 选择工具，单击属性栏中的按钮，在弹出的【画笔】面板中设置选项和参数，如图 10-103 所示。

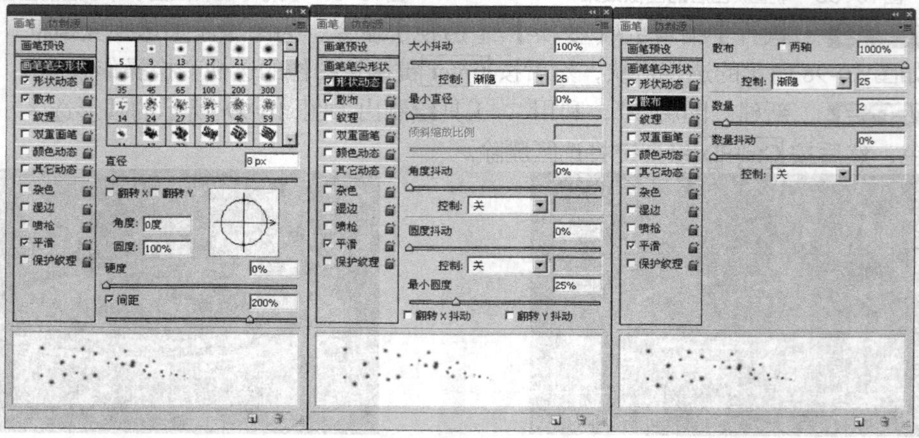

图10-103 【画笔】面板参数设置

STEP 15 将鼠标光标移动到画面中，按住鼠标左键并自由拖曳，喷绘如图 10-104 所示的白色杂点。

STEP 16 新建“图层 4”，选择工具，并设置属性栏中 羽化: 50 px 选项的参数为“50 px”，然后绘制出如图 10-105 所示的具有羽化性质的选区。

图10-104 喷绘出的杂点

图10-105 绘制的选区

STEP 17 按 D 键将前景色和背景色设置为默认的黑色和白色，执行【滤镜】/【渲染】/【分层云彩】命令，在选区内使用随机生成的介于前景色与背景色之间的值生成云彩图案，然后将其选区删除，添加的云彩效果如图 10-106 所示。

STEP 18 按 Ctrl+T 组合键，为“图层 4”中的云彩图像添加自由变换框，并将其调整至如图 10-107 所示的形状，然后单击属性栏中的按钮，将变换框转换为变形框。

图10-106 添加的云彩效果

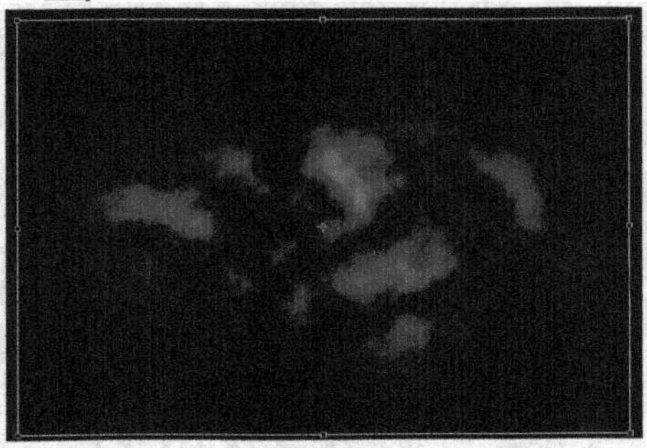

图10-107 调整后的图像形状

STEP 19 通过调整变形框 4 个角上的调节点的位置以及控制柄的长度和方向，将图像调整至如图 10-108 所示的形状，然后按 Enter 键确认图像的变换操作。

STEP 20 将“图层 4”调整至“图层 2”的下方位置，调整图层堆叠顺序后的画面效果如图 10-109 所示。

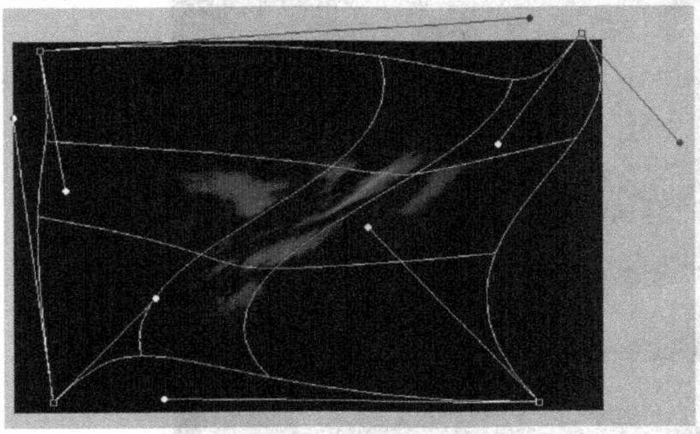

图10-108 调整后的图像形状

图10-109 调整图层堆叠顺序后的效果

STEP 21 将“图层 4”复制生成为“图层 4 副本”，然后按 Ctrl+T 组合键为复制出的图像添加自由变换框，并将其旋转至如图 10-110 所示的形状。

STEP 22 按 Enter 键确认图像的变换操作，再将“图层 4 副本”调整至“图层 1”的上方位置，然后将其图层混合模式设置为“滤色”，更改混合模式后的图像效果如图 10-111 所示。

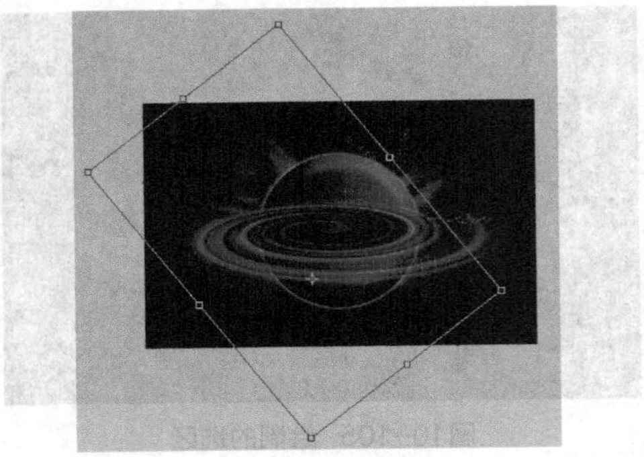

图10-110 调整后的图像形状

图10-111 更改混合模式后的图像效果

STEP 23 将“图层 1”的图层混合模式设置为“强光”，更改混合模式后的图像效果如图 10-112 所示。

STEP 24 将“图层 3”设置为当前层，并将前景色设置为白色，然后利用工具喷绘出如图 10-113 所示的白色杂点。

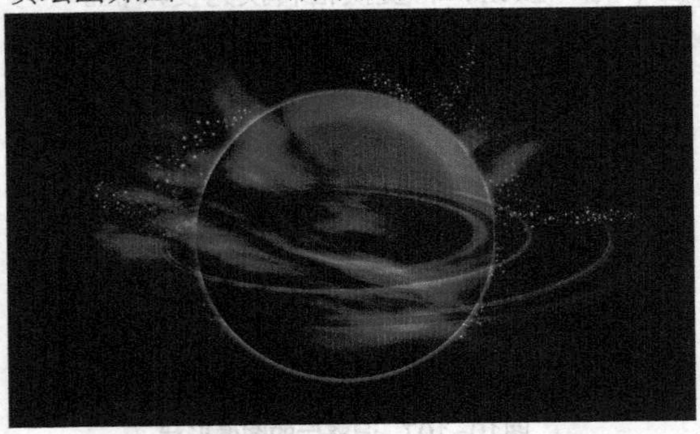

图10-112 更改混合模式后的图像效果

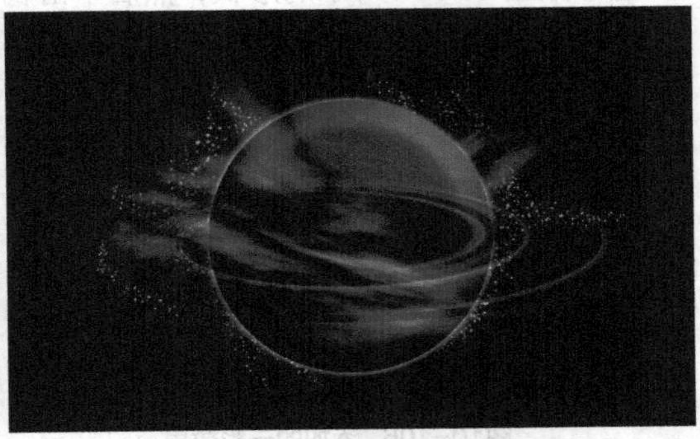

图10-113 喷绘出的杂点

STEP 25 利用和工具绘制并调整出如图 10-114 所示的曲线路径。

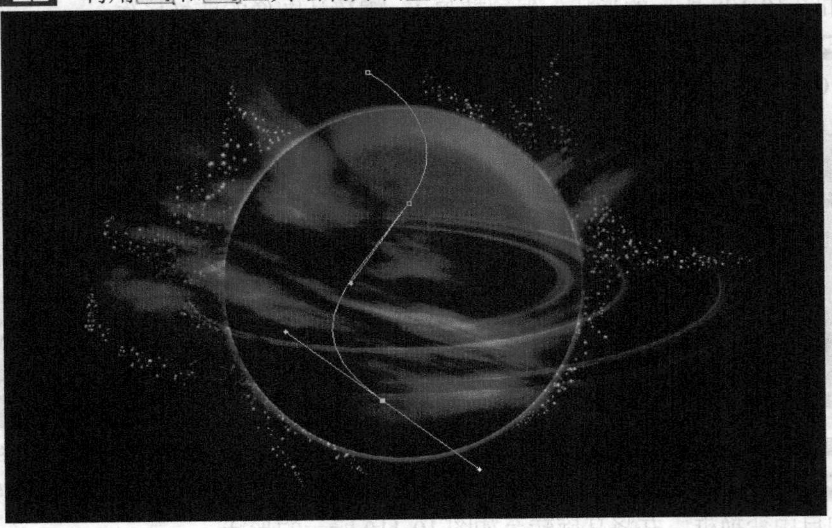

图10-114 绘制并调整出的路径

STEP 26 选择工具，单击其属性栏中的按钮，在弹出的【画笔】面板中设置选项和参数，如图 10-115 所示。

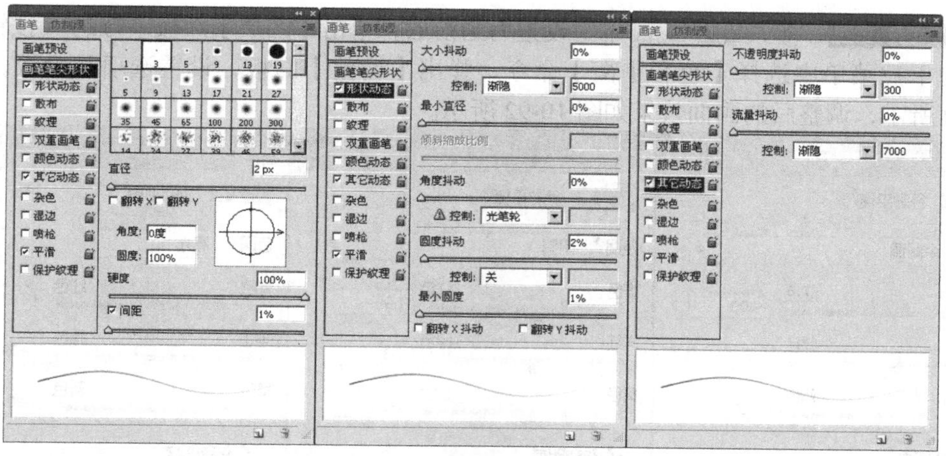

图10-115 【画笔】面板参数设置

STEP 27 新建“图层 5”，并将前景色设置为白色，再单击【路径】面板底部的 按钮描绘路径，然后在【路径】面板的灰色区域单击，隐藏路径后的效果如图 10-116 所示。

STEP 28 将“图层 5”调整至“图层 2”的下方位置，再按 Ctrl+T 组合键为其添加自由变换框，并将其调整至如图 10-117 所示的形状，然后按 Enter 键确认线形的变换操作。

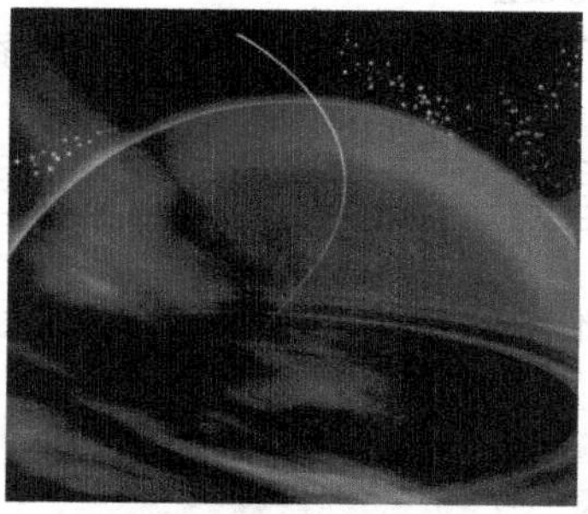

图10-116 描绘路径后的效果

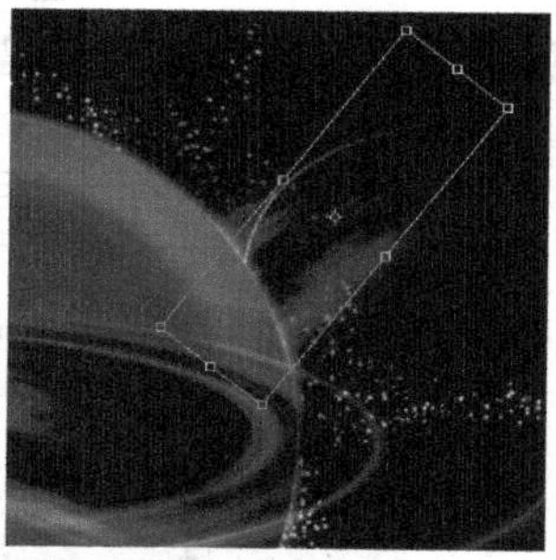

图10-117 调整后的线形形状

STEP 29 将“图层 5”复制生成为“图层 5 副本”，然后执行【编辑】/【变换】/【水平翻转】命令，将复制出的线形翻转。

STEP 30 按 Ctrl+T 组合键为复制出的线形添加自由变换框，并将其调整至如图 10-118 所示的形状，然后按 Enter 键确认图形的变换操作。

STEP 31 用与步骤 25 ~ 30 相同的方法依次绘制并调整出如图 10-119 所示的线形。

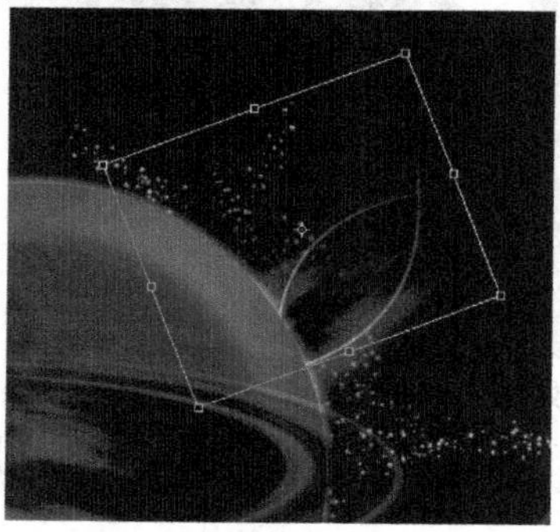

图10-118 调整后的图形形状

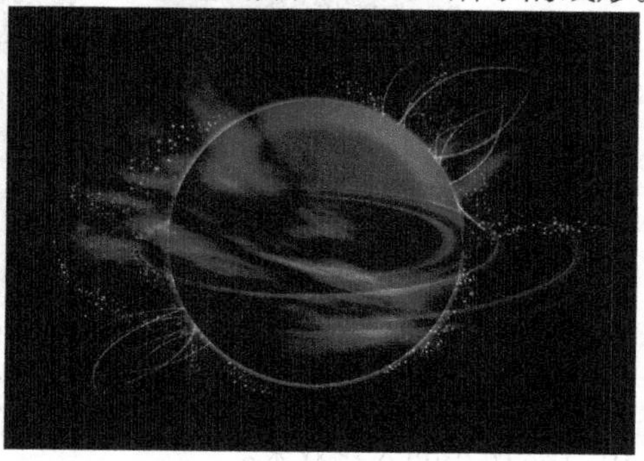

图10-119 绘制出的线形

STEP 32 将“图层 4 副本”设置为当前层，单击【图层】面板下方的按钮，在弹出的下拉菜单中选择【色彩平衡】命令，弹出【调整】面板，设置选项及参数，如图 10-120 所示，调整后的画面效果如图 10-92 所示。

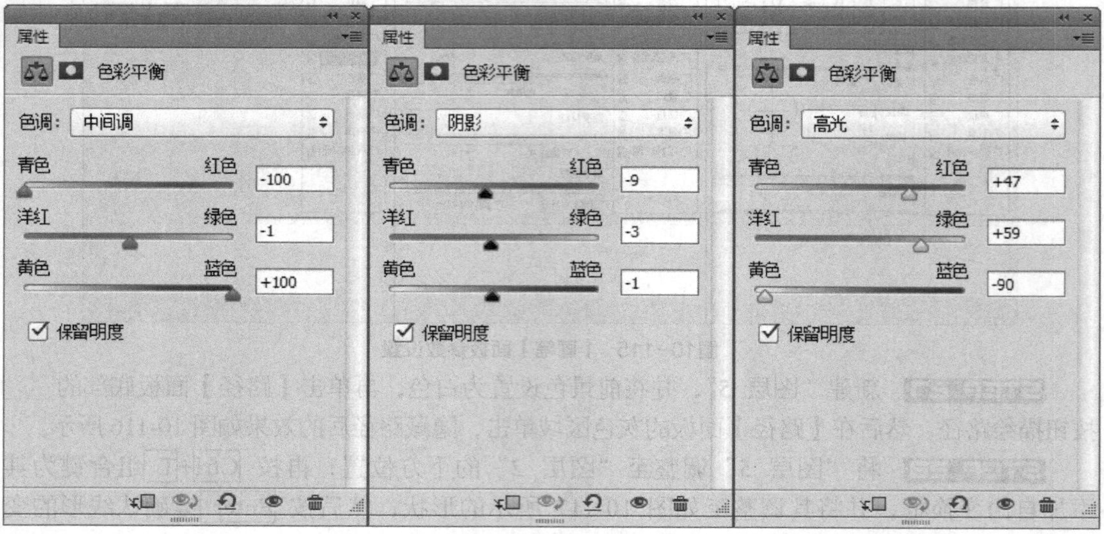

图10-120 【调整】面板参数设置

STEP 33 按 Ctrl+S 组合键，将文件命名为“打造绚丽的彩色星球.psd”保存。

习题

1. 在素材文件中打开名为“松球.jpg”的图片文件，制作出如图 10-121 所示的下雪效果。

图10-121 制作的下雪效果

2. 利用【滤镜】/【风格化】/【风】和【滤镜】/【扭曲】/【波纹】命令，制作出如图 10-122 所示的火轮效果。

图10-122 火轮效果

3. 在素材文件中打开名为“咖啡.jpg”的图片文件，灵活运用本项目学过的滤镜命令，将咖啡调制成牛奶效果，如图 10-123 所示。

图10-123 原图片及调整后的效果